U0056503

世界威士忌
嚴選 **150** 款
WORLD WHISKY IMPRESSION 150

世界威士忌

嚴選150款

WORLD WHISKY IMPRESSION 150

世界的威士忌
精選150款
WORLD WHISKY IMPRESSION 150

序　文

　　出於天生就貪好杯中物以及旺盛的好奇心作祟，讓我抱著說走就走的衝勁而走遍世界各地的蒸餾廠、酒廠以及酒鋪。我去過 86 間蘇格蘭蒸餾廠、4 間愛爾蘭蒸餾廠和許多酒吧；同時也採訪過 25 間美國波本威士忌蒸餾廠，以及 13 間日本蒸餾廠。那些光從酒瓶以及包裝上絕對無法得知的蒸餾廠規模、所處的地理環境、作業人數以及製造的工程等，對這些種種有更進一步的認識之後，當我重新再次品嘗平時所飲用的酒時，那味道似乎變得很不可思議，而且感覺好像也更加親近了一些。瞭解到世界各地的蒸餾廠為了做出更棒的威士忌而如何地互相切磋琢磨，這對我來說是相當寶貴的體驗。對於來者不明的採訪，雖然有些蒸餾廠會表示歡迎，不過當然也還是會有些蒸餾廠感到困擾。如果是國外的蒸餾廠，即使發採訪申請的電子郵件或是寄信過去，很多最後都只是石沉大海。因此，總之就先抱著輕鬆的心情出發，能夠有機會看看四周的環境以及蒸餾廠的建築物也就算滿足了。那些關閉中的蒸餾廠雖然沒有辦法採訪；但是如果是遇到人數少又較開放的酒廠，當我試著問問看是否能拍一下蒸餾器時，還是會有蒸餾廠的工作人員立刻同意並且帶我們去參觀。通常這時候，除了整個旅途的情緒會立刻高漲之外，同時也會直接愛上該酒廠所生產的酒，這真的是很不可思議。如果問我：「為什麼會對蒸餾廠如此執著呢？」，我想那是因為每當打開威士忌酒瓶，將那琥珀色的液體倒進酒杯時，說也奇怪，我總是會自然地在心中產生疑問：「究竟是誰、在甚麼的地方、如何能做出這麼好喝的酒呢？」，然後就會忍不住想親自跑到現場看看。我想這是個性使然，沒辦法。對愛快羅密歐的車款設計大為感動時，就跑去義大利杜林見賓尼法利納的總指揮；對哈雷重機的文化感興趣時，可以持續參加 Daytona 和 Sturgis 的年度盛會長達 10 年以上，甚至還曾在總部所在地的美國密爾瓦基見過創辦者的孫子 Willie G. Davidson；對機械錶深感著迷時，就去手錶製造商聚集的瑞士汝拉溪谷（Vallée de Joux）以及日內瓦去參觀製作的工坊；熱衷於留聲機時，如果沒有去看有在展示愛迪生留聲機的博物館、沒有去唱針工廠看看，或是沒有人可以講解揚聲器、麥克風的製作過程的話，那麼心裡便會覺得不夠痛快。

　　只要有興趣，就會想去製造的現場看看，這個奇怪的個性不管到幾歲都不會改變。不過也拜這樣的個性所賜，因此有幸能造訪愛爾蘭、蘇格蘭、美國和日本等地共計 150 間威士忌蒸餾廠。而這本書，可說是我在那些地方所見、所聞、所嗅到、品嘗到，以及許多曾令我感動的事的總彙整。

INTORODUCTION
介紹

　　讀了許多威士忌相關的專門書籍，不過大部分談的都是蒸餾廠的故事與來歷，很少會提及「好喝」、「難喝」，甚至有些連酒款的價格與味道的敘述都沒有。不知道這是否是因為顧及到威士忌廠商、行銷通路、販賣店的立場，亦或只是把威士忌當成是一種嗜好，因此認為不需要提到價格這麼俗氣的東西。

　　事實上，對喝的人說，每個月能花在威士忌上的金額上限幾乎是固定的。因此在挑選威士忌的時候，能花多少錢買才是最重要且最實際的問題。一瓶 700 ～ 750ml 的酒大概可以喝幾天，雖然會因每個人的喝法不同而有差異，但隨著日本人平均年收入的持續下降，可支配所得（零用錢）當然也會跟著減少，因此我認為有必要好好研究一下我們所賴以為生的酒其價格與滿足感之間的關係。然而，想在酒類支出占所得比例的增加與酒好不好喝之間取得平衡，這本身就是個極為惱人的難題。「想喝好喝的酒，但是我的預算不多」，這恐怕是我們一般人最常有的感觸吧。本書出版的目的即是針對「非常喜歡威士忌，但不知道要買哪一瓶」的讀者諸兄提出一些建議與指引，並確實地將重點擺在酒的味道與價格間的平衡此一最為重要的議題來進行取材（講的好像有點誇張）。

　　回顧威士忌在日本的歷史，經過了明治、大正、昭和、平成時期，所謂的蘇格蘭威士忌因為是進口洋酒，所以給人一種「高不可攀」的感覺而被視為是貴重物品。不過，這應該是當時為了培植一切從零開始的日本國產威士忌，再加上在那個國力不振、外匯存底不足的時代，為了抵擋蜂擁而至的進口物品，於是只好提高關稅並徵收酒稅來保護日本國內的威士忌。到了戰後，隨著經濟的高度發展，我們這些市井小民終於也開始能喝得起進口的威士忌了。不過，當時的酒稅有從量徵收和從價徵收這兩種計算方法，進口價格低的威士忌依從量稅課徵，高價的威士忌則以 150% 和 220% 的從價稅率來課徵。例如原價 1,500 圓的商品如果被課以 150% 的從價稅，1,500 圓 +2,250 圓的酒稅，商品的價格課完稅後會變成 3,750 圓。如果是進口價格 5,000 圓的威士忌，假設用 220% 來課徵，那麼最後的價格就會變成 5,000 圓 +11,000 圓。除此之外，接著還會再課一筆關稅，從結果來看，一般普通的老百姓終究還是無法輕易地喝得起這些進口威士忌，因此不得已只好拿尚在發展學習階段的日本國產仿真威士忌來替代。到了 1980 年代後

期，英國前首相柴契爾夫人代表歐洲共同體（EC）拓展蘇格蘭威士忌和白蘭地的市場，於是施壓日本要求「重新檢討日本的酒稅」，結果讓日本政府廢止了一直以來就很複雜的酒稅法，改成只用從量稅來徵收，而讓購買進口威士忌變得更加容易。之後，整個世界貿易順應著全球化的潮流使關稅趨近於零，再加上那段時間還受到日圓增值的影響，進口威士忌的價格因此變得更便宜而讓我們這些愛喝酒的人雀躍不已，雖然還不到「酒鬼之春」般的地步，但是這樣的好日子確實也維持了有數年之久。

然而，這樣的日子並沒有一直持續下去。近年來，全球的玉米和麥芽的價格約大漲 60 ～ 70%，再加上全球對於威士忌的需求攀升，進而導致新、舊酒桶的價格也跟著高漲。基於這些理由，三得利公司在 2017 年宣布將日本國產與進口威士忌的價格調漲約 20% 左右，其他進口商之後也跟著呼應而紛紛將價格往上修正，因而讓整個市場的價格朝著漲價的方向前進。

從全球來看，中國、台灣、印度、印尼、美國、歐洲等地對於威士忌的需求大幅增加已是眾所皆知的事實。此外，現在也有不少來自國外的買家會將熟成年數較高的高價酒整箱整箱地買走。不知道是不是因為這個緣故，就算不用特地去問酒鋪，也能明顯地感覺到，有越來越多的蘇格蘭酒廠已經不再將熟成的年份標示在所販賣的酒瓶上。這一切，都讓原本相對便宜的威士忌一下子突然感覺變貴了許多。不過也正因為如此，本書決定站在飲者的立場，特別將重點擺在威士忌的價格、品質、味道等這些平常不會提及的部分，試著將威士忌的真實面貌給完整地呈現出來。

在此想先說明，本書是專為那些將普通的威士忌，當作是生活必需品的愛酒人士所寫的實用書籍。這世界上有一堆價格在 2,000 ～ 5,000 日圓以內，喝起來就非常棒的酒款。先暫且不論那些能花大把鈔票購買酒的人，從現實來看，用價格來挑選威士忌本就是件理所當然的事。雖然有時會遇到花很多錢，卻買到不合自己口味的酒，但是如果說是完全無法入口，這倒也未必。加點冰塊、倒些蘇打水稀釋、或是和其他酒款混合等，只要在喝法下點工夫，那麼多多少少還是能讓味道變好，這從我的酒櫃上沒有一瓶酒是放超過一年也即可證明，雖然這或許頂多只能證明我很愛喝酒…

CONTENTS
目 次

醉是甚麼

如果要說人生甚麼是幸福，那應該是既不保持清醒也不喝到爛醉，能一直沉醉在微醺的狀態，而這也是喜歡喝酒的人為何總是好酒貪杯的理由。自古以來，人們為了能在所謂的平淡無奇的日常生活中恣意遨翔、從現狀中掙脫、從重力中浮游、脫離一切雜念、揮別今日、將希望寄於明天、促進身體健康、幫助入眠、對人生感到失望、情緒興奮高漲、想忘掉失戀、希望愛情實現、寒暑更迭、結婚、離婚、喪葬、法事…等，為了這些喜怒哀樂的情緒起伏而希望能每夜、每夜地杯觥交錯…我想，這樣的舉杯痛飲應該會一直持續下去吧。人類，不，應該是說我，只是單純地想要每一天都能喝到一些好酒的酒罷了。然後，希望最後能像「日本全国酒飲み音頭」裡的歌詞那樣，從 1 月到 12 月，不管有事無事，都能全年無休地將自己浸泡於酒缸之中。

威士忌喝下肚後，被內臟吸收的酒精會回流到腦部而讓血管變得鬆弛，此時血液循環會明顯地變得緩慢。一開始，這種微醺的感覺會相當棒，情緒也會跟著高漲。此外，腦筋會轉得特別快，彷彿一下子就能生出一堆好點子一樣；同時不知為何，世界的一切也會都變得很美好，然後莫名其妙地處於飄飄然的狀態。如果再繼續喝下去，沒多久便會失去正常的判斷力，具體的表現則是說話口齒不清，末端神經的傳達也會變得不完全，走起路來搖搖晃晃。再接著下去，則記憶會開始變得模糊，同樣的一件事情會不斷重複地講好幾遍，最後在不知不覺中被睡意侵襲。到了這個地步，通常已經不是微醺，而是根本是完全醉倒了。

不過，只有人類會想喝醉嗎？我曾聽說過猴子也會製酒來喝。以前，我養的狗曾趁我要喝酒時，擠到我的嘴邊搶著要跟我一塊喝。這真的是很令人吃驚，怎麼會有這種事呢？

喝醉能讓思緒自由翱翔。會這麼說是因為喝酒能發揮無限的想像力，讓人進入如夢似幻的境界，使人脫離常識這個將人束縛住的地心引力而能盡情飛翔。換句話說，由於喝酒能使人發揮天馬行空般的想像力，所以如

果想要創作，那麼就要喝酒。從前的文人墨客也是這樣每晚沉浸在淺醉微醺的狀態中的…或者該說是喝個酩酊大醉。

從前，據說在中國有造酒廠能釀造出永遠都不會酒醒的「千日酒」，酒徒劉玄石聽聞之後立刻跑去買來喝。玄石喝完回到家後，便失去意識一睡不醒。家人以為他已經死了，於是將他埋葬在土裡。後來造酒的人突然想起曾經賣酒給玄石過，於是將他從墳墓裡給挖出來，結果玄石剛好醒來，而且還說：「啊～睡得好舒服」。日本的落語家桂米朝的作品「三年酒」，其實就是從這個故事所改編而成的。

此外，北宋歐陽修所作的《新霜》，這首描述晚秋的詩是這樣寫的：

「泉傍菊花芳爛漫，短日寒輝相照灼。
無情木石尚須老，有酒人生何不樂。」

而李白在《月下獨酌》這首詩中，則是提到「蟹螯即金液（長生不死的藥），糟丘（酒槽之丘）是蓬萊。」

時代再繼續往前，王翰所寫的《涼州詞》，則描述在馬鞍上喝醉的模樣：

「葡萄美酒夜光杯，欲飲琵琶馬上催。
醉臥沙場君莫笑，古來征戰幾人回。」

而日本在以前也會用都都逸（一種口語詩）來歌詠著酒。

像是：

「酒を飲む人は花なら蕾（つぼみ）
今日も咲け咲け明日も咲け」

＊喝酒的人就像花蕾，今日花開朵朵，明天朵朵花開

「この酒を　止めちゃいやだよ　酔わせておくれ　まさか素面じゃ言い難い」

＊我不想停止不喝，拜託讓我醉，因為我怕我清醒就說不出口

此外，落語家古今亭志生好像在「火焰太鼓」之類的開場橋段時，在高座上也有說過。詳細請聽亭志生的落語CD。

看來，中國跟日本的「醉」，似乎還是比較溫柔浪漫。

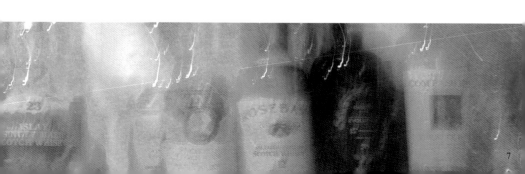

杜甫的酒

中國有位被稱為「詩聖」的詩人，他的名字叫杜甫（712～770年）。

在他詩裡，有首名叫「曲江」的詩，其內容如下：

朝回日日典春衣
每日江頭盡醉歸
酒債尋常行處有
人生七十古來稀
穿花蛺蝶深深見
點水蜻蜓款款飛
傳語風光共流轉
暫時相賞莫相違

光念這首詩可能很難理解其中的意思，但如果將它翻成白話文，大意如下：

「上朝完在回來的途中，將春天穿的衣服拿去典當換錢，然後每天到曲江旁的酒店買酒喝，直到喝醉了才肯回家。

在常去的酒店裡到處欠下酒債，這是經常有的事。不過反正人能活到七十歲，自古以來就很少見，不用管這麼多，總之就喝吧。

蝴蝶在花叢穿梭飛舞，蜻蜓輕點水面產卵且款款而飛。

存在於天地宇宙之間，任憑歲月的流逝而隨波逐流，而我也在飲酒後，深深地感覺到自己與自然融合在一起。」

讀了這首詩，讓人心有所感不論有錢還是沒錢，原來飲者的感性自1300年前開始就從未變過，那喝酒時的心情，似乎古今東西皆同。杜甫雖然在40歲的時候終於獲得朝廷給的一官半職，但卻在不久後辭官，帶著妻子踏上漂泊的旅途。政治的腐敗，國家陷入戰亂，百姓受飢餓所苦，甚至對自己疾病的哀嘆等，把這些煩惱全都視為自己還活著的證明，最後將著這些不只是悲痛的所有感概，全都化成了一首又一首的詩。

雖然好不容易在朝廷謀得一職，但因為嚮往自由和貪好杯中物，最後在旅途上客死他鄉。

之後，愛讀杜甫詩的松尾芭蕉，他在「奧之細道」的開頭提到，他所夢寐以求的是希望能在旅途中離世，此外還曾引用杜甫「春望」裡的詩句，這一切都讓人感到杜甫這立人士對世界的影響還真是深遠。

接著到了1957年，相當喜歡松尾芭蕉的傑克・凱魯亞克，他在自傳性的流浪小說《在路上》裡延續了這樣的情懷。這部作品後來由柯波拉（Francis Ford Coppola）取得版權，並在2012年由「革命前夕的摩托車日記」的導演華特・薩勒斯（Walter Salles）拍成電影。

騎著摩托車旅行，然後在世界的道路上來回奔馳，停下來的時候就喝酒到深夜。一想到這裡，感覺自己就像是畫裡所描繪的那種幸福之人。

威士忌的美味之處

　　雖然這只是個人的事，但是關於喝酒，我覺得隨著經驗和年紀的增加，喜歡的味道也會漸漸改變。第一次直接喝 40 度以上的威士忌的時候，首先會被口中那高酒精濃度所帶來的震撼給嚇了一跳。和 25 度左右、無刺激感的甲種燒酎相比，那種對舌頭、喉嚨以及口腔所帶來刺激正是威士忌的最大特色。就算加水稀釋，酒精濃度也還有 20%。對於只喝過啤酒、清酒的人來說，一定會覺得威士忌是很烈的酒。如果學以前看過的美國「西部片」那樣，用一飲而盡的方式喝酒，那麼他們應該會咳個不停，感覺喉嚨在燒吧。若是有初學者問我：「究竟要如何才能享受純飲（Straight）威士忌所帶來的樂趣？」，我想我只能說：「這是需要時間的」。我一開始，是先從較容易入手的日本國產調和威士忌來知道酒精濃度 40% 是怎樣的味道，然後不知不覺地愛上波本威士忌的美味。接著又體驗到蘇格蘭威士忌的博大精深，然後跟著接觸到個性獨特、使人讚嘆的單一麥芽威士忌。後來，又被蘇格蘭的艾雷島所產的麥芽威士忌其千變萬化的滋味給迷倒，於是好一陣子將艾雷島全部共 8 種威士忌輪流著喝，當成寶貝那樣地對待。接著，喜歡的威士忌口味又轉移到均衡感極佳的低地區、獨創性極高的高地區以及味道圓潤豐富的斯貝河畔地區，最後又重新回到艾雷島上。至於在酒廠參訪方面，我在蘇格蘭總共拜訪了 86 間蒸餾廠。之後又在 2015 年前往美國造訪了 25 間蒸餾廠；在這趟旅程之中，我將焦點擺在波本、當然還有裸麥威士忌身上，然後痛痛快快地暢飲了一番。

　　後來，當我回頭看看我們日本當地的威士忌，試圖尋找能萌生出細微的自我特色的可能性時，結果發現到日本產的穀物威士忌竟然也很好喝，於是立刻決定將它們加進我的威士忌酒櫃裡。除此之外，我也品嘗了加拿大、印度還有台灣的威士忌，這些全都不容小覷。

　　這是一個自然而然的發展過程；與其說是三心二意，倒不如說是基於強烈地想要探究事物本質的慾望驅使，而讓「喜愛的味道」這件事本身漸漸地產生變化。因此，這本書是由和智、高橋這 2 位所共同著作完成，這也代表著所謂的「好喝的威士忌」，其實並沒有一定的標準。頂多只能說，這是出於我們自身的經驗，而最終演變成現在的這個樣子，如此而已。事實上，喝酒如果沒有大量地喝，那麼便無法知道酒好不好喝。才喝個 15～30ml 左右，就自以為是地批評一堆是不行，因為不同的 TPO（Time、Place、Occasion），對酒的判斷也會產生微妙的變化。也因此，我會盡量在不同的時間、地點以及場合喝同一款酒看看，最少要喝掉一瓶，才能斷定好不好喝。不過就算如此，卻還是會有過一陣子再喝時，發現感覺又變了的事情發生。因此，我希望各位讀者諸兄可按照自己喝威士忌的資歷來閱讀此書。此外，這

本書僅僅只是我們對於威士忌這個嗜好所做的一些心得分享而已，這只是個過程的描述、一種對自己的回顧，可能無法讓所有人都能有所共鳴。當然，由於每個人的經驗和喜好都不一樣，因此對於喜歡的威士忌也會有所不同。而且對我來說，大家喜歡的口味如果都一樣，那樣反而不好。因為如果大家都喜歡同一款酒，那麼該酒在日本的市場就會變得非常貴。每個人的興趣嗜好都不同，這樣反而剛剛好。

到原產地喝吧！

和智英樹（攝影師）

我的旅程核心

彷彿就像是昨日所發生的事一樣，時間回到超過 30 年以上之久的從前，那時候的德國尚分東西兩德，而我當時人正在西德的童話之路裡的某條街上喝著啤酒。

那鬱金香形狀的酒杯裡，啤酒精準地倒滿至標示著 0.4L 刻度的位置，不溫但也不會太冰，而是保持在剛剛好的溫度，然後上方還有一層細緻又綿密，感覺有如奶油般的泡沫。我從沒想過啤酒竟然可以這麼好喝！因為太好喝了，我大概連續喝了 4～5 杯吧，然後一位看起來人很好的服務生（雖然是歐巴桑），用原子筆在我的杯墊上劃線來計算我所喝的杯數，就像是一種無形的壓力，默默地提醒著我：你喝多了喔。

不知道是不是因為那是間適合靜靜地享受食物和酒的小餐館，而不是喧雜吵鬧的啤酒屋，所以總讓人覺要有所節制地細細品嘗才符合規矩！在那裡，我似乎才是第一次真正的體驗到啤酒的美味之處以及要怎麼喝才算道地。

在那之後，我又去了德國不下數次，在旅途中，我學到了喝啤酒「就是要在釀造廠的煙囪所形成的陰影範圍內喝才行」這句諺語。這也就是說，要在原產地中的原產地喝才好喝的意思。之後，我又去了一間位在慕尼黑，名叫「Löwenbräu」的啤酒屋（Beer Stube），我在那裡暢飲了各式各樣的啤酒，那皮爾森啤酒（pils）以及德國小麥啤酒（weizen）喝起來不但感覺新鮮且帶著深沉的韻味，實在是讓我極為感動；後來當我知道，原來這些啤酒是由店門口前隔著一條馬路對面的「Löwenbräu 釀造廠」所釀造，接著再從地下接管直接運送過來時，當下更是大吃一驚，這未免也太極致奢華了。

歐洲各國大致上都有發源於自己國內或是屬於該國原產的酒，而這些酒大致可分成 1 到 2 種的釀造酒和蒸餾酒。

例如法國有葡萄酒和干邑（白蘭地）；德國有啤酒、白葡萄酒以及 schnaps（以馬鈴薯加上麥芽或水果為原料所做成的蒸餾酒，屬於一種烈酒）；荷蘭有琴酒（生琴酒和不甜的琴酒）；義大利有氣泡酒和 grappa（用榨成葡萄酒後的葡萄渣來做為原料所製成的一種蒸餾酒）；至於英國，在英格蘭有各種的啤酒和倫敦琴酒，蘇格蘭則有威士忌，而愛爾蘭則被視為是威士忌和愛爾啤酒（如 Guinness 和 Murphy's 等，為一種知名的啤酒種類）的發源地。

在一開頭所述的德國啤酒體驗之後，以後只要在歐洲旅行（雖然所謂的旅行，其實也只是工作結束後的短暫休息罷了…）時，我便會習慣到原產地區去喝一下當地所特產的酒。而當品酒成為旅途的主題之後，我一刻也不曾忘記這件該做的事，並且努力讓旅途能順利地進行下去。在這趟旅途當中，即使後來改成前往波本品酒之旅，但我對酒的探究卻從未馬虎過。以上是我從我自己貧乏的體驗當中，試著描述一下我對於威士忌生產國的實際感受與印象…。

大英帝國、蘇格蘭與英格蘭

到英國展開威士忌品飲修行的第一步，是從比利時的奧斯坦德（Ostend）搭渡輪前往英格蘭的多佛（Dover）時，在渡輪的免稅店裡買了兩瓶威士忌而開始的。

當時買的是「格蘭菲迪 12 年」和「格蘭 12 年」。這兩支的酒瓶都是有塗上顏色的三角瓶，雖然價格已經記不清楚了，但是買這兩瓶酒的情景，卻彷彿是昨日所發生的事一樣，至今仍讓我印象十分深刻。

跨上機車，從多佛北上前往蘇格蘭的印威內斯（Inverness）的旅途中，一路喝著各式各樣的酒，即使沿途風吹雨打，每日仍不忘一定要來上一杯。

「格蘭菲迪」是麥芽威士忌，而「格蘭」則是調和威士忌，但當時我其實並不清楚這些區別，只是單純對於沒有冰塊感到相當不滿。那時候的我，以為喝威士忌就一定要加冰塊，因此當下沒冰塊時，心情覺得非常糟。不過雖然不滿，但是沒冰塊就是沒冰塊。在沒有辦法之下，我只好加了些水來喝，而且加的還是不冰、處於常溫狀態的礦泉水。

人就是這樣的不可思議，這樣的喝法持續了幾天之後，我竟然開始覺得這樣的喝法好像還不賴！後來在某一天，我們在曼島（位在愛爾蘭海上的一個獨立小國）停留一週，然後在飯店的酒吧裡，我才得知原來這樣的方式，其實才是當地最普遍的喝法。

如果在當地點威士忌，那麼送來的就只有裝在 shot 杯裡的威士忌和一杯稍大杯的水（普通的自來水），既不是冰水，裡頭當然也沒有冰塊。這杯水直接拿來喝也行，隨意地加在酒裡稀釋也不錯。那個時候，我對對酒的感受與認知已經完全變得跟當地人一樣。

其實歐洲原本就沒有喝冷飲的習慣和文化，由於我在歐洲的機車之旅中，已歷經過多次相關的體驗而（半被迫性地）知道這種

情況，因此習慣這樣的喝法，其實也只是時間的問題罷了。畢竟，如果在德國點杯可樂，杯子裡也不會放冰塊…。為此，我的太太還半自嘲地安慰我說：「不加冰塊比較划算耶，整杯 200ml 都是可樂！」。也因此，在那裡當然也沒有所謂的冰咖啡！

不過，雖說我已經習慣喝酒時的溫度是不加冰塊的常溫；但是我對於在歐洲會有酒類禁售日以及時間上的限制，至今仍完全無法理解。

舉例來說，週日到酒行或是超市，從威士忌架上挑了酒，然後也認真地選了一些配酒點心，拿到櫃檯準備結帳時，卻直接被擋了下來。接著，店員會擺出一副「你這個無宗教信仰的人…」的表情，然後說：是這樣的，我們國家規定…，接著開始滔滔不絕地解釋酒類販賣的相關規定。原來，歐洲在週日到晚上 7 點為止是禁止賣酒的！這是基於法律上的規定，同時也是出於宗教上的理由。總之，多少有些能讓人克制飲酒的效果就是了。反觀在我們日本這個做半套的佛教國家，除了喪葬祭典和盂蘭盆節（お盆）會有些限制之外，基本上只要店家有營業，任何時候都能買酒，絕不會有不賣給你的情況發生。而且雖然買酒方便，但也沒讓一堆人因此酒精中毒…這麼說來，日本還真是個好國家啊。

回到剛剛的話題，不管是英格蘭還是蘇格蘭，在很普通的酒類專賣店或是超市的酒品專區裡，沒想到所販賣的酒款竟然還滿少的，即使跟現在日本所賣威士忌比較都顯得貧乏許多。如果能找到 5、6 款熱賣的調和威士忌和 4、5 款麥芽威士忌，基本上也就算相當不錯了。在蘇格蘭，雖然在蒸餾廠當地的商店一定也會販賣 "當地特產的" 威士忌，

但是在其他地區的調和威士忌的種類上，了不起只會有 1、2 款「艾雷島」產和 1、2

款「高地」產的威士忌。

　至於在威士忌酒款的收藏方面，就我所知，位在斯貝河畔中心的達夫鎮（Dufftown）裡的「The Whisky Shop Dufftown」和都明多村（Tomintoul）裡的「Whisky Castle」，這2家店的藏酒之豐富可說不分軒輊，不論是酒款的數量或是種類皆無人能出其右。另外，位在愛丁堡的威士忌博物館「Whisky Experience」裡的商店也很有參觀的價值。

　在英國，pub 是人們在外頭喝酒最常去的地方。相對於「pub」這種任誰都能自由進出的公眾場所，只有會員才能進去的酒吧稱為「club」。雖然英國人最常去喝酒的是這兩個地方，但是如果只局限於喝威士忌的話，那麼種類最豐富的應該是飯店裡的酒吧。因為我沒去過「club」，所以先略過不提，不過其他像是旅遊書上所介紹的知名酒吧，裡頭所收藏的酒款其實比想像中的還要少，而這也不禁讓我對於日本那些店如其名的 shot bar，竟然可以有那麼多五花八門的酒款感到相當佩服。

　不過話雖如此，位於斯貝河畔魁列奇的旅館「Highlander Inn」以及「Craigellachie Hotel」裡頭的酒吧所收藏的酒款確實是極為充實。這兩間都是非常專門的酒吧，只要曾去那裡喝過酒，應該都會終身難忘而忍不住跟別人吹噓一番；那裡的氣氛洋溢著一股斯貝河畔中心地才有的優雅，感覺相當迷人。

　在英國如果要點杯酒來喝，不論是一般的酒吧或飯店裡的酒吧，其實價錢都不會相差太多。因此如果想要喝一般常喝的酒，又希望能輕鬆地品嘗各種當地品牌的啤酒的話，那麼只要去附近的一般酒吧，就可以輕鬆地體驗到當地人那種自在的氣氛。不過，那些酒吧不會有甚麼太特別的酒款，因此好好享受那種氣氛就好。

　對我自己來說，在海外有機會喝酒而最能讓我的情緒得以沉澱的瞬間，是在不成眠的夜裡，當我一個人靜靜地打開白天在離開酒廠時所買的威士忌，然後將它注入當地的酒杯裡的那一剎那。隱約聽到咕嚕咕嚕的聲音從酒瓶的瓶口流出，內心也會跟著雀躍了起來。歡愉的氣氛，這種情緒高漲的感覺，真的很難形容。

　這種靜悄悄的興奮，與我平常在日本時的夜裡截然不同。身旁的聚光燈照在黑暗的房間裡，燈光發出微弱的昏黃。而在這狹小的空間裡，我真實地感覺自己的心房慢慢地被打開。或許只是因為喝了酒所以放大了情緒，不過在那瞬間，我甚至還能感覺一種終於能逃離日常生活，然後跑來這裡造訪酒廠所帶來的成就感。我（幾乎每個夜裡都）將自己的思緒沉浸在手中的那一小杯琥珀色的威士忌裡，然後不斷地回味這場旅途在心中所創造出的點點滴滴。

來一趟到威士忌的發祥地－愛爾蘭、塞爾特的精神之旅

從宗教的角度來看，威士忌在愛爾蘭大致可分成天主教地區的威士忌和新教地區的威士忌。天主教地區指的當然是愛爾蘭共和國；而新教地區則是指屬於英國聯邦的北愛蘭。也就是說，愛爾蘭島上有兩個國家（雖然沒有清楚的國界），而這兩國主要的蒸餾廠加起來其實只有 4 間而已，這是愛爾蘭威士忌的現況。

關於這些資訊，由於出發前就已經事先在日本調查好了，因此抵達時並沒有特別覺得驚訝。不過當我到了機場的烈酒專賣店時，多少還是感到有些吃驚：那裡的酒款不但琳瑯滿目，而且竟然都是一些我從沒聽過的牌子。只有 4 間酒廠卻能製造這麼多的酒款出來，我還真有點看傻了。

我對愛爾蘭島其實有份特殊的情感和不少的回憶。

1971 年，我才剛踏入賽車攝影這圈子不久，當時雄心壯志，想要在這個行業努力闖出一番成績出來。而我第一次前往世界賽車（摩托車）錦標賽取材時，所選擇的賽事正是貝爾法斯特的阿爾斯特錦標賽（Ulster Grand Prix）。當時舉行的場地是位於貝爾法斯特郊區附近的 Dundrod 村，賽道則是當地的公路。

那時候正好是 1968 年前後，也就是北愛爾蘭衝突最激烈的時期。當時我們所住宿的地方是在貝爾法斯特的市區裡，那裡瀰漫著一種陰暗的氛圍，而當我們表明我們是前來採訪賽車時，他們一方面表示歡迎，一方面又似乎感到有些奇怪。當時，在愛爾蘭其他地方並沒有像這樣的賽事，而該活動甚至可說是愛爾蘭國內最大的盛事，但是那時後的氣氛不但無法輕鬆地拿著酒瓶在街上邊走邊喝，甚至讓人覺得沒事最好不要隨便外出。總之，這場賽事最後也算是圓滿落幕。而我以前就一直很關注的 Jack Findlay 則以最高級

別的 500cc 等級，在 GP 賽事中首次獲勝。在當晚的慶功宴中，我隨手喝了杯酒，那是我在北愛爾蘭喝的第一杯酒，但沒想到卻也是最後一杯。

之後，由於當地的衝突急速惡化，而使得該年所舉辦的賽事成為了最後一屆。到了隔年，「阿爾斯特錦標賽」便從賽車比賽的行事曆上被剔除，至今日仍未能復辦。

北愛爾蘭的衝突，可說是天主教與新教之間的一場宗教戰爭；再加上與政治牽扯在一起，因而使北愛爾蘭分裂成兩個截然不同的世界。不過，雖然現實情況如此，但是在酒的世界可不是這樣。來自新教地區的「波希米爾」，不論是新舊教、信仰的有無，以及政治的藩籬都與它無關；它跨越了國境，而成功地成為象徵整個愛爾蘭的一款酒。

在我心中雖然有這些感觸，但下個瞬間卻又不禁有個小小的疑問：這麼多五花八門的酒款（與所屬權），真的完全都掌握在這 4 間蒸餾廠的手裡嗎？為了尋找答案，總之，先備好「Jameson」這款對我來說是最有名的威士忌，帶著它，然後開始踏上旅程。

到原產地喝吧！

塞爾特與 High Cross 十字架

愛爾蘭有一個很有名的特點，那就是塞爾特民族居住於此。塞爾特人是歐洲的古老民族，他們的輝煌時期與古羅馬帝國時期重疊。

在歷史上，塞爾特人曾多次與羅馬的凱撒大帝發生戰爭，最後他們被驅逐，然後逐漸遷徙到不列顛以及愛爾蘭島上。

在歐洲，愛爾蘭是保留最多塞爾特人文化的地方；塞爾特人所用的蓋爾語中，「Uisge-beatha」（指「生命之水」）現在已被全世界

公認為是威士忌一詞的起源進而使該詞彙為世人所知。另外，幾乎大家（在酒徒之間）也都認為，威士忌的製法是從愛爾蘭傳到蘇格蘭的。

因此，既然愛爾蘭是威士忌的發源地，如果不親自來這裡喝上一杯，那麼我這「到原產地喝吧！」的旅途主題便會空虛一量。如果只在蘇格蘭喝威士忌而沒來過這裡，那麼就不算成事。

High Cross 是一種用石頭做成的巨大十字架，雖然我不知道正式的名稱是甚麼，但它可說是一種代表著塞爾特文化的紀念物。這種十字架在橫豎交叉的部分會和一個大圓環重疊，雖然現在已經變得越來越少，不過據說在以前的古遺跡中，幾乎都會豎立著這些十字架。阿斯隆（Athlone）是一個非去不可的地方，因為那裡有著愛爾蘭最古老的酒吧。而我聽說在那裡的郊區附近，有一個修道院的遺跡，裡頭豎立著許多 High Cross，因此決定前往看看。

這個遺跡的名字叫做克隆馬克諾伊斯（Clonmacnoise），它位在一個荒涼的沼澤地正中央的山丘上；而這個由逐漸崩塌的石頭所堆砌而成的小修道院（牛棚般的大小），在四周確實豎立著許多 High Cross。不過，聽說這些只是複製品而已，真正在 6 世紀左右所建造的 High Cross，其實是放在該遺跡的遊客中心裡展示著。

幾乎呈現半崩塌狀態的修道院建立於西元545 年，而這些 High Cross 和這個修道院大約是在同個時期所建造而成。至於那些複製品其實也很古老，從石頭風化的程度來看，感覺歷史應該不只有 50 年或 100 年。

不過儘管如此，像這樣貴重的遺跡，如果是在日本，那麼一定會進行修復或是做些甚麼來防止風化，因此當我看到這裡的遺跡被擺在那邊任由時間摧殘，不禁讓人有種非現實的感覺。

塞爾特人最初的宗教信仰相當簡單樸素，屬於一種自然崇拜，他們相信世間萬物都有各種的女神藏於其中。塞爾特人這種原始的宗教信仰雖然因為基督教的傳入而從此中斷，不過和歐洲其他地方不同，當時似乎只有塞爾特人沒有被基督教以強迫的方式接受十字架。

之後，為了讓象徵基督教的十字架能夠融入於塞爾特民族之中，因而想出一個折衷方案：在十字的正中央，擺上一個圓環以代表塞爾特人所崇拜的太陽，這即是 High cross 的由來。上述是我從遊客中心發的手冊所看到的簡介，不過看完之後，心中覺得還滿祥和的。

沼澤地的微風越過 High Cross 的上方吹拂而來，我暫時佇足並望著陰鬱的天空。

接著，在這個歷經滄桑的遺跡裡，我將小酒杯擺在克隆馬克諾伊斯的石牆上，然後倒入昨晚剛買的「Crested Ten」。「Crested Ten」是我到這裡後才知道的酒款，聽說它其實是「Jameson」的另一個品牌。它是一種愛爾蘭調和威士忌，裡頭有著較高比例的雪莉桶熟成 8 年的純壺式蒸餾原酒。

微風越過 High Cross 吹拂而來，我舉杯對著它敬上一杯，並讓酸味與苦澀滲透進入我的喉裡。

在那墓碑的陰影深處，或許有妖精正睜大眼睛盯著我們也說不定…。

創立於西元 900 年代的
「Sean's Bar」

　　既然愛爾蘭是威士忌的發源地，如果能夠在當地最古老的酒吧裡喝上一杯，那麼不但可以當做寫愛爾蘭時的參考資料，平時在日本喝醉吹牛鬼扯時還可以拿來炫耀一番，真是太棒了。非去不可，非喝不行。在愛爾蘭的旅途之中，這是重點中的重點，可說是最重要的行程。

　　這間酒吧的名字叫做「Sean's Bar」，地點就在愛爾蘭共和國的中央。該酒吧位在阿斯隆中心一處古堡的後方，旁邊緊鄰著香農河（River Shannon），它的外觀沒有特別加以裝飾，看起來就只是個極為普通的建築物。儘管如此，它的入口卻也讓人搞不太清楚。會這樣，那是因為在旺季的時候，為了讓無法進到裡頭的客人也能喝到酒，因此通常會把前門空出約一棟建物大小的空地，而這時如果要到酒吧裡面，必須要從後面的小門進去才行。

　　進入酒吧之後，感覺裡頭的光線相當昏暗，微弱的燈光讓人想要寫個字可能都看不太清楚。這應該是為了營造出懷舊氛圍而刻意這麼做的吧。總之，我在吧檯找了張椅子坐下，然後點了 1 品脫當地 2 大愛爾啤酒品牌之一的「Murphy's」。如果到都柏林，一般應該都會喝「Guinness」吧，但是「Murphy's」好像比較合我的口味，因此即使在都柏林，只要有 Murphy's，那麼我還是一定會點這個牌子的啤酒。

　　在昏暗的燈光下，我一邊啜飲著深黑色的愛爾啤酒，一邊環顧著四周，然後我看見了牆上掛著金氏世界紀錄所頒發的「最古老的酒吧」的認證書，上頭寫著成立時間是在西元 900 年。也就是說，早在 1100 年前就已經

有人在這裡喝著酒…一想到這裡，心中突然覺得有些五味雜陳。然後，在我位置旁邊還有露出一塊斑駁脫落的老土牆，這塊牆是該建築物的一部份，據說是在 1970 年代整修時被發現的，且根據調查的結果，這塊不得了的寶貝竟然是西元 900 年代的東西。

　　實際看到這樣的東西通常會立刻覺得很興奮，不過坐在「金式世界紀錄證書」前的我，因為正忙著小口小口地喝著「Murphy's」，趁著冰水還沒有全部喝完之前，還是趕緊再點了一杯「Tullamore DEW」吧。不過話說回來，這裡所收藏的威士忌酒款沒想到竟然還

蠻少的，不知道是不是因為這裡的飲料本來就是以愛爾啤酒為主的關係。

Sean's Bar 聽說最初是從供酒給聚集在渡船頭的客人而開始的，我曾在差不多 15 年前去過倫敦最古老的酒吧，我還記得當時聽到該酒吧是在 1430 年成立時嚇了一跳，結果沒想到愛爾蘭這家酒吧的創立時間竟然還早了個 500 年，這真是太讓人吃驚了。當時來的客人究竟都喝甚麼呢？我不禁感到非常好奇且滿腦子充滿疑問。總之，對我這個「以喝酒為業」的人來說，那一晚真是個非常難能可貴的體驗。

當離開酒吧時，我看見孕育出這家店的香農河從我的眼前流過，我走到河邊，然後在看起來像是渡船頭遺址的地方，拍下一張河的夜景以作為紀念。

新教徒的酒

「波希米爾蒸餾廠」位在波希米爾（鎮？），那裡相當靠近位在北愛爾蘭大西洋海岸的知名觀光景點—巨人提道（Giant's Causeway）。因為是觀光地中的觀光地（化的酒廠），所以來的遊客非常多，寬敞的停車場一大早就已經停了非常多的車子。此外，還來了好幾台觀光巴士，接著便看到 2、30 個人慢慢地魚貫而入。

老實說，這樣的景象跟我原本的印象相去甚遠。我對它的印象，一直是停留在 20 多年前那個靜靜地佇立在寂寥的小村子裡的酒廠…。總之，如果說蘇格蘭的酒廠只是鄉下的小工廠，那麼這裡無疑問就是威士忌製造工廠、甚至該說是大型工廠。

在遊客中心的商店裡，看到有不少前來參觀的客人正在購買一些在市區的店裡不太常販售的「波希米爾」酒款，看到這景象，我突然覺得有點鬆了一口氣。會這樣說，是因為我在往這裡的路上，其實還順道去了間超市，然後在那裡發現到一瓶以前沒見過的愛爾蘭威士忌，正當準備要買的時候，卻發現那天竟然是週日。雖然我還是硬著頭皮到櫃檯結帳，但果不其然，這裡也是週日中午前不賣酒（除了啤酒以外）。因為我帶的酒已經都喝完了，所以一想到身上沒有酒就感到相當不安。雖然這是我自己的事，但由於之前並不知道（歐洲）大陸對於烈酒的販賣有這項規定，所以當下只覺得不知如何是好。如果到一個地方旅行，而沒有事先了解一下當地的規矩和習慣，那麼有時會讓一個愛喝酒的人，被迫遭遇到一些不愉快的經驗，這是我當下心中的感觸…。

總之，進到酒廠裡面之後，我緊跟在旅遊團後面，和他們一起到處走走繞繞。雖然「波希米爾」也是採用傳統的三次蒸餾來製造威士忌；但是在原料上卻只使用大麥麥芽。這應該也是出於一份對自我的堅持，因此除了大麥麥芽之外，絕不添加未發芽的大麥或是燕麥來做為原料。這也就是說，如果除掉三次蒸餾，那麼他們所製造出來的威士忌，其實整個流程就和蘇格蘭的威士忌是如出一轍。

我原本只是單純地以為這僅是蒸餾廠的一種風格罷了，不過在經歷過今天早上在超市買酒的事情後，讓我思考著不同國家間的差異，而這也讓我注意到另一件事，那就是這件想當然耳的事情背後的歷史因素：這裡是聯合王國成員之一的北愛爾蘭，而不是愛爾蘭共和國。

英國政府從前對愛爾蘭實施高壓統治，其中之一是對威士忌的製造原料－大麥麥芽課徵高額且極不合理的賦稅。為了想辦法減輕這些負擔，於是愛爾蘭的酒廠不得已只好將沒有發芽的大麥或是燕麥與麥芽混合在一起，然後進行蒸餾，而這就是所謂的純壺式蒸餾威士忌的由來。

然而，「波希米爾蒸餾廠」因為是屬於聯合王國的酒廠，所以當時並沒有像愛爾蘭那樣遭受英國政府的高壓對待；也因此，這裡的大麥麥芽當然也就不會像愛爾蘭那樣被苛課重稅，這也就是為何他們能夠一直只用大麥麥芽來進行蒸餾，而不需添加其他東西的原因。以上這些只是我自己做出來的推論，雖然說的有點太過算計，不過「新教徒的酒」和「基督教徒的酒」似乎也可以用這樣來區分。

來到巨人堤道，映入眼簾的，是彷彿突然插進這知名海岸線的巨大石柱群。接著我坐在這布滿岩石的海邊，打開剛才在遊客中心買來的「波希米爾」，然後細細地品嘗甚麼是「新教徒的酒」。

機場的 BAR

　我整整提早 2 個小時以上就先到機場報到，為了能夠隨時注意到尚未公布出來的登機門號碼，因此特地找個能看得到酒吧裡的資訊螢幕的位置坐下，然後挑了在這趟旅程中還沒有機會能享受到的酒款，打算好好地品嘗一番。

　這間酒吧所陳設的酒類看起來非常壯觀，和街上那些酒款少的可憐的酒吧完全不同。裡頭的商品比菸酒專賣店架子上的擺設還要充實，看起來簡直就像是愛爾蘭酒廠的展示會一樣。說到這裡，在蘇格蘭，像是格拉斯哥或是亞伯丁的機場裡，免稅店所賣的蘇格蘭威士忌其種類也是多到非比尋常；而這間酒吧旁的免稅店也是如此。那裡幾乎網羅了愛爾蘭威士忌所有的酒款；此外，這間酒吧裡所收藏的酒款也同樣非常豐富。在這裡，可以把有興趣的酒款都先各點一杯喝喝看，

接著再到隔壁的免稅店把喜歡的酒直接整瓶買回家，雖然這樣的規劃讓我不禁懷疑應該是一種引誘客人買東西的經營策略，不過即使確實是如此，那麼這裡仍然會是我最想被引誘的地方。

　總之，結果我各點了一杯在這趟旅途中無緣邂逅的知名純壺式蒸餾威士忌「Redbreast12 年」、「Green Spot」，調和威士忌「Midleton Very Rare」、「Powers」以及玉米威士忌「Greenore」等共計 5 杯威士忌並在 1 小時內趕緊喝完。

　然後，我的腦海裡突然浮現都柏林 Temple Bar 這條喝酒街，街上人聲鼎沸，到處是酒吧林立，不時還能聽到美國藍草音樂（bluegrass music）主要起源的愛爾蘭音樂的現場演奏。正準備登機進入小飛機時，在 Guinness 啤酒廠大樓最頂層所喝到的新鮮「Guinness」也開始在腦中不停地旋轉搞得我暈頭轉向，啊，好像有點醉了…等我回神時，卻發現飛機已經安全降落在阿姆斯特丹的史基浦機場。

美國之旅的重點在波本威士忌裡

　　基本上，我算是個重機幫；在歐洲的旅途中，絕大部分的時候都是以重機做為交通工具，像是 BMW、KAWASAKI 或是 YAMAHA 等等。不過，在這趟歐洲之旅當中，也不免受到重機界的重要推力—從 1990 年代突然大爆發的哈雷摩托車這個世界熱潮所席捲，因而使我也不得不將旅途的軸心往美國的方向移動。

　　在美國騎機車旅行感覺超快樂！不過快樂雖快樂，但啤酒卻很難喝。以歐洲啤酒的標準來看，美國啤酒難喝的程度真是讓人無法想像，比 ABC 的 C 還要再更後面好幾名。如果用世界排名來看，幾乎可以說是最後一名那樣的等級吧。

　　不過即便啤酒不好喝，旅途每天還是要繼續。因此，只好趕快重新調整我這個酒鬼在旅程中的喝法。首先，第一杯先開啤酒來喝，不，還是改成喝波本好了，然後把難喝的啤酒只當成 chaser（喝完烈酒後的輔助飲料）。徹底地這樣做了之後，感覺四周的氛圍也立刻變了起來，讓人不禁覺得美國其實還不錯嘛，這樣的轉變真的很不可思議。

　　在吃那些味道不怎麼樣的食物時也是如此，除了雞肉和牛排，其他的東西一律不吃，最好甚麼都不要多想，對，就是這樣！一這樣做，事情好像也就迎刃而解了。順道一提，我其實非常討厭吃漢堡；如果要吃，那我寧願餓肚子那樣的討厭。如果遇到緊急情況非吃不可，那我會把裡面的肉丟掉，然後只吃外面的麵包。

　　回到故事的重點，我是直到 2 年前去肯塔基州密集取材後，才曉得原來在肯塔基州只有 10 家波本酒廠。然後，我還發現它們似乎和愛爾蘭目前的情況非常像。

　　在愛爾蘭，基本上是由 4 間主要的蒸餾廠，然後再搭配好幾間小型的手工酒廠來製造出各種酒款；而在美國，則是由肯塔基的 10 間大廠與鄰近的田納西州裡的 2 間酒廠來製酒。It's All，全部就只有這些。除了這幾間酒廠，雖然其他小型的手工酒廠（microdistillery）還是多到不勝枚舉，但是大型的廠牌卻再也沒成長過。

　　此外，波本酒廠消失的原因也和愛爾蘭酒廠沒落的原因相同。從 1920 年到 1933 年為止，因為「禁酒令」的實施，造成愛爾蘭的酒廠失去美國這個主要的市場。同時，美國的酒廠也因為這項法律的規定而不得製酒，最後導致酒廠紛紛關閉。對於生在當時的美國人來說，想必那是段相當難受的時期；從結果來看，這條禁令可說是讓製造者和飲者都蒙受其害的惡法。

　　或許聽了之後，一時之間會感到難以置信，但各位知道嗎，這條 20 世紀初的法令，即使到了現代 21 世紀，仍殘留在美國的社會之中。在肯塔基州，以郡（county）為行政單位的地方有 100 多個以上，而其中有 2/3 的郡至今仍實施著禁酒令。

　　這些禁酒的郡稱為 dry county，雖然跟之前的規定相比已經寬鬆許多，但是在這些郡內仍然是禁止自由買賣酒類的，特別是烈酒類的規定更嚴格，有許多既不能賣，也不能買的多重限制。不像 UK 或是愛爾蘭那樣（因為宗教上的因素）只有在禮拜日不行，在這些地方，一年 365 天都不可以。不管是買是賣，這些行為本身就屬違法行為。像這麼討厭喝醉、如此痛恨酒類的國家還真是少見啊！然而，令人感到諷刺的是，美國卻是全世界最大的威士忌消費國。

　　如果非得在這些 dry county 住宿，那麼旅程的重點是一定要先買瓶威士忌放進包包裡，因為如果一旦進入到這些郡裡，除非能脫離該地，然後跑去沒有禁酒規定的 wet

county，否則是無法買到酒的。感謝老天保佑，沒有讓我遇到這種情形。

說到 wet county，那裡的酒類專賣店都非常大間。以波本酒來說，從當地才有的酒款到全國性的品牌等等，販賣的種類多到不行；不過這應該只有在波本酒大本營的肯塔基州才有辦法如此，在其他州，即使像是芝加哥或是洛杉磯等那樣的大城市，除了少數專門的店家之外，以波本酒來說，最多也只有 5～6 種酒款可供選擇。

至於隔壁的田納西州也是如此，除了當地的品牌「傑克丹尼（Jack Daniel's）」和「喬治迪凱爾（George Dickel）」，其他的種類並不多見。順道一提，因為有傑克丹尼蒸餾廠才變得知名的田納西州的林奇堡其實也是

個 dry county，雖然當地的主要產業只有這間酒廠…至於在日本滿常見的四玫瑰（Four Roses），在美國本土除了肯塔基州有在販售以外，在其他州似乎不管怎麼找都找不到。

以上是美國波本酒的現況，沒想到買酒還滿不方便的。如果回頭看看日本，日本對於酒類的放任已經到了讓人覺得不好意思的程度，甚至可說是醉漢的天堂。

大地、波本威士忌與調酒

當我騎著機車旅行時，經過的地方大多都是西部片裡會出現的那些城鎮、或是地緣關係較深的中西部。因為這些地方幾乎都是鄉下，所以大都市中除了賭城以外，我幾乎不會在其他的市區裡住宿，唯一的例外的是雷諾（Reno）、拉斯維加斯（Las Vegas）或是拉芙琳（Laughlin）那些博弈街裡的賭場飯店。不過，如果到那些地方過夜，倒也不是為了賭博，裡面的餐廳和酒吧才是真正的目的。基本上，賭場飯店是靠賭博在賺錢，因此在餐飲上全部都還滿便宜的。

在我的旅途中，主要都是在荒野草原中不停地奔馳，或是在西部片中的那些城鎮裡四處漂泊，三餐大多是用超市裡的熟食來解決，酒則是靠自己帶的波本威士忌來度過。因此

對我而言，賭場飯店裡的餐廳和酒吧，就像是沙漠裡的綠洲一樣。

在旅行到一半的時候，我一定都會短暫地停留並好好地休息。不過，我對吃角子老虎、牌桌上的 21 點沒有興趣（僅在極少的情況下會去玩），因此通常會先去填飽肚子，接著便一直待在飯店的酒吧裡。由於也不用擔心要怎麼回去，所以可以痛快地暢飲一番，而且所花的費用比在日本還要便宜太多。此外，因為是 cash on delivery 這種單次付款的消費方式，所以也不用怕被騙或是被敲竹槓。當然，也沒有所謂的座位費。付款簡單明瞭，讓人放心。

曾經在某個夜晚，我在雷諾的「哈拉斯」賭場飯店裡的酒吧裡，坐在隔壁的卡車司機大哥給了我一根用來攪拌波本威士忌與蘇打水、非常細、看起來像吸管的攪拌棒。我用它啜飲著酒，結果沒多久就輕易地醉了。

雖然我在（賭博）輸了的夜晚只有得到了這個，不過卻也讓我知道原來美國的酒吧大致上感覺都還滿友善的；在那樣的空間所形成的氛圍，能夠讓旅行者本身的心情得到極大的放鬆。

至於在中西部之旅所喝的酒，如果住宿的汽車旅館附近有酒吧，雖然還是會去瞧瞧，但幾乎8成都是在喝難喝的啤酒或調酒。我知道有很多客人因為都是開車來的，所以他們頂多也只能點些啤酒之類的東西來喝，不過通常酒吧的氣氛會很舒服，因此我不得不猜大部分的客人來這並不是為了喝酒，他們主要應該是來享受這種熱絡氣氛的。

基本上，美國除了酒館以外，在其他的公共場所是不能喝酒的，有些地方甚至還會禁止喝醉。雖然有也不奇怪，但是我在美國倒還真的從來沒看過有人喝醉走在路上。我想，他們應該很徹底地實行這項規定吧…相較之下，晚上在新橋或是新宿、池袋那一帶看到閒晃的醉漢百態，這在美國是很難想像的事。

此外，聽說美國是調酒大國，到處都能看到有人點來喝。不過因為我只喝威士忌，因此幾乎沒有點過調酒。以威士忌為基酒的調酒好像也滿多的，雖然一直想要點一杯來喝喝看，但是目前還沒有試過…。

調酒究竟有多深植於美國人的心裡？在我以前就很喜歡且經常讀的冷硬派推理平裝小說之中，每次只要出現重要的關鍵場面，小說的作者一定都會讓自己喜歡的調酒出現在主角偵探或委託人的手裡，從這裡大概也能了解到其深植的程度。某個晚上，在內華達最南邊的賭城拉芙琳的賭場飯店「火鶴飯店（Flamingo Hilton）」裡的酒吧，那一天我難得玩吃角子老虎而且還贏了14塊美金，於是我跑去酒吧，然後試著點了杯Gimlet來向雷蒙·錢德勒寫的小說「漫長的告別」致敬。

結果，那個酒杯的尺寸真的是嚇到我了！

當時酒保確實有問我要點多大杯，但因為我想起以前在千葉縣浦安的迪士尼附近、舞濱的某個飯店裡的酒吧曾經喝過這種調酒，那故弄玄虛的份量幾乎喝一口就沒了，於是我回酒保說：「Big One, Please」。結果，沒想到端過來的是一個超大杯的調酒，那酒杯看起來就像是一個黏著腳的小魚缸。尺寸非常大，比在舞濱那個飯店的酒吧裡喝到的還要再大上10倍。整個杯子凝結著小水珠，酒杯裡頭是滿滿的做為基酒的琴酒，我花了整整20分鐘才慢慢地喝完。不過喝完後，還是猶豫了一下要不要再加點每次必喝的「野火雞8年」。

即使喝得很醉，但是我有一個可怕的習慣，那就是不在床邊的桌子上放一杯自己帶的加了冰的「High Ten」，那就無法入眠（而且加冰不能加大冰塊。一定要先用小碎冰把整個杯子填滿，接著再倒進威士忌直到快要滿出來為止）。

即使時差很嚴重或是喝得爛醉，還是會不時地醒來，然後在恍惚之間把酒杯湊到嘴邊，等到早上醒來時，會發現酒杯已空無一物，還真是一點都沒有浪費。

隔日的早晨，在極為乾燥的空氣當中，我沿著滿是約書亞樹的公園大道一路朝Tombstone的方向前進。而便宜波本「High Ten」是我的旅途良伴，我把這瓶1/2加侖的寶特確實地裝進後座的大方型袋裡，然後不斷地往目標前進。

便宜酒愛好者的呢喃

何智英樹（攝影師）

日本人喜歡的威士忌口味還真妙

在日本，聽說賣最好的威士忌是 Black Nikka 的「Clear Blend」。不過與其說比較好買，倒不如說平常每天在喝的威士忌最重要的是價格，而這瓶威士忌非常便宜，因此會讓大家比較願意掏錢買來喝。也就是說，這瓶酒的訂價對經常在家喝酒的酒徒很有吸引力，讓人不禁有「不然買 1 瓶回家喝喝看好了」的念頭。不過，如果從最重要、也就是酒本身的味道或是飲用時的口感來看，對我而言，這瓶「Clear Blend」卻正是我最不想要買的那種酒款。

我對威士忌有一套相當固執的偏好與想法，那就是「喝威士忌就是要享受它的個性＝特色」。這是個非常簡單又堅定的信念，可說是當我提到威士忌 ABC 時的 A，甚至該說這就是整個威士忌的 ABC。

繼續以這瓶「Clear Blend」為例，首先，這瓶酒並沒有個性或是自我特色，而這可是威士忌最重要的東西，但是從它的身上卻完全感覺不到，甚至可以說沒有特色就是它的最大特色。因此，這酒款幾乎沒有任何賣點，頂多就是喝的時候感覺味道是有像威士忌，然後就沒有其他甚麼可提的了。不過雖然如此，但是卻還不到「難喝」的地步。可能我真的太愛喝酒了，因此就算「難喝」，我也無法停止不喝，而且還會一直喝到酒瓶見底為止。

難喝的東西雖然也可以做出與難喝相符的評價，但是就我個人而言，我不會用難喝來評論這瓶酒，頂多大概就是「喝了無害，但也無益」吧。

不過，這款酒賣得不錯畢竟是個不爭的事實，如果要我分析原因，我想我只能說，日本人討厭而且也會盡量避免個性太過突出，而這瓶「Clear Blend」的味道沒有甚麼特別之處，這種喝了無害、但也無益的特質，反而剛好符合日本人的喜好。

接著，讓我們把（價格帶的）等級提高 2～3 級，看看等級較高的威士忌有哪些。Nikka 的話有「竹鶴」、「余市」和「宮城 」；Suntory 則有「山崎」、「白州」等麥芽威士忌，此外還有「響」、「The Nikka 12 年」等頂級的調和威士忌，以目前日本威士忌的現況來說，這些酒款近年來都很受歡迎，就連和那些「一時性的」酒迷完全不同的威士忌鐵粉也都不太容易買到。

便宜酒愛好者平常愛喝的是像「Clear Blend」等這些沒有個性的酒款，但是會買高級酒款的人其實也是他們（雖然也不知道是基於甚麼理由）。雖然這當中應該也有些人是考慮很久才決定買 1 瓶來喝喝看，但是這種現象真的很奇怪，因為那些如美玉般的高級酒款，跟那些我們平常在喝那種沒有個性、玉石雜糅中屬於"石"的酒款，在性格上根本就完全不同。

「余市」、「響」或是「山崎」等酒款，這些全部都是日本優秀的威士忌職人嘔心瀝血的傑作。這些職人用盡巧思（手法雖然內斂），將這些酒款卓越的個性給展現出來，「讓無個性最終成為一種個性」，展現出職人深厚的功力與出色的技法。

然而，這裡有一個最大的不可思議。

那就是討厭個性鮮明的人，卻會購買以個性鮮明為賣點的高級酒款，而這些高級酒款不但巧妙又直率地展現出性格，其風格更是明顯地偏向蘇格蘭威士忌。雖然從日本威士忌的發展過程來看，我們可以知道日本威士忌本來就是蘇格蘭威士忌所派生出來的亞種，因此個性鮮明也是理所當然的事，但這種特質跟「Clear Blend」其實是天壤之別…。

這種二律相悖的怪現象，在「highball」調酒裡似乎也能看到。我最近聽說非常奢侈地以「山崎」做為基酒所調成 highball，在年輕人之間似乎相當受歡迎。

在我的認知裡，highball 是一種用汽水把威士忌稀釋，糟蹋威士忌味道、與威士忌不同的別種飲料，這是一種相當浪費的行為。只能說 Suntory 的廣告策略真的很厲害，竟然有辦法巧妙地將威士忌包裝之後行銷給那些不懂威士忌哪裡好喝的年輕族群。然而我不懂的是，為什麼不用「角瓶」或是「White」來讓他們喜歡上威士忌呢？這真的讓人覺得很不可思議。

從 1970 年代後半到 80 年代之間，在電視裡傳來「夜將來臨（夜が來る）」這首擬聲吟唱而開始的 Suntory 廣告當中，廣告中所主打的「我的（OLD）威士忌」，口感深厚富有層次，充滿著令人著迷的威士忌浪漫情懷。

接著，到了 30 年後的今日，在這個威士忌的品質已經與當時不可同日而語的時代，Suntory 將戰後混亂才剛結束、威士忌的選擇有限的時代用來矇混酒質的那種喝法巧妙地用廣告來包裝，使社會大眾誤以為威士忌就是那樣子的飲料，這樣的做法實在是功過難斷。現今或是將來的日本，還有辦法培養出真正的威士忌酒迷嗎？這也是我所擔心的地方之一。

以上是我這個便宜酒愛好者的一些雜談，雖然有點落寞，但是當我在超市或是量販店，眺望著陳列在威士忌架上琳琅滿目的商品時，心中其實多少還是有些欣慰的。

向低價蘇格蘭威士忌、低價波本威士忌致敬

　　標準的量販價格是 850 日圓，酒款則是 Black Nikka 的「Clear Blend」。大致上，這種價位的威士忌對一般的日本人來說很適合在平時飲用。因此不分廠牌，在酒品販賣場的架子上總是充斥著這些酒款。在這些酒款當中，甚至有的還是用寶特瓶裝的…。

　　不過，在這群飲者當中，真的有人是因為覺得這種等級的日本調和威士忌（我不把日本產稱為 Japanese，理由我之後敘述）很好喝，所以才去買的嗎？實際上，「也不知道要選哪一個，覺得麻煩…反正老婆買了這一瓶，那就喝吧」，我覺得像這種例子應該不少。

　　其實我自己也是喜歡喝這種價位的威士忌飲者之一，不過出於對「威士忌就是要能享受它的個性」這種想法的堅持，因此我不會買該等級的日本品牌威士忌。會這樣說，這是因為如果將目光從這些酒款移到隔壁，就會發現只要再多花個 100～200 日圓，就能買到種類非常豐富的蘇格蘭或是波本威士忌，而且不管是哪一瓶，都具備著獨特的風味和與眾不同的口感。簡單來說，就是好喝！和庶民等級的日本國產（如此標示）酒款完全不同。

　　然而，我卻不曾看過有人買這些便宜的蘇格蘭或是波本威士忌。不過雖然如此，這些酒款並沒從賣場消失，而且似乎有慢慢地減少的跡象，所以我想應該還是有人買吧。然後，我試著問了一下固定會喝價格最多不超過 1,200 日圓左右的日本國產威士忌的朋友以及認識的人，絕大多數人的回答都是「外國品牌的話不知道要買哪一款，總覺得離自己很遙遠」。

　　雖然不難想像這應該就是一般日本飲者會有的想法和認知，但是我在這裡還是想替便宜的蘇格蘭威士忌以及便宜的波本威士忌說幾句話。

　　首先，威士忌這種東西不像品質低下的進口車（特別是歐洲車）那樣需要擔心經常會發生小毛病或是故障，頂多只有好不好喝、合不合自己口味這樣的問題而已。就算難喝，也不會「少一塊肉」，當然也不會出事或受傷。因此只要下定好決心，試看看到底好不好喝就行了。再者，就算試完後還是覺得自己比較適合庶民等級的日本品牌，那也沒關係，至少也算是對自己所喜歡的味道做了一次確認，完全沒有任何損失。

此外，雖然說是便宜的蘇格蘭威士忌以及便宜的波本威士忌，但是它們在製造上有著非常清楚的規範與定義。和日本的牌子不同，這些酒款在生產時都有確實地經過該製造國的官方認證。也就是說，這些威士忌都是只用穀物和水作為原料，經過蒸餾，然後將製造出來的原酒裝進印有條碼的酒桶，接著放進由政府嚴格監控的熟成倉庫（主要是保稅倉庫），依照法律規定，蘇格蘭威士忌熟成最少要 3 年，波本威士忌熟成最少要 2 年。

即使是便宜的蘇格蘭調和威士忌，做法也都是如此：從用來做為基酒的多種原酒（麥芽威士忌）到用來調和的穀物威士忌，這幾十種原酒全部受上述法規所嚴格控管。而唯有完全都符合這些法規所製造出來的酒，才得以稱為「蘇格蘭威士忌」。因此，對威士忌來說，冠上「蘇格蘭威士忌」這樣的標示，象徵著尊榮，同時也是一種保證。

蘇格蘭威士忌的特色是它的煙燻味和泥煤臭，而賣1千日圓的蘇格蘭威士忌也忠實地繼承著這些DNA。喝慣了這些酒之後，接著嘗試一些珍稀酒款，然後深入探索威士忌的世界，最後再回過頭來喝低價威士忌的時候，就會明白這些便宜威士忌其真正的價值之所在。像是用泥煤烘烤出煙燻味的「Teacher's」、或是用風格多變的原酒調和出味道絕佳的「White Horse（白馬）」，感覺均衡和諧，使人著迷！

那麼，便宜的波本威士忌又是如何呢？所謂的波本威士忌，必須要在蒸餾時的前一個階段，也就是在原料發酵成酒醪時，將這些原料全部混合在一起，直接進行蒸餾，然後再將蒸餾好的新酒（new pot，未熟成的原酒）裝進內側烤焦的全新橡木桶裡進行熟成。等到要裝瓶時，依照各酒款的風格，將各種不同酒桶內的原酒進行調和；最後，再只用水將酒稀釋到所設定的酒精濃度；也因此，整瓶酒裡不會摻入任何其他多餘的東西。除此之外，波本威士忌和蘇格蘭威士忌一樣，都是存放在兼做保稅倉庫的熟成庫裡，紮紮實實地經過2年以上的熟成。可見，波本威士忌在製造的過程中，同樣也是必須經過美國的酒類相關法律所嚴格管控後才得以上市出貨。

因此，從國外大量進口、內容雖不清楚的原酒裡頭，也絕對不會摻入著色劑、香料等東西。如果在酒瓶的某處標記著「Kentucky Straight Bourbon」，即代表著該酒是有經過政府認證、在品質上值得信賴的意思。

大概花個1千日圓就能買到有經過生產國政府所認證的便宜威士忌；而這才是便宜蘇格蘭、波本威士忌的精髓之所在。此外，這些酒款的價格，比我們這些一般的旅行者直接到該生產國買到的還要更便宜（最少便宜30%左右）。這些酒可以大膽地買來喝，並從中窺知蘇格蘭、波本威士忌的世界，這不是很物超所值嗎？

以酒精濃度「40%」為名的均衡感

　　像我這樣喜歡喝便宜酒的人所買的酒款，不需要確認酒標也可知道酒精濃度通常一定是「40%」。而且不只便宜酒是40%這個數字，甚至中、高級酒等全威士忌中大概有8成都是如此。

　　可能會有很多飲者直覺以為：「這一定是因為40%左右的話，能讓酒的味道和商品的風格達到最佳均衡的狀態」，以為40%這個酒精濃度是"神的旨意"般的數字。然而，實際上這個數字據說只是威士忌生產國在酒類相關法規中所訂的一項規定罷了。

　　例如美國的波本威士忌，1897年為了驅逐品質低劣的威士忌，因此制定了「Bottle in Bond」這個品質保證法案，規定裝瓶時酒精濃度一律都必須達到50%。也就是說，在一個酒廠裡所製造出來的原酒，必須要在兼具保稅的熟成倉庫裡經過4年以上的熟成，接著還要讓酒精濃度保持在50%才能裝瓶。如果符合這項法規，便可在酒瓶上貼上「Bottle in Bond」或是「Bonded」等有政府掛保證的標示。

　　然而，這項法規到了1989年就被徹底廢除掉了。取而代之的新法在內容上改成：「酒精濃度40%以上，並經過2年以上的熟成」，條文變得相當溫和。從此，酒精濃度維持在40%是庶民等級酒款的最底線，這樣的概念便深植在波本威士忌界裡，同時在飲者間流傳開來。

　　接著，擁有廣大蘇格蘭威士忌消費市場的歐洲，在成立歐盟（EU）之後，同樣也是規

定蒸餾酒的酒精濃度必須達到40%以上才能標示為「威士忌」。也就是說，40%這一個數字成為了是否能稱為威士忌的底線。不過同時，當然也就開啟了置於庶民酒款之上、專為適合上流階級喝的高級（雖然不是很想這樣稱呼）酒款的市場。

另一方面，對威士忌生產者而言，由於這條法規所制定的（酒精）最低濃度在維持一定的味道品質與酒稅上也較容易取的平衡，考量這種等級的酒應該會賣得最好因而努力生產這些酒款，結果讓這類的酒充滿於全世界的酒架上。

此外，如果是同一品牌但是有多種不同酒精濃度的酒款，這時通常都會以熟成的年數來區隔酒的等級；然而如果將熟成年數相同的酒款擺在一起比較看看的話，會發現酒精濃度越高的喝起來味道會更濃，感覺也似乎

會更高級（？）。同時，其等級的差異也會立即反應在價格上，因而讓我們這些醉漢只能默默地搖頭嘆息。

將目光移回到日本的威士忌現況：因為稅制改變，導致進口威士忌竟然賣的比原本的生產國還要便宜，這真是太值得慶祝了。會這樣，是由於酒稅的分類在2006年做了變更，原本屬於「威士忌類」中的酒類被劃分到「蒸餾酒類」，因而形成了這種特殊現象。接著，酒精濃度40%這個數字，在一些特定等級的酒款中則成為了 "鐵板一塊" 的固定數字。目前這樣的狀態，不分東西方，普遍皆然。

連「日本製造神話」的邊都沾不上的日本威士忌

放眼看看目前日本（製造）的威士忌，幾乎沒有任何針對威士忌的製造而訂定出嚴格的法律和規範；就算有，也都只是跟酒稅有關的規定而已。根據日本酒稅法的規定，所謂的「酒類」，指的是酒精濃度超過1度（容量的百分之一）的飲料；至於與威士忌相關的項目則大致如下：

在日本，將發芽的穀類經糖化、發酵後所生成的液體加以蒸餾，所蒸餾出來的液體其酒精成分未滿95%即符合威士忌的定義。而如果是國外的威士忌主要生產國，接著則是將該原酒加水（只能用水）稀釋來調降酒精濃度，然後便裝瓶出貨。

不過如果是在日本，經過蒸餾、其酒精成分未滿95%的原酒除了可以加水之外，想要加（其他）酒精、烈酒、香料（人工香料）、色素（焦糖等）也都OK。只要最終保有原酒百分之十以上的酒精成分，不論這些添加物的總量為何，都可以名正言順地稱為威士忌。至於如果是在國外，一旦使用這些穀物以外的原料，便立刻不能稱為威士忌，只能歸為「？」類的酒精飲料。

除此之外，日本對於添加物的來源甚至也沒有規定必須是日本國產，因此就算裡頭混了外國的東西（如威士忌或其他酒精飲料），也根本不會有人知道！

也就是說只要有一點點在日本製造的原酒，然後再隨便（或大量）摻入從國外大量買進的麥芽或是穀物威士忌、人工香料，以及使用廢糖蜜這種在提煉砂糖時所產生的副產物為原料所做成的焦糖（來當作色素）…等來做成「貌似威士忌」的酒，這樣也能稱為威士忌，反正只要有乖乖地繳酒稅就行了…

雖然講的有點細，但是在日本，1,000公升左右而酒精濃度未滿38%的酒，其酒稅是37萬日圓。之後每增加1%的酒精，酒稅就再多1萬日圓。因此粗略地來算，如果用酒精40%的庶民等級，然後容量為700～750ml毫升的酒類來換算的話，要繳的酒稅大概是280日圓左右。

只用穀類、酵母和水為原料，然後在日本國內蒸餾、熟成所製造出來的真正的Made in Japan威士忌究竟在哪呢？

關於這個疑問，每次看到量販店、超市所陳列的威士忌時，我總會不經意地想起。單純將酒廠的原酒產量和（熟成中的）庫存、以及裝瓶、出貨上市後的總量來做比對，便可以很清楚地發現這彼此間的數字並不吻合。

總量計算後不足的部分，究竟是用甚麼來填補的呢？雖然我非常喜歡庶民等級的酒款，但因為這個緣故，而讓我一直無法稱這些日本品牌的酒為「日本產」或是「日本的」威士忌。

此外，日本大部分的廠商，不論其企業規模大小，對於威士忌的規格、製法、限制等全都是一副事不關己的樣子。像這樣完全沒有任何同業團體（含自主管理），針對自家商品的品質而制定出標準規格、相關規定的情形，在日本的產業界當中不知道還有沒有其他類似的例子？畢竟在這時代，日本是該要有一套自己所訂的規格了…

不過很可惜，政府（國稅局）也並不重視這件事，且最大的問題是製造商也完全沒有想要著手制定相關的規定。不，這件事我看他們應該連碰都不想碰。不僅如此，就製造商的立場而言，像這些跟規格制定、概念形成的相關話題，他們似乎從頭到尾就只想完全避開，希望所有的人都能不要提起，甚至最好是能夠讓「Japanese Whisky」這一個名詞成為一種禁語或是禁忌。

　　說的極端一點，目前只見這些廠商的態度是「只要好喝就行了！」，其他的別管！因此旁人連想要提出警告都很困難。

　　在世上，會持這種做事態度的，大概背後都有甚麼理由、秘密，或是有甚麼難言之隱。總之，通常應該都有甚麼原因而造成這種弱點或是缺陷。不過，即使最高檔的酒款是真正的 Made in Japan，就一家酒廠所制定出最親民的價格來看，或許基於一些檯面下的理由，而讓他們無法理直氣壯地標榜「日本製造」…最後只能變成彼此「心照不宣」的情況。

　　以上是我個人的淺見。

　　總之，我想向各位喜歡喝威士忌的同好所表達的是：提到日本的威士忌，事實上並沒有能夠讓人驕傲的「日本製造神話」這件事。

富士山麓
BOTTLED BY KIRIN DISTILLERY CO., LTD.
LIMITED
富士御殿場蒸溜所
2016
DISTILLER'S SELECT
SINGLE
GRAIN
WHISKY
ウイスキー
MALT
&SALTY
信州
長野県限定

「拉佛格」是No.1的興奮劑 我所推薦的品牌

以前…正確來說應該是1987年的時候。當時於採訪完曼島TT賽的回程途中，在希斯洛機場的免稅店隨手買了蘇格蘭艾雷島產的純正單一麥芽威士忌「Laphroaig（拉佛格）10年」。第一眼注意到的是那綠色的瓶身，感覺好像滿好喝的；不過老實說，當時我連上面的字該怎麼念都不清楚。由於這是之前從沒看過的威士忌，所以非常小心翼翼地帶了回去。

結果沒想到喝了之後覺得非常震驚，甚至簡直是到了難以置信的地步。那種味道，當時我的形容是「煙燻威士忌」，就像是在吃「藥」，而不是在喝東西。真的有人會直接喝這種散發出正露丸空瓶子臭味（恕無法說那是香味）的威士忌嗎？該不會是酒變質了吧？當時這瓶酒讓我有這樣的感覺，於是便一直放在我的酒櫃當中，很長的一段時間都未曾再碰過，讓它成為了櫃子裡擺飾之一。

不過即使如此，偶爾還是會遇到全部的酒都剛好喝完而讓人痛苦萬分的夜裡。那時也只好下點決心，稍微嘗一下，拿它來滋潤滋潤舌頭。但不管怎樣，終究還是無法享受其中，也不覺得好喝，頂多只能當成是其他酒的消極替代品罷了。

然而，就在某一次要出差採訪的時候，我把這瓶喝到一半的「Laphroaig」硬是塞進了袋子裡。當時的打算是想讓愛酒的同好們喝喝看，讓他們也能被這酒的味道給嚇一跳。結果，在我還沒拿出來的時候，夥伴們就先向我推薦了Suntory的「White」，而我當然是開心地接受。喝著喝著，如果用這樣的速度喝下去，那麼「White」應該很快就要見底了。這時，我畢恭畢敬地從袋子裡取出「Laphroaig」，然後和「White」混在一起。接著，先把第一杯獻給了「White」的提供者。我半開玩笑地把酒倒進杯裡讓那位仁兄

喝，他一開始的反應是皺著眉頭，打了個嗝，但是開口的第一句竟然是「這個超讚的啦！」。接著在場的每一個人，也陸續開始跟著喝了起來。就這樣，「White」在那瞬間轉化成就像是充滿個性的蘇格蘭威士忌。

如果用一句話來形容，雖然有點難聽，但是那種感覺就像是吃了「興奮劑」一樣。

我會把威士忌混在一起喝，就是從那個時候開始的。之後整整過了30年，不論是麥芽威士忌還是調和威士忌，只要覺得喜歡，都可以混在一起喝。

買了蘇格蘭威士忌或是便宜的日系品牌，如果味道有點不夠刺激，或是覺得好像少了一味，當出現這種感覺的時候，我就會立刻把「Laphroaig」拿出來。然後讓煙燻味、泥煤感、消毒水般的臭味（簡單來說就是不光只有香氣，而是比這還要更強烈的味道）、雜香雜味都強制加進原來的酒當中。做一些調整，就能讓味道變得完全不同。這就是我平常的喝酒方式。

不過也並非總都是這樣。像味道極為細膩的斯貝河畔或是低地區產的麥芽威士忌就比較適合細細地啜飲品嘗，中等以上的波本或是日本威士忌亦是如此。這些酒款都比較適合單喝以體會其簡中滋味。

因為這些酒款的性格原本就很纖細，如果加了強烈的元素進去，那麼就會容易讓這些特色消失殆盡，最後成為只是個整體風格不明的無用之物，如此一來將會非常可惜。

不過有一個例外，那就是在波本威士忌中，有些在製造時會添加用泥煤烘烤過的大麥麥芽。這個時後，會讓原本應該是風格華麗的波本酒，在餘韻的階段散發出煙燻味，而讓酒的味道隱約帶著獨特卻又讓人愉悅的個性。雖然可能會覺得好像又有點太裝模作樣，但是像這樣的滋味，是將以華麗做為招牌的

波本酒加入一點使人興奮的元素，然後再隨興地演奏出帶著麥芽風格的波本調，不管如何，確實值得好好品味一番…。

開始這樣玩起混酒喝之後，就會想竭盡所能地嘗試各種混酒；不過在這裡還是想稍微提一下，雖然艾雷島的威士忌很好喝且個性很獨特，但也不是全部都能拿來混酒。

例如「Laphroaig（拉佛格）」或是「Bowmore（波摩）」可以享受那種均衡的感覺；煙燻味最重的「Ardbeg（雅柏）」也很值得推薦。不過我自己經過多次錯誤嘗試的結果，刺激度次於「Laphroaig（拉佛格）」的「Caol Ila（卡爾里拉）」，或是「Bruichladdich（布萊迪）」、「Kilchoman（齊侯門）」和「Bunnahabhain（布納哈本）」

則沒有能讓人興奮的效果，甚至在最後還會有一種加了之後反而礙事的奇怪感覺。除此之外，能讓興奮感更強烈的不光只是泥煤味，在泥煤味中所夾雜的消毒水般的嗆味、苔臭等似乎也起了非常大的作用。

至於混酒的訣竅，其實可以把它想成在調色盤上調顏色。在白色裡加一點點的黑色就成了灰色；但是在黑色裡加進白色卻很難變成灰色。也就是說，基本上應該是要把個性鮮明加進個性貧乏裡；這是一開始試著混酒時所必須遵循的鐵則。

書齋熟成庫

和智英樹（攝影師）

關於使用橡木板讓酒再次熟成

事情的開端，是從我去宮崎縣都農町的「有明產業」這家日本國產的洋酒桶製造工廠，採訪製桶流程所得到的經驗所開始的。當時雖然也參觀了展示場，但最吸引我注意的是那看起來格外小巧的迷你試作橡木桶。此外，在那裡同時也聽到了不少關於橡木桶"功能"的小故事。

在這個製桶廠所製作完成、並經過燒烤處理過的新酒桶，絕大部分都是送到九州各地的燒酎廠以裝燒酎並進行熟成。燒酎經過將近1年左右的熟成之後，顏色會變成像是威士忌那樣的琥珀色，甚至香氣、風味也會感覺有點像威士忌。

然而，燒酎在稅法上除了酒精濃度之外，針對酒色也有很詳細的規定，因此如果直接將它們做成商品，那麼會不符合燒酎的規定而導致必須課徵不同金額的酒稅。酒廠為了讓酒能夠符合燒酎的規範，通常會用過濾器將熟成好的原酒脫色。但令人遺憾的是，這也會讓香氣跟著顏色同時消失殆盡。接著，燒酎酒廠會把這些用橡木桶熟成過的原酒再混入原本的燒酎裡並加以調和，然後做成商品出貨上市。

此外，如果用這種橡木桶將麥燒酎儲藏個3～4年，甚或存放了7年，經過持續地熟成之後，把它拿來當成威士忌，據說品質完全可稱得上是一等的威士忌。聽說曾經有人把作為研究之用而保留下來的原酒拿給某蘇格蘭蒸餾廠的人試飲，結果那酒的香氣和味道讓他們讚嘆不已，最後不斷地要求希望能夠把整桶酒都賣給他們；如果真有這種事，我想這也很理所當然。因為不管怎麼說，麥燒酎和威士忌的原料同樣都是大麥。因此所謂的熟成，除了是靠橡木桶的神奇魔力，我在當下所感受到的，更像是由時間與橡木桶交互作用所產生的一種奇蹟。

接著讓我們進入故事的正題。這是某位女演員的親身體驗；她之前曾經買了我在一開頭所提到的容量為18L的白橡木試作迷你酒桶，接著她把已經製成商品、準備拿來調成酎High的燒酎（也就是擺在超市的那種容量以2L、4L為單位的寶特瓶裝酒，而非傳統的本格燒酎）裝進去裡面並放1年左右使它熟成。酒經過1年的再次熟成之後，不論是顏色還是味道，結果都變得相當濃醇豐厚，讓人分不清是燒酎還是威士忌，脫胎換骨成為了一種混合兩者特色的蒸餾酒。

如果在拍攝現場需要過夜的時候，她便會帶著這些酒讓工作人員喝喝看。品嘗過的人據說每個都讚不絕口，而更美妙的是這是從付完酒稅的燒酎完成品所做成的。會這樣說，這是因為已經做成商品的東西，不管個人想怎麼變更改造，稅務當局也完全沒有置喙的餘地。

聽聞此事之後，讓我也非常渴望想要一個自己的橡木桶。不過，這種迷你橡木桶用的是和原尺寸的橡木桶完全一樣厚度的木板，並採用相同的手法所製造而成；在製造的過程當中，偶爾會有橡木材裂開等問題，導致不良率極高，所以據說目前已經沒有在生產了，也就是說想買也買不到了。不過雖然如此，但是我實在非常想知道那種味道；於是，我自己想出了一套可以讓酒再次熟成的方法。

橡木板和烤桶

第一，要先準備用來代替橡木桶的容器。再來，就像橡木桶的內側都會烘烤過一樣，將橡木板的表面烤焦後放進容器當中，接著再將燒酎倒進去。燒酎如果接觸到橡木板表面的那一層木炭層和橡木板中央（最內層）的木質部，我認為應該就跟放在橡木桶裡差不多。雖然實際上，橡木桶的板材會行呼吸作用，因此裝進橡木桶裡應該會更有效果，但不管怎麼說，這也可以當作是一種實驗，況且百聞不如一試。

首先，先到 DIY 五金百貨大賣場購買橡木板。北美產的白橡木在 DIY 賣場大部分都是拿來當成地板或是天花板材。然而天花板材的厚度太薄不 OK；而地板材的厚度則差不多都在 15mm 上下，賣場沒有再更厚的木板了。橡木桶用的木板厚度通常至少要 25mm 以上，但如果特別訂製費用會很高，因為這只是我自己想做的一個實驗，實在是不想花這麼多錢。總之，最後我決定買非常普通的地板材來試試看；不過這裡要特別注意的是木板必須要是原木，表面不能有油漆或是有塗上其他塗料。

接下來是挑選要用甚麼容器來裝這些木板材。我很快就決定要用梅酒的瓶子來做為這個容器。原本也有考慮用威士忌的空瓶，但是因為瓶口太小，必須要把木材切成像筷子那麼細才裝得進去。但是如此一來，容易把木材燒過頭，變成全部都是炭，而使得關鍵的木質部變得非常少。

接著，我依照梅酒瓶身的高度（用目測）將木板裁切；如果能事先準備好瓶子並測量尺寸，聽說也可以直接在 DIY 賣場請店員照著自己的需求幫忙裁切。不過因為總能觸類旁通，再加上喜歡劍及履及，所以只好辛苦點自己來切木板。在我家的梅酒瓶有 4 公升跟 2.5 公升這 2 種，配合瓶口的大小，量好木板的寬度，然後用電鋸開始裁切。

木板切好之後，再次確認空瓶的大小，然後稍微修正一下尺寸。為何需要這樣，那是因為跟當初的設想一樣，瓶子的形狀有點特別，如果不調整木板的尺寸會塞不進去。而在那當下我也發現到，如果硬塞進去，到時候要拿出來會很辛苦。

總之，暫時先把木板取出來之後，接著便是用噴燈（瓦斯噴槍）將木板的表面烤焦，也就是所謂的烤桶。在製桶廠內所實施的烤桶聽說內部的溫度可高達 800℃，但因為我用的是一般家用卡式瓦斯爐的丁烷瓦斯罐，如果接在噴槍，那溫度究竟可達幾度呢？

調查之後，原來溫度最高似乎可達 1300℃（火焰的前端），因此我開始將木板置於火焰中間來進行炙烤。接著我發現，如果怕燒起來，那麼便無法達到重度燒烤的程度，頂多只是稍微烤出一點顏色出來罷了。為了觀察燃燒的方式，同時順便看看炭層是如何形成的，因此我刻意將第 1 片木板用大火來烤烤看。此時，我也學到如果火勢太猛烈，還可以用水並以噴霧的方式來調節火勢。

關於木板的炙烤，將木板烤成還不到 5 分熟的狀態，使兩面出現薄薄的木炭層，我自己稱之為重度烤桶，而這種狀態感覺裡頭中心的木質部好像會變的滿薄的。因此從第 2 片開始，盡可能地保留住多一點的中心部，一邊調整一邊製作我所謂的 "烤板"。

整個燒烤完成需要用到 3 瓶卡式瓦斯罐，可說是相當耗時又費力的工作。

一切準備就緒之後，分別將「white liquor 35 度」和「寶燒酎極上 25 度」這 2 款燒酎倒入這 3 瓶梅酒玻璃瓶裡。首先倒進去的是 1.8L 的「white liquor 35 度」，接著再繼續用燒酎把所有的瓶子都裝好、裝滿，然後封起來。由於瓶子裡有塞木板，因此所需的燒酎量也會跟著不同；雖然中途還因為燒酎不夠而跑去加買，不過一切也總算大功告成。總之，我把這些瓶子放進原本是用來收納煤油桶的塑膠箱裡，然後擺在我家書齋（在我家稱為垃圾屋）的角落，讓它成為我個人的專用酒窖。

熟成的持續進行與等待時的煎熬

　　我自己曾努力試著至少前 2 個月要假裝沒有這件事存在，但最後還是忍不住每 3 天就打開蓋子觀察瓶子裡頭的變化。我永遠都忘不了當第一個月看到燒酎稍微出現一點顏色時的心情，那種喜悅真是無法言喻。

　　以結果來說，最後能撐完 6 個月熟成的只有 1 瓶而已，其餘的都被我拿來試味道給喝光了。喝的時候，能聞到波本威士忌和日本國產威士忌所沒有的香氣，雖然很淡，但確實有，感覺相當不錯。

　　至於喝的時候，味道感覺比香氣還要再濃一些，可能 white liquor 原本就比一般的燒酎還要更接近無色無味，因此喝起來不太像是燒酎。我深深地體會到，如果我用的是最容易將木質素溶解出來的酒精 65 度原酒的話，應該也能做出好喝的威士忌！

　　此外，我自己內心試算後，和容量 450L 的原橡木桶相比，我把烘烤過的木板塞進瓶子裡，以平均單位來看，我的梅酒瓶所擁有的木質素應該會更多才對⋯。

　　如果把這次實驗的燒酎拿來取代那些沒用的日本品牌威士忌不知道會怎樣？有了這些想法之後，雖然越想越起勁，不過目前呈現實驗中斷的狀態，我打算等到準備更周全時再來試試看。為什麼這樣說，這是因為如果再熟成繼續大約 1 年，那麼烤板上的木炭會有一半以上脫落，然後沉澱在瓶底，因而讓這些木板無法再次使用，目前應該先好好思考該怎麼解決這個問題。

　　以上雖然是我自己的想法，但是思考的方向應該沒錯，尤其當我參觀完「傑克丹尼」蒸餾廠之後，更加確定了這樣的方法是可行的。在「傑克丹尼」蒸餾廠裡，他們為了讓酒能夠熟成的更快，會在熟成用橡木桶裡加入許多和我做的烤板一樣的木板；也就是說在現實當中，這樣的做法是實際存在的。

　　接著後來，我有次拿到了針對手工波本威士忌的蒸餾師所舉辦的蒸餾機器展示會的目錄，結果沒想到裡頭竟然有不銹鋼的酒桶。由於木製以外的酒桶理論上是無法讓酒熟成的，因此我看到時還滿驚訝的。

　　這種酒桶似乎是在裡面嵌入很多塊可以取下來的橡木片，然後在桶面的地方裝有把手。其原理是，如果轉動把手，裡頭的木片就會跟著旋轉，如此便可在桶內進行攪拌。將新酒裝滿之後，一天至少攪拌 1 次以上，藉由木片的轉動，便可促進酒的熟成，可說是相當具有創意的酒桶。玻璃和金屬一樣都不會呼吸；而在酒桶裡裝設烘烤過的木片來讓酒熟成，這個道理和我的做法是一樣的。這一來，更讓我確定自己的想法是對的。

　　而且除此之外，相較於蘇格蘭威士忌是用二手波本桶來進行熟成，我用的還是實實在在的新品，也就是說我這個才是真正的 first fill（首次裝桶）。

　　總之，讓我再稍微報告一下結果：和 white liquor 相比，燒酎雖然比較淡，但多多少少還是能感覺到味道和香氣。然後這次的實驗也讓我知道味道產生變化需要一年的時間，不過如果習慣了這種味道可不是件好事。另一方面，white liquor 因為本身沒有很濃烈的味道，因此很快就能感覺到變化。依我而言，我個人比較喜歡 white liquor 的味道。

　　我所改造的 white liquor 在熟成幾乎算完成之後，讓我有將近半年的時間得以好好地享受把它跟「拉佛格 10 年」混在一起喝的樂趣；除此之外，我也會嘗試改變混合的比例，甚或是跟其他的威士忌做比較，其實還滿好玩的。

　　總之，經過這次的經驗之後，我決定下一個目標是鎖定日本或其他甚麼地方的牌子所出的那種實特瓶裝、喝起來索然無味的威士忌，希望把它們轉換成喝起來就像是既優雅、口感又舒服的特級威士忌。

到各地造訪130間蒸餾廠

我最初拜訪的威士忌蒸餾廠是位於北海道的余市蒸餾廠。雖然只是在機車旅行的途中順道繞去看看而已，30年前跟現在不同，當時會去參觀酒廠的人非常稀少，而不像現在那樣地擁擠；而放在酒窖熟成的橡木桶也非常少，甚至讓人不禁感到好奇：「這樣的量能滿足整個日本的需求嗎？」。那時看到的究竟是專門展示給觀光客看的橡木桶，還是實際上生產的量確實低於整個需求呢？至今我仍不清楚…。

後來過了一陣子，我發現到蘇格蘭威士忌和愛爾蘭威士忌非常好喝，於是開始頻繁地前往釀造現場參觀。出國6次，總共拜訪了86間蘇格蘭酒廠、4間愛爾蘭酒廠。不過當然，一開始的時候，與其說只是隨興地取材，或許說這是威士忌愛好者的一種興趣的延伸會更貼切也不一定。「覺得哪個威士忌好喝，直接在日本盡量喝不就行了，幹嘛非得特地跑到蘇格蘭…」，一般的人應該都會這麼想吧。不過實際上，因為我們還把和智英樹這個喝酒不落人後的攝影師給牽扯了進來，總之，最後就變成了一場艱辛的跋山涉水之旅。

前往蒸餾廠參觀，有時到了現場後會被拒絕，一切都很難說得準。有的蒸餾廠比較空閒，有許多蒸餾廠則是只要開口說明來意，

便會很熱心地帶著我們入內參觀。此外，也曾經遇過大門深鎖的酒廠。有些酒廠會說：「可以參觀，但是裡頭不能攝影」，遇到這種情況，只好拍一下酒廠的外觀、相關設施來充數。我猜不能拍攝的原因，很多應該是出於「如果開了閃光燈，可能會碰觸到揮發在空氣中的酒精而引起火災」，或是「基於隱私，工作人員不喜歡被拍到」等考量。不過現在隨著相機性能的提升，ISO感光度已經能達到2000、3000如此驚人的地步，因此即使在陰暗的地方拍照也沒有問題。拜科技進步所賜，在室內或是在夜晚已經不再需要閃光燈才能拍照；因此需要特別注意的地方應該是會拍到工作人員的臉時的攝影。通常，我的做法是看到有人對著鏡頭並朝著我笑時才拍他們。畢竟特地從日本遠道而來，盡可能多拍點照以及品嘗主要的基本酒款是必須的。

征服完蘇格蘭以及愛爾蘭各地的蒸餾廠之後，接著則是將目標移至波本酒的故鄉—美國。由於生產波本威士忌的蒸餾廠大多都集中在美國的田納西和肯塔基州，所以在取材上較為簡單。但是我們不以此為滿足，接著還將行程延伸到紐約以及芝加哥的新興蒸餾廠，也因此得以了解整體的美國酒廠近況。參觀美國的蒸餾廠，跟你有沒有事先預約沒有關係，在取材時可以直來直往。我們去採訪時，沒有任何一間酒廠不准我們攝影，而在採訪時也都相當順利輕鬆。特別是美國的新酒廠如雨後春筍般地大量湧現，在地生產的波本威士忌風潮正瘋狂地席捲當中。只要是該州、該地有座蒸餾廠，就是件相當值得驕傲的事，就連橡木桶熟成要2年也等不及，馬上就有一大群觀光客蜂擁而至。美國人真的充滿活力，但是性子也急了些。

不會失敗的選酒方法

　　在現實中，沒有所謂「挑選威士忌」的技巧。不，應該是說選錯威士忌，指的其實是選到自己覺得不好喝的威士忌。跟個人的口味、喜好不合的威士忌或許為數不少，但是難喝到覺得「這個我喝不下去」的威士忌，我認為應該沒有那麼多才對。調和師特地用自己的人生嘔心瀝血所打造出的酒款，其美味與否雖因人而異，但不論如何都可視為該酒款獨到的性格與特色。覺得哪個酒好喝，剛好有足夠的錢購買，於是就買了那瓶酒來喝，如此而已。因此，這本書裡所寫的東西，其實也可說只是和智英樹和高橋矩彥個人的飲酒心得罷了。因為年紀、經歷、生長的環境以及所受的教育、甚至是想法不同，對於覺得怎樣才叫好喝的看法當然也不同。因此，每個人接觸威士忌的方式不同，這也是理所當然的事。總之，我總是習慣黃昏日落之後，好好地享受一杯日常飲用的威士忌來為一天做個總結。雖然偶爾會喝到恍神，然後直接

倒在床上睡著；不過這次為了寫這本書，終究還是努力地喝了一大堆來自全世界各地的各種威士忌酒款。不過其實連續幾週之後，也曾因喉嚨開始感到沙啞，於是減少品飲的量並且暫時休息過。用車子比喻，就像是一部感覺快要過熱的破車，想辦法將它勉強開到目的地一樣。從喉嚨、食道、胃、肝臟以及腎臟來看，每天每天都有（純的）酒精濃度 40～50 度的液體通過它們，當然最後會受不了。不過因為這也不是別人的身體，所以也無可奈何吧。如果本身不愛喝酒，那麼這種自稱為品飲，但實際上是一種讓整個咽喉疼痛的難行、苦行是無法一直忍受下去的。我的內臟包含腸胃會生來如此強壯，除了感謝我去世的父母，更開心的是這得以讓我最愛的這份工作能一直持續下去。

Irish
Whiskey

愛爾蘭威士忌

愛爾蘭人擁有生命之水（aqua vitae）的蒸餾技術之後，以大麥製造出威士忌。
在19世紀初，他們為了逃避英國所課徵的高額麥芽稅，
因此改以混合未發芽的大麥來做為原料。
之後為了提高品質，因而發展出用3次蒸餾的方式來製造威士忌。
這或許就是為什麼愛爾蘭威士忌喝起來會如此沉穩、舒服的主要原因吧。
不過，為了不讓蘇格蘭威士忌獨佔風騷，愛爾蘭威士忌現在甚至也開始推出口感辛辣且帶
有煙燻味的酒款。
只有4間蒸餾廠，卻能製造出30種以上的酒款，愛爾蘭威士忌的風采氣宇軒昂，讓人十分
著迷。

何謂愛爾蘭威士忌

現今的愛爾蘭威士忌大至可分成「純壺式蒸餾威士忌」（最近也有人稱為單式蒸餾）、「調和威士忌」以及「麥芽威士忌」這3種。

在這當中，最能表現出愛爾蘭傳統味道風格的是「純壺式蒸餾威士忌」。這種威士忌的原料，除了和蘇格蘭麥芽威士忌同樣都使用大麥麥芽，另外還會加上沒發芽的大麥以及少量的燕麥這3種。將這些原料混合，並經過糖化、發酵之後，接著用壺型蒸餾器進行3次蒸餾，在麥芽乾燥方面則不使用泥煤。

因為進行了3次蒸餾，利用這種傳統的愛爾蘭式製法，最後能萃取出比蘇格蘭威士忌（70～75%左右）還高的酒精濃度而達到86%左右，也因此而能製造出味道更加純淨且無其他雜質和氣味的新酒（new pot，熟成前剛蒸餾好的烈酒）。

這種威士忌雖然有著使用純壺式蒸餾才有的純淨又輕盈的風味，但是又有一股深沉的獨特香氣，這種有點難以形容的矛盾性格，其實與同時使用麥芽、沒發芽的大麥和燕麥有著很大的關係。此外，由於愛爾蘭威士忌不像蘇格蘭威士忌會使用泥煤來烘乾麥芽，因此能夠將穀物原有的香氣與滋味直接呈現出來。

調和威士忌有分2種，首先是用蘇格蘭威士忌風味的麥芽（大麥麥芽）原酒＋穀物原酒所調和出的威士忌，這種威士忌最近在市面上開始較常看見，不過仍屬少數派。此外，這種調和威士忌不像蘇格蘭威士忌那樣會混合十幾種原酒，它的組成其實極為簡單。另一種調和威士忌，則是混合了前面所說的純壺式蒸餾威士忌、穀物以及麥芽威士忌這3種原酒所調和出的純愛爾蘭風威士忌，「米爾頓蒸餾廠」所出的調和威士忌大多是屬於這種類型。不過，由於這些差異並不會標示在酒瓶上，因此很難加以區分。

麥芽威士忌雖然只用大麥麥芽為原料，但是在麥芽的乾燥過程中完全不使用泥煤，再加上使用3次蒸餾的方法，因而散發出愛爾蘭威士忌獨特的香氣與風味。雖然說近似蘇格蘭威士忌的風格，但是在細部上仍存在著相當大的差異。另外，值得一提的是「庫利蒸餾廠」並不使用3回蒸餾，他們的蒸餾只進行2次。

愛爾蘭威士忌的概況

威士忌發源地－愛爾蘭直到20世紀初為止一直是全世界最大的威士忌生產國，當時它們在全球的市占率高達60%，運轉中合法與非法的蒸餾廠加起來一時之間據說超過2,000間。不過，合法的蒸餾廠在1838年減為94間，至1844年甚至大幅減少到只剩61間。到了20世紀初，由於美國這個最大的消費國實施禁酒令，讓愛爾蘭威士忌頓時失去了出口需求以及消費市場；此外，愛爾蘭獨立運動引發內戰，再加上英國聯邦政府課徵極不合理的高額關稅（從原料用的麥芽課徵），以上種種原因，最後導致愛爾蘭國內的威士忌產業實際上處於崩塌毀滅的狀態。

之後，蘇格蘭威士忌終於撐過禁酒法時代同時並帶動了威士忌的風潮；在這當中，目前愛爾蘭仍有營運的大型蒸餾廠卻僅剩下「米爾頓」、「庫利」、「奇爾貝根」以及位於北愛爾蘭的「波希米爾」這4間酒廠。沒錯，目前全愛爾蘭的威士忌全部都是由這4間蒸餾廠所生產的。只有這4間蒸餾廠！而且其中，「庫利」這間酒廠還是在1987年才成立，完全可說是才剛出現的新面孔。

不過另一方面，蘇格蘭威士忌在這幾年雖然出盡鋒頭；但是在美國這個最大的威士忌市場之中，以「詹姆森」為首的愛爾蘭威士忌卻明顯有著捲土重來之勢。除了與蘇格蘭威士忌、波本威士忌對打，同時也努力地穩固市場的基本盤，此外每年的銷售業績更是不斷地向上攀升，表現越來越亮眼。關於生產愛爾蘭威士忌的（僅有的）這4間主要酒廠以及剛興起的庫利酒廠的大致概況，以上在此先做個簡單的介紹。

Midleton（米爾頓）蒸餾廠

本部設在愛爾蘭南部大都市科克郊區的「米爾頓蒸餾廠」，它是在 1966 年由 Jameson、Cork Distilleries 以及 John Power 這 3 間公司合併而新成立的蒸餾廠，現在則屬於在保樂力加（Pernod Ricard）旗下營運的一間大型酒廠。現在這間「新」酒廠的規模，以蘇格蘭酒廠來看簡直可說是大到不可想像的大型工廠；相形之下，蘇格蘭酒廠的規模彷彿就像是鄉下的小工廠。這間蒸餾廠位在舊的「米爾頓蒸餾廠」的後面，舊蒸餾廠那美麗的石造建築和蒸餾設備則保留下來並取名為「The Jameson Experience」，當成酒廠博物館開放給一般民眾參觀，現在更成為了當地少數知名的觀光設施之一。在愛爾蘭 4 間蒸餾廠之中，只有這間「米爾頓蒸餾廠」目前仍使用「純壺式蒸餾」來生產威士忌；至於其他的蒸餾廠大致上則漸漸不再使用這種愛爾蘭獨特的製造方式。除此之外，現在連

3 次蒸餾這種傳統工法也越來越少見，雖然每個人對於時下的流行風潮的看法不同，但這應該是基於市場的考量並預測消費者所喜好的口味變化之後，為了讓經營更有效率所做出的一種決定，結果則是讓愛爾蘭威士忌的傳統味道只能苟延殘喘延續著。

目前有推出的純壺式蒸餾威士忌（最近也有人稱為單式蒸餾威士忌），其主要品牌有「Redbreast」、「Jameson Pure Pot Still」和「Green Spot」等。

至於如果是調和威士忌的品牌，除了主要有可說是這間酒廠招牌的「Jameson」之外，其他像是「Midleton Very Rare」、「Powers」、「Paddy」等酒廠合併之前所推出的調和酒款至今仍全部有在供應，而在 1976 年到 2010 年之間亦持續生產著「Tullamore Dew」。

Cooly（庫利）蒸餾廠

John Teeling 是庫利酒廠的創立者，他努力將自己對於威士忌生產的理念付諸實現，陸續製造出有別於傳統的多樣化威士忌；此外也推出許多過去在愛爾蘭威士忌所沒有的個性化酒款。

在蒸餾設備方面，該酒廠有 2 台柱式蒸餾器（Column Still，連續蒸餾器）和 2 台容量各為 16,000 公升的直線型蒸餾器；不進行 3 次蒸餾，僅蒸餾 2 次。也就是說，雖然因為是在愛爾蘭生產所以稱為愛爾蘭威士忌，但其製法本身卻是蘇格蘭式的製造方法。唯一的不同是，相對於英格蘭酒廠多半是小規模的家庭式酒廠，庫利擁有 2 台柱式蒸餾器和 2 台蒸餾器，堪稱是「大型」的製酒工廠。

關於這種愛爾蘭威士忌原本特有的 3 次蒸餾，這是當初為了躲避英國聯邦政府對愛爾蘭威士忌產業所課徵的高額關稅、特別是極不合理的大麥麥芽關稅，因此只好減少麥芽的使用量，並加入未發芽的大麥或是燕麥來代替，而為了去除裡頭的雜味，所以才想到的一種

製造方法。因此 John Teeling 認為，使用 2 次蒸餾其實只是恢復當年愛爾蘭威士忌最初該有的面貌罷了。

如果要列舉庫利酒廠的代表酒款，那麼首先是帶有泥煤味的單一麥芽威士忌「Connemara」；另外還有只用玉米來做為原料的穀物威士忌「Greenore」、以及單一麥芽威士忌「Tyrconnell」等等。

至於在調和威士忌方面，他們在 1988 年取得了 Kilbeggan 這個品牌，並一直生產到 2007 年為止。在 1988 年剛開始製造威士忌的時候，原本的老 Locke's 蒸餾廠（現在改名為 Kilbeggan 蒸餾廠）一開始只是做為儲放蒸餾好的原酒所用的熟成倉庫，不過現在則是連蒸餾都改成在那裡進行了。

「庫利蒸餾廠」看似一帆風順，然而卻很快在 2011 年就被美國的 Beam Global 給收購，接著 Beam 這家公司後來又賣給日本的 Suntory。結果「庫利蒸餾廠」終究還是逃不過被併入跨國企業旗下的命運，而這也形同對愛爾蘭政府的國家政策打了一記耳光。

Kilbeggan（奇爾貝根）蒸餾廠

John Teeling 建立了庫利蒸餾廠之後，接著又在 1988 年收購了當時的「Locke's 蒸餾廠」、也就是現在的「奇爾貝根蒸餾廠」以做為第二間「庫利」酒廠。當初收購的時候，原本只是做為儲放「庫利酒廠」生產的原酒所用的熟成倉庫；不過從 2007 年起，如一開始所述，該酒廠成為了第 2 間在進行蒸餾的庫利酒廠。

Kilbeggan 這名字的起源相當久遠，它的前身是在 1757 年，沿著流經塔拉莫爾鎮（Tullamore）以北約 10 公里處的布斯納河（River Brusna）旁所建造的布斯納蒸餾廠（Brusna Distillery）。到了 1843 年，酒廠由約翰洛克（John Locke）接手，酒廠的名字也隨之改為「Locke's 蒸餾廠」；而 Locke's 蒸餾廠所生產的代表品牌，其名正是「Kilbeggan」。不過，就跟大多數的酒廠一樣，該酒廠在禁酒令時期因經營不善而被迫轉賣，並於 1957 年關廠。

1980 年代，當地的地方政府將該蒸餾廠的整體建築和設備改建成博物館並對外開放，後來庫利酒廠又將這個做成博物館的設施給買了下來。目前該建築設施的現狀是「酒廠兼博物館」；在參觀時，遊客還可以自己拿著導覽地圖隨意參觀，而不需要參加所安排的行程，可說是一種極少見又與眾不同的參觀方式。

廠內的設施古意盎然，散發著骨董般的古老氣息。Kilbeggan 利用布斯納河的水流來轉動老水車以直接當成運轉的動力。至於蒸餾器（3 台壺式蒸餾器和柱式蒸餾器），則是繼續使用過去在「Locke's 蒸餾廠」時代從舊「Tullamore 酒廠」搬移過來的舊設備，因此生產的規模非常小。不過，也正由於規模小且不更換這些屬於骨董級的設備，因此反而能讓堅持遵循愛爾蘭傳統製法的這種風格一直被保存下來。目前，奇爾貝根仍持續在這間舊的「Locke's 蒸餾廠」、也就是新的「Kilbeggan 蒸餾廠」裡生產著威士忌。

Old Bushmills（波希米爾）蒸餾廠

波希米爾創立於 1608 年，它被認為是世界上最古老的蒸餾廠。這間酒廠的所在地位於英國的「北愛爾蘭」，而非愛爾蘭共和國；由此來看，我們也可以知道所謂的愛爾蘭威士忌，並不是依國家分類，而是指在愛爾蘭島上所生產、製造並熟成完畢的威士忌。目前，這間運轉中的蒸餾廠是在 1784 年建造的，它在 2005 年被納入酒商「帝亞吉歐（DIAGEO）」的旗下，並於 2009 將設備改裝成現在的樣子。波希米爾過去也曾將未發芽的大麥與麥芽混在一起蒸餾以製造出「純壺式威士忌」；不過，現在該酒廠的麥芽原酒已不再使用未發芽的大麥來進行蒸餾，而是和蘇格蘭威士忌一樣，只使用大麥麥芽來做為原料，並採取 3 次蒸餾來做為主要的特色。波希米爾與蘇格蘭威士

忌的差別，除了蒸餾的次數之外，就只有在烘乾麥芽時不使用泥煤這點上不同而已。

愛爾蘭威士忌原本（至少到 19 世紀初為止）也是以泥煤為燃料來烘乾麥芽，不過據說當酒廠開始集聚之後，隨著蒸餾廠的規模越來越大，為了提高生產效率，於是逐漸改以煤炭來做為燃料使用。雖然這個說法尚未得到證實，但是如果實際看到這座蒸餾廠的規模，便會知道這樣的說法也不是毫無根據。

該酒廠目前只生產麥芽威士忌，而調和威士忌所用的穀物威士忌則是來自「米爾頓蒸餾廠」。至於所推出的酒款，在調和威士忌方面有「Bushmills」和「Black Bush」，單一麥芽威士忌則有「10 年」、「16 年」和「21 年」等多種酒款。

Teeling（天頂）蒸餾廠

John Teeling 成立了庫利蒸餾廠後，他的兒子 Jack Teeling 於 2015 年在首都都柏林開了一間新的酒廠。2011 年庫利蒸餾廠被 Beam Global 收購，之後 Jack Teeling 成立獨立裝瓶廠「Teeling Whiskey 公司」，該公司原本是專門販售著特色的裝瓶威士忌，製做著充滿特色的威士忌；後來到了 2015 年，他們在都柏林蓋了新的蒸餾廠，並開始自己生產威士忌。

天頂蒸餾廠的夢想是恢復都柏林威士忌在 19 世紀時的輝煌光景，而裝設的壺式蒸餾器也很符合愛爾蘭蒸餾廠該有的樣子，數量則共有 3 台。「庫利」時代的威士忌採取的是 2 次蒸餾；而 Jack Teeling 所成立的新酒廠因為標榜的是都柏林威士忌，所以主打的是愛爾蘭傳統的 3 次蒸餾。

該酒廠的初餾蒸餾器（wash still）的容量為 15,000L，二次蒸餾器（intermediate still）的容量為 10,000 L，而三次蒸餾器（spirit still）的容量則為 9,000L；這樣組成，在全稼動時的年生產量可達 50,000 L 的威士忌。從生產量來看，雖然與微型蒸餾廠所能生產的手工威士忌的量差不多；但是由於他

們所標榜的是以大型酒廠的產量來看所無法想像的小批、但卻充滿個性的酒款，因而總能讓酒迷們引頸期盼，希望可以在不久的將來趕快喝到這些與眾不同的酒款。

「Teeling」這個品牌，可追溯到 18 世紀末 Jack Teeling 的先人 Walter Teeling 原本在都柏林所製造的威士忌。而今日，他的後代子孫 Jack 成立了「Teeling」這個品牌，其目標則是希望能推出等級高於一般愛爾蘭威士忌、喝起來極具個性的小批次酒款。目前，天頂則是以一家獨立裝瓶廠之姿，利用充足又豐富的存酒（多為庫利酒廠所產）做為基酒，混合部分來自於蘇格蘭（艾雷島的布萊迪）所產的麥芽威士忌來做成調和威士忌上市，酒精濃度則全為 46%。這些酒款和一般 40% 的威士忌相比，在等級、個性以及品質上完全不同，而讓人眼睛為之一亮。目前他們所推出的酒款有調和威士忌「Bushmills」、「Black Bush」，單一麥芽威士忌則有「10 年」、「16 年」和「21 年」等多種酒款。

Tullamore（杜拉摩）蒸餾廠

蘇格蘭斯貝河畔區的大廠格蘭菲迪（Glenfiddich）成功生產出業界的第 1 支單一麥芽威士忌，它同時也是全世界單一麥芽威士忌的始祖。該威士忌的製造廠「格蘭菲迪蒸餾廠」是由格蘭父子（William Grant & Sons）公司所負責營運，這間公司在 2010 年收購了 Tullamore 這個知名品牌，進而將經營的觸角延伸到愛爾蘭威士忌。

格蘭父子買下 Tullamore 之後，接著便開始著手建立新的「Tullamore 蒸餾廠」。2010 年對格蘭父子這間公司來說，是擴大商業版圖非常重要的一年；他們那年幾乎在同一段時間還買下了位於美國紐約州的手工波本威士忌始祖—「Tuthilltown Spirits 蒸餾廠」的威士忌部門。換句話說，為了「獲利」於是決定進軍海外；而買下愛爾蘭酒廠，這也充分證明了愛爾蘭威士忌確實在威士忌界又開始火熱了起來。

Tullamore 舊的蒸餾廠在 1954 年關閉，部分的蒸餾

設備移到「Locke's 蒸餾廠」（即現在的 Kilbeggan 蒸餾廠），而建築物本身則改裝成為遊客中心使用。

Tullamore 有直線型、燈籠型以及鼓出型（洋蔥型）3 種共 4 台的壺式蒸餾器，一年最多可生產 180 萬公升的純壺式蒸餾威士忌和麥芽威士忌。除此之外，Tullamore 還有 1 台比壺式蒸餾器稍微晚一點才引進的柯菲蒸餾器（Coffey still，柱式連續蒸餾器），用這台蒸餾器來製造名為 golden grain 的穀物威士忌（產量不明）。在此順道一提，「純壺式蒸餾威士忌」和「麥芽威士忌」都是採用愛爾蘭傳統的 3 次蒸餾來進行製造。

「Tullamore Dew」是愛爾蘭排行 No.2 的調和威士忌，它是用 Golden Grain 穀物威士忌混合了純壺式蒸餾威士忌和麥芽威士忌共 3 種原酒所調和而成的威士忌，口味可說相當具有特色。

詹姆森
JAMESON

[700ml 40%]

BOTTLE IMPRESSION

　　1780 年成立的「詹姆森蒸餾廠」原本位在首都都柏林的市中心裡，現在該地則成為了「詹姆森博物館」；目前他們所生產的酒是由「米爾頓」蒸餾廠所負責蒸餾。美國是愛爾蘭威士忌最大的市場，「Jameson（詹姆森）」這個品牌成功地讓愛爾蘭威士忌在那裡再度復活，且持續保有 70% 如此高的市占率，因而使它在現代的愛爾蘭威士忌之中成為了非常知名的牌子。

　　這瓶雖然是基本酒款，不過因為是將蒸餾 3 次而成麥芽原酒和純壺式蒸餾出來的原酒以及（小批次生產的）穀物威士忌互相調和而成，這倒也算忠實地維持住傳統愛爾蘭調和威士忌的基本風格。

　　酒色呈現淡淡的金黃色。關於前味和香氣，一開始撲鼻而來的酒精味中有穀物味，因此給人一種穀物威士忌的氛圍。有如洋梨般的淡雅，加上（無法分辨種類的）成熟果實所混合而成的圓潤果香感覺相當滑順，此外還能聞到甜味與花香。不過當然，因為完全沒有泥煤味，所以似乎有些後繼無力。

　　整體的味道屬於柑橘系，此外還帶著麥芽香，讓人喝起來感覺相當輕盈、純淨又爽快。味道中還會有一點點刺激的辛辣，這個味道應該是來自純壺式蒸餾原酒，因而也讓這款威士忌給人一種酒體豪邁粗曠的印象。細細品嘗之後，會開始出現柑橘皮的苦味，然後也能感覺到可可以及雖然無法分辨但至少包含香蕉的果實香氣，味道相當豐富。後味有一股很強的酒精味，強勁而充滿迫力，讓人忍不住想確認一下酒標看看酒精是不是真的只有 40%。餘韻適中，帶著辛香以及淡淡的蜂蜜氣味，最後收尾則會出現橡木般的木質香。

　　整體來說，雖然酒精濃度只有 40%，但是味道強而有力，以稍微粗野的迫力為基調，喝起來相當舒暢，這和銷售成績也是數一數二的「杜拉摩」那種味道有點纖細別緻的風格正好形成強烈對比。市售價約 1,400 日圓左右。

和智　　　　　　　　　　　　80 分
　　　　　　　　　　　　　　　　100
高橋　　　　　　　　　　　　80 分

詹姆森 黑桶
JAMESON Black Barrel

[700ml 40%]

BOTTLE IMPRESSION

　　無年份的上等「詹姆森」酒款。雖説如此，但是這款與一般無年份款的味道風格並不相同，在個性上有著明顯的差異。「黑桶」這個命名來自穀物威士忌所用的熟成桶。通常用來熟成的波本酒橡木桶會使用 2 次，而這款「黑桶」在第 2 次裝桶時，會將橡木桶再次烤桶（將酒桶內側烤焦），也就是採用所謂的二次烤桶（double charring）這樣的工法來進行熟成，如此一來會讓原酒積了 2 層炭進而影響到色調，所以將這瓶威士忌命名為黑桶。至於酒的顏色，也因此會從「無年份」原本的淡金黃色轉變成為 "深金黃色"。

　　拜酒杯的杯口內縮這樣的設計而讓散發出的香氣聞起來舒服又芬芳醇厚。氣味深沉豐富，但卻感覺不到酒精所帶來的揮發感與刺鼻味。以香草為基調而帶著穀物的甘甜，在香氣方面，除了有熱帶水果（種類不明）的華麗感，同時還有淡淡的可可香。

　　味道的核心有香草的甜味與應該是來自純壺式蒸餾原酒所帶來的胡椒的辛辣，此外，還混合著彷彿是用火煮蘋果般的濃郁甘甜與酸味。

　　接著，在味道的中段也會開始浮現來自於雪莉桶的迷人風味，讓人明白原來這款威士忌的特色不光單純只有二次烤桶，使飲者充分地感受酒體的飽滿。

　　後味芳香醇厚且強而有力，木頭烤焦的香氣之中帶著香草餘韻，此外還能隱約感覺到丹寧般的澀味。長度適中。

　　相對於「無年份」酒款有著柑橘系和青蘋果的風味，這支威士忌則被設計成有著濃密熱帶氣息的個性。

　　市售價約 3,000 日圓左右。

深金黃色的芬芳醇厚。

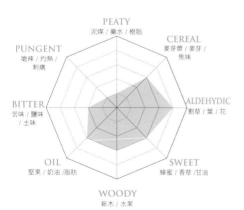

PEATY
泥煤 / 藥水 / 樹脂

CEREAL
麥芽漿 / 麥芽 / 焦味

PUNGENT
嗆辣 / 灼熱 / 刺痛

ALDEHYDIC
割草 / 葉 / 花

BITTER
苦味 / 鹽味 / 土味

OIL
堅果 / 奶油 / 脂肪

SWEET
蜂蜜 / 香草 / 甘油

WOODY
新木 / 水果

和 智		80分
高 橋		100
		80分

杜拉摩
TULLAMORE DEW

[700ml 40%]

BOTTLE IMPRESSION

1829 年，愛爾蘭威士忌史上首次將調和威士忌做成商品推出的是「Tullamore DEW」；而知名的"愛爾蘭咖啡"最初所用的威士忌也是這支「Tullamore DEW」。接在地名 Tullamore 後面的這個 DEW，英文字面上的意思雖然是露水；不過在這裡則是取自該品牌的中興之祖 Daniel E. Williams 的名字字首。Daniel 自創立蒸餾廠以來，始終致力於酒廠的現代化，並讓他們所推出的酒款熱銷，為了感念他的功勞，因而決定將他的名字放進酒廠名裡。

Tullamore DEW 目前在愛爾蘭的出貨瓶數上位居第二，僅次於「Jameson」，可説是非常受歡迎的品牌。

該品牌從 1976 年到 2010 年為止是由「米爾頓蒸餾廠」生產原酒，不過格蘭父子公司在 2010 年買下了該品牌，之後的原酒便改由新成立的新「Tullamore 蒸餾廠」來負責生產。

溫和辛香的前味，有著類似檸檬和麥芽（或穀物般）的香氣，同時還帶著以香草為基調的烘烤過的橡木桶香。從嗅覺移到味覺後，能感覺到酒體相當輕盈，甜中帶辛香的柑橘類的微微酸味，混合著輕烤過的木頭香。接著還能嘗到香草的滋味。

餘韻辛辣而沉穩，淡淡的辣味在舌尖久久不散。在現在的愛爾蘭調和威士忌當中，這一支的特色在於纖細又精緻，可説是個性鮮明又充滿魅力的酒款。

市售價約 1,700 日圓左右。

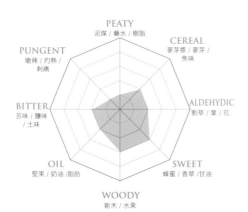

PEATY
泥煤／藥水／樹脂

PUNGENT
嗆辣／灼熱／刺痛

CEREAL
麥芽漿／麥芽／焦味

BITTER
苦味／鹹味／土味

ALDEHYDIC
割草／葉／花

OIL
堅果／奶油／脂肪

SWEET
蜂蜜／香草／甘油

WOODY
新木／水果

最悠久又纖細的愛爾蘭調和威士忌。

和 智			80分
			100
高 橋	NO DRINK		

波希米爾
BUSHMILLS

[700ml 40%]

波希米爾的基本款。

BOTTLE IMPRESSION

「Bushmills」是世界上最古老的蒸餾廠，在它所推出的所有威士忌當中，這支是最基本的酒款，該酒廠生產的威士忌其主要特色可說全都濃縮在這瓶酒裡。它們的調和威士忌所用的純麥芽威士忌是用非泥煤煙燻的麥芽以及 3 次蒸餾來製造新酒，接著裝進波本桶和俄羅洛索雪莉桶後，還須經過 5 年以上的熟成；至於穀物威士忌則只用「Midleton 蒸餾廠」所生產的威士忌，將兩者加以混合，製造出具有蘇格蘭威士忌風格的調和威士忌，和傳統的愛爾蘭調和威士忌不同，而別具一番風味。也就是說，這款酒不是用愛爾蘭所引以為傲的純壺式蒸餾威士忌來進行調和，就某種意義來說，算是一種愛爾蘭色彩較淡的愛爾蘭威士忌。

酒色呈現淡金黃色。被大麥味所包裹住的麥芽香氣相當突出；雖然不含純壺式蒸餾威士忌原酒，但卻有帶著刺激感的苦味。接著，能感覺到與柑橘皮的酸味融在一起的辛辣感，過一會還會出現淡淡的巧克力味。

味道的核心是濃郁且豐富的麥芽味。以香草為基調的甜味感覺相當溫和柔軟，混合著類似胡椒（非來自未發芽大麥）般的刺辣與苦味。甜味像是淡淡的蜂蜜，接著再將厚厚的苦澀一層又一層地裹上去，因此使得苦味完全沒有被甜味給掩蓋過去。

至於餘韻，橡木桶的香氣之中帶著清新高雅的穀物甘甜，另外還有一點辛辣味。殘留在舌尖的滋味以苦味為主，接著還帶點香草和巧克力的味道，感覺深遠悠長。

此酒款的風味獨特，和一般常見的愛爾蘭調和威士忌不同，有一種由飽滿又舒服的穀物所帶來的豐饒感。拿來當日常酒飲用，在味覺上可說是極為奢侈的享受。順道一提，在美國，人們認為這款酒沒有太特殊的味道，因此很常拿來當做調酒時所用的基酒；不過，我很好奇在調酒時，要怎麼活用它的苦味呢…。市售價約 1,700 日圓左右。

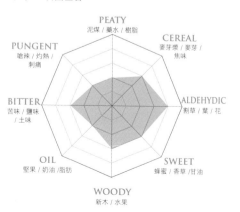

PEATY
泥煤／藥水／樹脂

CEREAL
麥芽麩／麥芽／焦味

PUNGENT
嗆辣／灼熱／刺痛

ALDEHYDIC
刺草／葉／花

BITTER
苦味／鹽味／土味

SWEET
蜂蜜／香草／甘油

OIL
堅果／奶油／脂肪

WOODY
新木／水果

和 智	80分
高 橋	100
	85分

波希米爾黑樽
BLACK BUSH

[700ml 40%]

BOTTLE IMPRESSION

調和的比例中，麥芽威士忌佔80%，小批次穀物威士忌20%；這是款質量極佳，充滿著麥芽味的調和威士忌。用一句話來形容，那麼可說是：「有果實成熟的香氣與厚重的口感」。通常低價的雪莉桶威士忌都會容易有一股奇怪的橡膠臭或是硫磺味竄出，不過這一款卻完全沒有這個問題，從價格面來看，感覺就像是中了樂透。口感溫和甘甜，相當適合花時間慢慢地品嘗並享受時間的移轉變化所帶來的樂趣。

酒色呈現稍微褪色的紅銅色。根據蒸餾廠所給的資料，這瓶酒使用多種18年的原酒來進行調和；濃厚的雪莉桶風味，繽紛的水果乾香氣，再加上類似堅果的油脂味，整個混在一起並直接灌入鼻腔。

喝一小口，那微微的辛辣和果實般的甘甜會立刻在口中散開，甚至還會有雪莉酒的甜胰直接通過喉嚨的感覺。細細品嘗之後，不但能感覺到來自穀物的甘甜混合著焦糖太妃糖的甜味，還會出現炒堅果的油脂味，而讓酒體更加飽滿。

餘韻柔順悠長，以柑橘皮的苦味混合著香草甜味來收尾，最後在舌尖殘留著澀味。

這瓶愛爾蘭調和威士忌的市價雖約2,500日圓左右，不過它用3次蒸餾、並以雪莉（俄羅洛索雪莉）桶和波本桶來進行熟成以製造出純麥芽（不使用未發芽的大麥）威士忌，接著再搭配只用「米爾頓」產（蘇格蘭風）的穀物威士忌來進行調和。調和的原酒單純，再加上有著雪莉桶＋波本桶熟成的特色，因而讓這款酒變的非常迷人。從CP值來看，可說相當划算。

PEATY
泥煤／藥水／樹脂

CEREAL
麥芽漿／麥芽／焦味

PUNGENT
嗆辣／灼熱／刺痛

ALDEHYDIC
割草／葉／花

BITTER
苦味／鹽味／土味

SWEET
蜂蜜／香草／甘油

OIL
堅果／奶油／脂肪

WOODY
新木／水果

		90分
和 智		100
高 橋		85分

60

奇爾貝根

KILBEGGAN

[700ml 40%]

BOTTLE IMPRESSION

生產「奇爾貝根（Kilbeggan）」的「奇爾貝根蒸餾廠」，在 2007 年之前其實只是「庫利蒸餾廠」這個兼做博物館的酒廠用來熟成的倉庫。現在該蒸餾廠裡的蒸餾設備，是直接使用該 "博物館"的展示品，而這也讓奇爾貝根蒸餾廠顯得相當古意盎然。它的動力是靠裝在布斯納河的水車來取得；至於蒸餾器則是在舊「Tullamore 酒廠」關閉時，從那裡所搬過來的骨董貨。因此到了現代，該酒廠所生產的酒款，反而給人一種從前奇爾貝根少量生產時的懷舊氛圍。

酒色呈現淡金黃色。將鼻子貼近酒杯，也不太有香氣簇擁而上的感覺。能聞到的，是一股柔順又舒服、有如洋梨般的淡淡的果實味，然後再加上穀物的甘甜和堅果的油脂味。此外，不曉得是不是錯覺，一瞬間好像還聞到了泥煤味。咦，不是沒有使用泥煤嗎？雖然這樣想，不過又再次感覺到泥煤味。至少到 19 世紀為止，愛爾蘭其實也是用泥煤來烘烤麥芽，難道是這個緣故嗎…總之，真相無法得知。愛爾蘭威士忌的特色之一是大多數的酒款都能強烈地感覺到穀物味，其原因之一正是由於愛爾蘭威士忌不含泥煤。

味道相當簡單，就像是穀物味再加上類似蜂蜜的甘甜，然後再裹上一層又一層的水果太妃糖。接著，味道會轉變成以柑橘類的皮革苦味為主，加了水則會讓這種苦味更重。該酒款的味道核心是穀物味；由於麥芽威士忌的調和比例較低，只有 15% ～ 20%，因此可想而知這個味道應該是來自穀物威士忌。

後味有著相當清爽的果實味，雖然能聞的到木質香，但是這是來自木頭的香氣，和橡木桶的那種風味不太一樣。餘韻在口中沒有殘留太久。這瓶酒據說從 1757 年就已經存在，可說是相當典型又傳統的愛爾蘭調和威士忌，味道簡單，相形之下會讓「Jameson」顯得似乎太過複雜。此酒款充滿懷舊的愛爾蘭風格，使人念念不忘。市售價約 2,400 日圓左右。

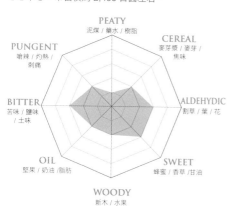

纖細的愛爾蘭威士忌風格的傳承者。

和智		80分
高橋		100
		80分

納伯格堡 12 年
KNAPPOGUE Castle 12

[700ml 40%]

右側直書：3 次蒸餾而成的愛爾蘭單一穀物威士忌。

BOTTLE IMPRESSION

「Knappogue Castle 12 年」是由知名的 Castle Brands 這家在愛爾蘭販售單一麥芽威士忌的烈酒公司所推出的酒款，原酒則來自「波希米爾蒸餾廠」。該酒名「納伯格堡」是一座實際存在的城堡，它建於 1467 年，位置就在愛爾蘭西部克萊爾郡的昆鎮（Quin）。酒廠的主人也是這座城堡的所有者，現任酒廠主人的父親當時購買由「波希米爾」所生產的 36 年份的威士忌酒桶，然後在裝瓶出售時，將酒款命名為「Knappogue Castle」，因而誕生了這個品牌。此外，該公司所企製的原酒桶還有個小故事，那就是據說它們進行熟成的地點就在這城堡內。

這一款「12 年」只用不含泥煤的麥芽（大麥麥芽）為原料，接著只用波本桶陳放 12 年，可說是做法極為普通的麥芽威士忌。唯一僅有 3 次蒸餾這個工序能讓人能感受到一點愛爾蘭威士忌的 DNA。不過由於在蘇格蘭的低地區也有蒸餾廠是採取這樣的蒸餾方式，因此該 DNA 的獨特性以現代的愛爾蘭威士忌來說，已經漸漸不再那樣地清楚。酒的顏色呈現亮金色。前味到香氣都能聞到桃子的甜香帶著蘋果的酸味，同時還混合著蜂蜜和穀物味。在穀物的部分，如果仔細聞辨，似乎還能感覺到一股香草口味的厚煎鬆餅的香氣…。雖然只用波本桶來熟成，卻沒想到竟然也能營造出如此豐富的層次，讓人感到相當驚艷。在味道方面，首先能嘗到的是較重的苦味。接著是從麥芽香氣所帶出來的蜂蜜味，然後是烤焦的麥芽以及淡淡的牛奶巧克力味道，展現出不太像是愛爾蘭威士忌那樣的複雜度。味道的中段到後面會出現強勁的酒精味，接著在濃郁的香草和焦糖味之中，會有柑橘果實的酸味和果皮的苦味，後面則還會出現辛香味。餘韻有麥芽味殘留，雖然接著會轉變成像啤酒那樣的苦味；不過熟悉愛爾蘭威士忌之後，如果嘗到這種味道，會覺得這樣的口感極為豐富又充滿層次，進而讓人忽然想起蘇格蘭威士忌。市售價約 4,500 日圓左右。

PEATY
泥煤 / 藥水 / 樹脂

CEREAL
麥芽漿 / 麥芽 / 焦味

PUNGENT
嗆辣 / 灼熱 / 刺痛

ALDEHYDIC
割草 / 葉 / 花

BITTER
苦味 / 鹽味 / 土味

SWEET
蜂蜜 / 香草 / 甘油

OIL
堅果 / 奶油 / 脂肪

WOODY
新木 / 水果

和 智		90分
		100
高 橋	NO DRINK	

蒂爾康奈

TYRCONNELL

[700ml 40%]

BOTTLE IMPRESSION

　　這支單一麥芽威士忌，是將過去愛爾蘭威士忌全盛時期運轉過的「瓦特蒸餾廠（Watt Distillery）」其招牌品牌重新復活的酒款。Tyrconnell（蒂爾康奈）這個品牌名，據説是在美國的禁酒令執行之前，瓦特家族所擁有一匹傳奇賽馬的名字，牠在獲勝率只有 100 比 1 的情況下竟然贏得了比賽。這支酒款是由安德魯.A. 瓦特（Andrew Alexander Watt）所企劃，並由「庫利酒廠」製造；不過同時，亦有一説是由同一個公司體系的「奇爾貝根酒廠」所負責生產。愛爾蘭威士忌一般都是使用 3 次蒸餾，不過「庫利酒廠」所奉行的則是蘇格蘭式的 2 次蒸餾工序。庫利酒廠成立時，酒廠的創立者 John Teeling 即主張採用 2 次蒸餾，之後酒廠雖然易主，但卻保留了這個蒸餾的方式。3 次蒸餾會將麥芽所帶來的雜味和香氣給一併去除，而 2 次蒸餾則能夠保留住這些味道；而這也就是為什麼他們不需要像一般的愛爾蘭威士忌那樣還要再特別添加未發芽的大麥所做成的威士忌來進行調和之緣故。

　　從前味到香氣，首先能感覺到輕盈的酒精所揮發出來的味道，甘甜舒服，有著熱帶水果、香草、堅果的油脂，以及應該是來自橡木桶的木質所帶來的清脆（或者説乾爽可能會更好聽）風味。至於在口中所綻放出來的滋味，其基調是包裹在濃郁的香氣中的柑橘酸味，整體味道則是由蜂蜜的甘甜與苦味來負責支配。接著，會有麥芽的穀物味以及類似奶油的黏稠與濃密，不過這樣的味道不是一層又一層疊上去，而是同時出現。到了後味，與剛剛的黏稠感相反，出現的是在聞到香氣時所感覺到那種乾爽以及些許辛辣，接著還會出現苦味，殘留的時間稍久。因為 2 次蒸餾的緣故而讓這款威士忌的口感相當豐富，用純飲的方式喝會讓味道更棒。由於這支酒做的實在是太出色，因而不禁讓人想知道「庫利」從前的製酒方式為何。市售價約 2,800 日圓左右。

２次蒸餾的愛爾蘭威士忌珍品。

和　智									**90分**
									100
高　橋	**NO DRINK**								

康尼馬拉
CONNEMARA

[700ml 40%]

BOTTLE IMPRESSION

這一款不是用愛爾蘭威士忌所引以為傲的 3 次蒸餾，而是採用蘇格蘭式的 2 次蒸餾所做成的單一麥芽威士忌。除此之外，這款愛爾蘭威士忌還使用含有 14ppm 泥煤的麥芽來做為原料，只有蒸餾和熟成是在愛爾蘭島進行，其餘的工序則完全是蘇格蘭風格。

因為討厭 3 次蒸餾會容易將雜味和香氣給去除，故採取這種蒸餾方式；而這也是「庫利酒廠」的創立者 John Teeling 在當時就立下的規矩。

在熟成方面，此酒款全部只用波本桶來熟成，接著再把奇爾貝根這間兼做博物館的蒸餾廠當成熟成庫，將酒桶存放在那裡以進行熟成。放置橡木桶時，是以堆疊（racked）的方式來排列，將酒桶以垂直（直立）併排的方式放在棧板上，待要裝瓶時，再分別將陳放 4 年、6 年以及 8 年這 3 種原酒互相調和來做成商品出貨上市。

由於這是愛爾蘭威士忌中唯一有泥煤味的酒款，所以在開瓶時讓人充滿了期待。酒色呈現中庸的琥珀色。雖然酒杯中確實有泥煤味，但那直衝鼻腔的刺激感、酒精的揮發味以及整體給人的感覺卻相當優雅溫和。

在香氣方面，泥煤味同樣給人一種溫和的感覺，此外還有一股從樹上開出的花朵（而非草所長出來的花）般的淡淡花香。此外，還有蜂蜜般的甘甜，同時再稍微帶點香草和橡木桶香。味道雖然平順而欠缺起伏變化，不過口感柔順不刺激，在麥芽所帶來的甜味之中還混合著些許的辛香味，另外還有類似蘋果的酸味。餘韻悠長，特別是帶著泥煤味的蜂蜜味殘留的時間很長，整體的氛圍相當舒服簡單。

雖然一開始享用時就預期會出現泥煤味，不過不像是艾雷島產的「Laphroaig」或是「Caol Ila」那樣有著消毒水般的苦味而讓泥煤味感覺相當尖銳，這款所散發出的是恰到好處又相當優雅的煙燻味，使人讚不絕口。市售價約 3,200 日圓左右。

PEATY
泥煤 / 藥水 / 樹脂

CEREAL
麥芽糖 / 麥芽 /
焦味

PUNGENT
嗆辣 / 灼熱 /
刺痛

ALDEHYDIC
割草 / 葉 / 花

BITTER
苦味 / 鹽味
/ 土味

OIL
堅果 / 奶油 /脂肪

SWEET
蜂蜜 / 香草 /甘油

WOODY
新木 / 水果

和 智　85分 / 100

高 橋　80分

64

克隆塔夫1014　3合1組

CLONTARF 1014 Trinity

[200ml 40%]×3

三種不同口味的威士忌組。

BOTTLE IMPRESSION

　　「克隆塔夫 1014」崇尚傳統製法，它是由克隆塔夫威士忌公司（the Clontarf Whiskey Company）負責生產、母公司 Castle Brands（「Knappogue Castle」的經銷商）做為總代理以負責銷售的愛爾蘭威士忌。此酒款的名稱是取自在 1014 年與維京人所發生的「克隆塔夫之戰（The Battle of Clontarf）」，不過連該戰役所發生的西元年都成為名字的一部分，以公司還有品牌來說，這算是相當嶄新的做法。隆塔夫威士忌公司目前推出的有「經典調和（Classic Blend）」和「單一麥芽（Single Malt）」這兩支滿700ml 的威士忌。而在「精釀（reserve）」方面，目前僅推出 3 瓶一組的「Trinity」。這是一款將 3 種酒分別用 200cc 的小包裝組成一整瓶酒的「試喝」組；在設計上，只要將這 3 個小酒瓶疊在一起便可以組合成一個完整的酒瓶。就像是玩疊羅漢那樣的酒款。至於容量 200cc，頂多只能算是試喝的程度。

【Clontarf Class Blend】200ml 40% 調和威士忌

　　根據資料顯示，這款「經典調和」是將「庫利酒廠」所供應的 100% 穀物威士忌，搭配「米爾頓酒廠」使用 3 次蒸餾、並經歐洲橡木的木炭過濾後的純壺式蒸餾威士忌所調製而成。調和之後裝入波本桶並經過 4 年的熟成，因此可以說是非常純正的愛爾蘭威士忌。而在這 3 種酒款的顏色之中，這款的金黃色最深。

　　在前味到整體香氣方面，聞起來比大部分的愛爾蘭威士忌都還要甜，感覺輕快、滑順。濃郁的太妃糖和奶油糖為其基調，另外還有穀物、蜂蜜、水果乾、柑橘皮的苦味和圓潤的果香。從味道的中段開始，會清楚地感覺到橡木的木質香與香草味。最後出現的則是辛香味，同時再帶點油脂味，殘留在舌尖的時間悠長。

【Clontarf Single Malt】200ml 40% 單一麥芽威士忌

　　採 3 次蒸餾並用波本桶熟成，原酒則是來自「波希米爾蒸餾廠」。這也就是說，克隆塔夫公司所推出酒款會依不同風格，使用來自不同酒廠的原酒。這款酒的顏色也是金黃色，不過色調則稍淡。

　　香氣的核心是新鮮的麥芽味、橡木桶香以及香草味。口中出現的香氣與口感則有太妃糖、蜂蜜的甘甜以及辛辣味，同時還能感覺到酸味與苦味。舌尖有油脂味，感覺滑順又綿密。後味會出現花香（種類無法特定），接著是果香之中帶著辛香味，最後還有一股綠草發燙般的野性香氣從鼻腔通過。

【Clontarf Reserve】200ml 40% 調和威士忌

　　前味首先會有酒精揮發的氣味而稍微感到刺鼻；整體的香氣由香草、柑橘，以及果皮的苦味和蜂蜜的甘甜所主宰，同時還有濃郁又華麗的甜香。雖然有辛香味，但是刺辣感不強。殘留在舌尖上的苦味伴隨著香草味和橡木桶香，餘韻深遠悠長。

　　如果同時試喝以上這 3 種酒款，那麼這款在個性上的排序（特色的強弱）屬於中間。假設有出完整的 700ml 包裝，那麼會讓人想買 1 整瓶喝喝看。市售價約 4,000 日圓左右。

		80分	
和智			100
高橋		80分	

天頂 單一穀物
TEELING SINGLE GRAIN

[700ml 46%]

這款是屬於愛爾蘭威士忌中較少見的單一麥芽威士忌，它是「天頂威士忌」的基本酒款之一；不過雖然是基本款，但是酒精濃度卻和其他酒款一樣都是46%。極為常見的40%威士忌和46%威士忌的差異非常大，如果同一種酒但是卻做成2種不同的酒精濃度，那麼所呈現出來的性格可能也會截然不同。從這裡也可知道，酒廠在生產這支酒時，應該一開始就是刻意打算讓它成為較高級的酒款。

在製造的工序上，它是將這個穀物威士忌放進加州的卡本內蘇維翁（紅）葡萄酒桶裡來進行熟成，最後再使用非冷凝過濾，手法上可說是非常獨特且相當新穎。

酒色呈現深邃的琥珀色，不知道這是否與用紅酒桶來儲藏有關？從杯緣所散發出的味道，首先能感覺到的是相當濃郁又華麗的香氣。而整體氣味的基調是濃郁的香草以及（種類無法特定的）花香，另外還有砂糖的甜味、加工牛奶的滑順以及微微的辛辣。至於在口中綻放出的則是糖漬（長在果樹上的）小紅莓和類似奶油的味道。口感雖然缺乏刺激，但是卻相當華麗。到了後味，果實的感覺會轉變成甜甜的糖漿味，另外再帶點木質感和辛香味。此外，整體的味道亦給人一種彷彿沾滿一層酒精的感覺。

我自己本來對單一穀物麥芽威士忌並沒有特別期待，但是沒想到這一款不但香氣迷人，且味道非常豐富，實在是讓人印象深刻。

市售價約 4,300 日圓左右。

PEATY
泥煤 / 藥水 / 樹脂

CEREAL
麥芽漿 / 麥芽 / 焦味

PUNGENT
嗆辣 / 灼熱 / 刺痛

ALDEHYDIC
割草 / 葉 / 花

BITTER
苦味 / 鹽味 / 土味

SWEET
蜂蜜 / 香草 / 甘油

OIL
堅果 / 奶油 / 脂肪

WOODY
新木 / 水果

在卡本內蘇維翁酒桶裡沉睡過的穀物威士忌

和 智					80分
					100
高 橋	NO DRINK				

66

天頂 小批次
TEELING Small Batch

[700ml 46%]

BOTTLE IMPRESSION

　　都柏林威士忌在過去全盛時期時，都柏林市內的蒸餾廠可多達 37 間。Stephen 和 Jack 這兩兄弟成立了「天頂蒸餾廠」，其目的就是要讓都柏林的威士忌能夠重回往日的風采。而這一系列的基本酒款，正是這間位在都柏林市中心的酒廠所發起的愛爾蘭威士忌新浪潮。John Teeling 創立「庫利酒廠」，實行非傳統的手法來製造威士忌而廣為人知；而他的兒子 Jack Teeling 成立的這間新酒廠卻是以極為正統的方式來製造威士忌。

　　目前，這款「小批次威士忌」和「單一麥芽威士忌」以及「單一穀物威士忌」同樣都屬於該酒廠的入門商品。這支酒是用萊姆酒桶來進行熟成，並且沒有經過冷凝過濾。使用萊姆酒桶來熟成，就愛爾蘭威士忌而言，與其說是傳統的做法，其實更像是特別經過考慮所做出的決定。

　　酒色呈現淡淡的金黃色。首先在一開始就會聞到一股甜香撲鼻而來，而讓人感覺整體的味道似乎都圍繞著這股香氣。接著除了香草和焦糖，另外還會有一股被圓潤的萊姆酒香給包裹住、溫和而不刺激的穀物香氣在口中散開。從整體的香氣到味道的中段，同樣也能感覺到香草和穀物的甜味出現在濕潤滑順的舌尖上。最後在味道的尾端，則會有酒精味竄出並抑制了這股甜味，進而讓口感更加精采豐富。

　　這款的酒精濃度雖然是 46%；但是我不禁好奇，如果酒精濃度變成一般常見的 40%，那麼會不會破壞這原有均衡感，結果只剩下甜味而讓整瓶酒頓時黯然失色呢？總之，這是款將甜味以及整體風格處理得恰到好處的一瓶酒。餘韻多少能感覺到辛辣，接著焦糖味也會再次出現。市售價約 3,300 日圓左右。

萊姆桶熟成後所帶來的甘甜，支配著整瓶酒的滋味。

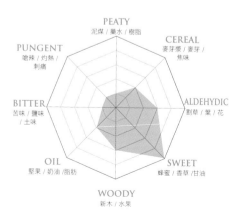

		85分
和 智		
高 橋	NO DRINK	100

Scotch
Single Malt
Whisky 蘇格蘭單一麥芽威士忌

用單一的壺式蒸餾器蒸餾出新酒，接著再將酒桶放在自家的酒窖內進行熟成，

用這樣的方式所製造出來的單一麥芽威士忌，

在從前只是被當做蘇格蘭的地方酒，而沒有在國內流通、消費。

與味道均衡、順口易飲的「調和威士忌」相比，

單一麥芽威士忌雖然充滿個性又相當有魅力，但是因為太過前衛，

因此一般沒有對外販售。

格蘭父子（William Grant & Sons）充滿信心地推出「格蘭菲迪」這款單一麥芽威士忌，

其他競爭對手雖然對這款酒的評價非常低，但是私底下卻也承認它的獨創性，

於是許多酒廠也跟著紛紛推出自家的單一麥芽威士忌。

當消費者知道單一麥芽威士忌擁有與調和威士忌不同的魅力，

不但個性豐富且相當好喝之後，

單一麥芽威士忌的銷售業績便開始一路長紅。

雖然單一麥芽威士忌現在的銷售量只占蘇格蘭威士忌不到10%，

但是因為獨創性極高而讓酒迷們醉心不已，

目前不論品牌或是出貨量，都有持續增加的趨勢。

波摩 12年
BOWMORE 12

[1,000ml 40%]

BOTTLE IMPRESSION

　想要了解波摩威士忌，那麼就一定就得先從購買並喝喝看這瓶 12 年款（酒廠希望價 4,400 日圓，實際售價約 3,500 ～日圓）開始才行。雖然這款酒從幾年前開始價格大約上漲了 20%，不過因為 12 年是經典款，而且最能表現出該酒廠的特色，因此非常值得推薦。事實上，在波摩所推出的威士忌當中，這款 12 年也是賣得最好的一瓶。雖然從 15 年的 Darkest、15 年的 Laimrig、18 年、25 年到水楢桶（Mizunara Cask Finish）的價格一路往上漲，但是如果要了解波摩，可先從記住 12 年款的味道開始。

　關於波摩所生產的艾雷島威士忌，這原本是由於來自格拉斯哥的調和威士忌業者威廉馬特（William Mutter）需要一個專門生產麥芽威士忌基酒的據點，因而開始經營起該蒸餾廠。在日本，波摩威士忌的銷售量僅次於麥卡倫。它的味道雖然看似中庸而不如雅柏、拉佛格、卡爾里拉那樣地強烈，不過在聞到烤葉子、花香和果香之後，接著才會出現泥煤味，這樣的安排其實拿捏得恰到好處。這酒款喝起來感覺非常高雅、圓潤，雖然有人把它當做了解艾雷島酒的入門款，但是在這裡更想讓各位知道的是這是款相當洗鍊且非常迷人的優質威士忌。喝完這瓶，接著再喝完個性更為強烈的艾雷島威士忌之後，接著希望各位能夠回頭重新再喝一次這款波摩 12 年看看，如此便能知道我所言不假。對我來說，這款威士忌應該做為整個艾雷島的基幹威士忌的代表，而非只是一款艾雷島酒的入門酒。想必三得利公司當初一定是完全知道日本人喜歡怎麼樣的口味才會買下這間酒廠，這真的很了不起。

中庸的酒款，讓人對艾雷島威士忌有更深一層的認識。

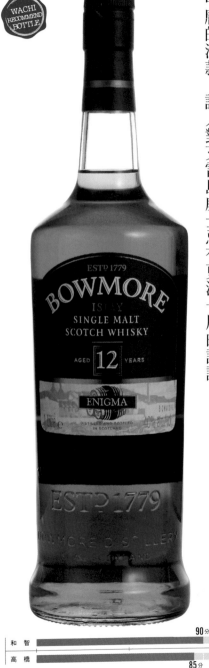

PEATY
泥煤 / 藥水 / 樹脂

CEREAL
麥芽麩 / 麥芽 / 焦味

PUNGENT
嗆辣 / 灼熱 / 刺痛

ALDEHYDIC
割草 / 葉 / 花

BITTER
苦味 / 鹽味 / 土味

OIL
堅果 / 奶油 /脂肪

SWEET
蜂蜜 / 香草 /甘油

WOODY
新木 / 水果

		90分
和　智		100
高　橋	85分	

布萊迪
BRUICHLADDICH

[700ml 50%]

BOTTLE IMPRESSION

BRUICHLADDICH SCOTTISH BARLEY，無標示年份，但是應該是 4～5 年的酒款。使用非進口而是從蘇格蘭大地所收成的大麥來做為原料，這是款向從前經典風格的布萊迪致敬所推出的單一麥芽威士忌。酒瓶上寫著"先進的赫布里底群島蒸餾廠"（Progressive Hebridean Distillers）。前味與香氣都感覺非常清新，溫和且優雅。沒有刺激的臭味，以風味來說，不厚重，屬於輕盈類型。餘韻所殘留的長度中庸。不帶泥煤味，給人一種被麥芽的甘甜給包裹起來的感覺，有著鮮度極高的柑橘、哈密瓜、葡萄柚般的華麗果香，此外還能感覺到香草風味的焦糖味交錯在其中。酒體飽滿。這一款的酒精濃度是 50%，如果將濃度調整成 46%，那麼就成為了另外所推出的「Peat」以及「Organic」這兩種同類型的酒款。

布萊迪蒸餾廠於 2001 年復廠，不知道是否是現在已退休的首席釀酒師 Jim McEwan 的方針，抑或是為了趕上時代，該酒廠不論是新推出的商品、設計、酒精濃度或是名稱的變化都非常激烈，這或許跟他們自己對於酒款的特性也記得不是很清楚有關係，總之，在還不確定自己是否喜歡這瓶酒時，沒想到他們又已經推出的酒款而使人感到無所適從。這款酒的市售價約 5,000 日圓左右；其他如艾雷島大麥 2009 年（Islay Barley2009）是 5,800 日圓、黑色藝術 1990 年（Black Art）是 26,000 日圓、1992 年則為 30,000 日圓，然後經典萊迪 8（Laddie 8）是 5,700 日圓等。除此之外，還有推出像是經典萊迪 10 第 2 版（Laddie 10 second edition）等系列商品、以及以 Lochindaal 和 Port Charlotte 為名、如野獸般充滿厚重泥煤味的酒款等。

艾雷島的新浪潮。MCEWAN 的嘔心瀝血之作。

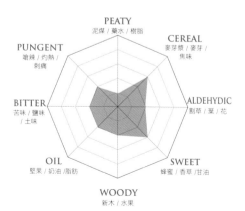

PEATY
泥煤 / 藥水 / 樹脂

PUNGENT
嗆辣 / 灼熱 / 刺痛

CEREAL
麥芽漿 / 麥芽 / 焦味

BITTER
苦味 / 鹽味 / 土味

ALDEHYDIC
割草 / 葉 / 花

OIL
堅果 / 奶油 / 脂肪

SWEET
蜂蜜 / 香草 / 甘油

WOODY
新木 / 水果

		90分
和 智		100
高 橋	85分	

卡爾里拉 12 年

CAOL ILA 12

[700ml 43%]

BOTTLE IMPRESSION

CAOL ILA 12 年的販售始於 2002 年，如酒名的意思：「艾雷之聲（the Sound of Islay）」一樣，這是支相當棒的酒款。雖然完全沒有華麗的氛圍；但是味道簡單乾脆，就像是一位身上沒有多餘的肌肉、體格相當精瘦的拳擊手不斷地出重拳一樣的。因為用泥煤煙燻所產生的刺激的辛辣味感覺相當暢快；不論是味道還是香氣都有著海岸邊的海藻所發出的碘藥味，威士忌整體的味道由銳利的辛辣感所支配。雖然也能聞到鹹味，但是感覺並不那麼複雜。酒體適中，威士忌呈現淡淡的香檳色，酒瓶則是淡淡的鹽漬橄欖色。此外，這款威士忌也是貝爾（Bell's）、白馬（White Horse）、約翰走路（Johnnie Walker）等調和威士忌用來調和的主要基酒。CAOL ILA 在 1927 年納入帝亞吉歐集團旗下；近年來，由於有泥煤味的麥芽威士忌相當受歡迎，因而讓這間酒廠在該集團內也越來越受到重視。總之，在艾雷島之中，CAOL ILA 12 年像是一位堅忍不拔的修道者一樣，不但個性突出且充滿力量。和雅柏、拉佛格以及拉加林同時並列個性強烈的四大天王，在艾雷島佔有一席之地。因此，如果沒有喝過 CAOL ILA 12 年，那麼就無法了解甚麼是艾雷島威士忌。酒廠希望的價格是 5,500 日圓，市售價則約從 4,300 起跳；雖然價格說不上便宜，但是絕對要買一瓶放在自己家裡的酒櫃裡，保證不會讓你後悔。這幾年酒廠都沒有調漲價格，可見是相當有良心的經營。此外，如果飲者想要再更上一層樓，那麼他們也有推出市售價約 20,500 日圓的 25 年酒款。站在 CAOL ILA 蒸餾廠的壺型蒸餾器旁邊往外可眺望到吉拉島上的乳房山，但是不知道是平日好事做得不夠多，還是純粹只是運氣不好，總之我至今還沒能順利拍到乳房山的照片，真的非常遺憾。

艾雷島之聲，出色精彩。

布納哈本 12 年

BUNNAHABHAIN 12

[700ml 46.3%]

艾雷島中庸酒款的完成形。

BOTTLE IMPRESSION

　　BUNNAHABHAIN 12 年，46 度。酒體適中，能聞到淡淡的蜂蜜以及乾草的香氣。味道有香草、麥芽的甘甜以及果實般的甜味與酸味。煙燻味稍淡，碘藥水和海水的鹹味若有似無，但華麗感倒是相當明顯。悠長的餘韻讓濃郁的滋味殘留在舌尖久久不散，彷彿就像是艾雷島的海風。雖然口感沉穩又溫順，但卻依然保有艾雷島的 DNA，表現的非常出色。酒廠希望的價格是 6,370 日圓，市售價約從 4,000 日圓起跳。而讓人感到吃驚的是，這個相當合理的價格自數年前就未再調整過。25 年份的酒款價格為 30,000 日圓。至於這回獲得和智、高橋非常高的評價而讓人瘋狂著迷的調和威士忌「黑樽（Black Bottle）」則非常經濟實惠，市售價只有 2,500 日圓左右（不過，雅柏、拉加維林和卡爾里拉等酒廠自己所推出的單一麥芽威士忌就已經賣得嚇嚇叫了，他們真的有將自家的威士忌分出來供這款黑樽來調和之用嗎？）。各位有興趣的話，可以和布納哈本 12 年試飲比較看看。如果身邊還有佛拉格 12 年、卡爾里拉 12 年、波摩 12 年的話，那麼應該就能夠直接舉辦一場快樂的派對！布納哈本雖然不似雅柏、拉佛格、卡爾里拉等那樣個性超級強烈，但是它擁有最細緻的纖細特質，儼然就像是艾雷島上的優等生品牌，那恰到好處的口感，內含艾雷島的特色，可說是款能夠讓人盡情沉醉於其中好酒。這款威士忌如果再更受歡迎也一點都不奇怪，但是我希望價格可不會因此上漲。

PEATY
泥煤 / 藥水 / 樹脂

CEREAL
麥芽漿 / 麥芽 /
焦味

PUNGENT
嗆辣 / 灼熱 /
刺痛

ALDEHYDIC
割草 / 葉 / 花

BITTER
苦味 / 鹹味
/ 土味

OIL
堅果 / 奶油 / 脂肪

SWEET
蜂蜜 / 香草 / 甘油

WOODY
新木 / 水果

和 智		90分
		100
高 橋		85分

雅柏 10年
AREDBEG 10

[700ml 46%]

雅柏蒸餾廠在很久以前就已出現在寂寥的艾雷島
上，不過後來被格蘭傑傑買下，經過整修之後，在 1980
年又重新開始營運。雅柏單一麥芽威士忌的特色在於
有著傳統又獨特的味道因而廣為人知，即使到現在，
人氣依然盛久不衰。廠裡的 2 個窯爐現在雖然已經不
再運轉，但是拿來當做觀光使用，依然扮演著非常重
要的角色。

來到這間蒸餾廠，不禁讓我深深地感覺到隨著時代
的不同，人們所喜歡的威士忌口味似乎也越來越瘋狂。

把瓶子裡的酒液倒入杯中，然後將鼻子靠近一聞，
會立刻感覺到一股泥煤味和消毒水味。這應該是艾雷
島麥芽威士忌中最強烈的一款，當極為清登的泥煤味
退去之後，接著繼續會散發出消毒水臭（香氣？）以
及香菇的味道，此外還隱約能感覺到刺激。之後，慢
慢地會出現一股淡淡的柑橘果香以及極少量的太妃糖
的甜味。再來出現的是油脂味、海水鹹味混著辛辣感，
讓口感更加深沉與豐富，同時也將飲者帶進雅柏那獨
特的世界裡…。對於已經喝過雅柏的人來說，應該能
了解我在說甚麼，不過尚未體驗過雅柏的人如果看完
我以上的敘述，是否還會有想喝喝看的念頭呢？我不
禁感到疑問。總之，我唯一可說的是這支酒並不適合
初學者來喝。如果讓不太常喝威士忌的人來喝這款威
士忌，這就好比讓開過車的人駕駛藍寶堅尼，讓沒有
玩過重機的人騎杜卡迪，讓沒有海外拉力賽經驗的人
去參加達卡拉力賽，讓喜歡吃肉的人吃沙拉，讓討厭
蔬菜的人吃炸野菜一樣。在我們的世界當中，有很多
的事物沒有親身體驗過就會很難理解，而艾雷島上的
雅柏就是其中的一例。希望販售價是 6,000 日圓，
不過實際的市售價從 3,600 日圓開始起跳，價格的變
化非常激烈。

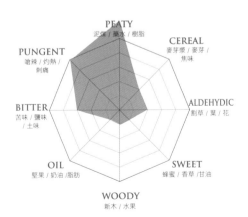

最能讓威士忌偏執狂亢奮的酒。

| 和智 | 90分 |
| 高橋 | 100 / 92分 |

雅柏UIGEADAIL
ARDBEG UIGEADAIL

[700ml 54.2%]

BOTTLE IMPRESSION

這瓶可說是蘇格蘭威士忌當中最強勁的酒款，威士忌的初學者千萬不要嘗試。對於嘗盡酸、甜等各種味道的醉漢來說，這款是他們絕對會愛上的最棒的興奮劑，甚至可說是救世酒。一旦喝到這瓶酒，那麼將再也無法自拔，雅柏的 UIGEADAIL 就是這麼有魅力而讓人著迷不已。煙燻香氣，味道乾澀，酒體適中，熟成味紮實，口感深而沉充滿層次。有如走進四次元空間一般，這支威士忌所帶來的廣度與深度就像是經典的老酒再現，說它是現代威士忌的最高峰也一點都不算言過其實。酒廠希望價 8,900 日圓，而實際售價約 6,900 日圓。

在此順道一提，雅柏另外還有一支叫漩渦（Corryvreckan）的無熟成年份酒，這款的完成度相當高，甚至會讓人想要抱著它入睡。價格雖然不便宜，比 UIGEADAIL 還要再貴上 2,000 日圓，不過保證絕對不會讓人失望，甚至應該還會覺得非常驚艷。雖然這支酒的價格等於買 3 支普通酒款，但是絕對值得品飲看看。酒體飽滿、沉穩、感覺相當厚實。雖然 57.1 的酒精濃度稍高，但是真的很好喝，有種富含油脂的堅果乾又伴隨著柑橘味道的感覺，就算加水稀釋也無損它的美味。此外，那蜂蜜、胡椒、穀物的滋味，在在都讓人彷彿到了天堂。比起 UIGEADAIL，我個人雖然更喜歡這款，但是這兩瓶威士忌其實僅有絲毫之差。酒這種東西真的能讓人感覺到在世上的幸福，昨日、今日、明日，每天都要來一杯，唯一擔心的只是殘量越來越少而已。世上只要有這瓶酒，那麼一切就能讓人滿足。

有如老酒再現，54 度的感動。

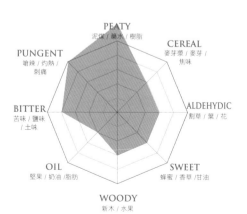

PEATY
泥煤 / 藥水 / 樹脂

PUNGENT
嗆辣 / 灼熱 / 刺痛

CEREAL
麥芽漿 / 麥芽 / 焦味

BITTER
苦味 / 鹽味 / 土味

ALDEHYDIC
割草 / 葉 / 花

OIL
堅果 / 奶油 /脂肪

SWEET
蜂蜜 / 香草 / 甘油

WOODY
新木 / 水果

和 智		90分
		100
高 橋		95分

拉佛格 10年
LAPHROAIG 10

[750ml 43%]

BOTTLE IMPRESSION

　　拉佛格最近一連推出了 Select Cask、Brodir、Quarter Cask 等新酒款，不過原因是甚麼呢？職業特性？總之，試著喝喝看這些酒款之後，雖然會發現它們確實與拉佛格 10 年不同，但我實在找不出非喝這些酒款不可的理由。就像高倉健說：「我啊，還是每天都想來杯 10 年」一樣，我也是堅持只愛拉佛格 10 年。總之，說這款拉佛格 10 年濃縮了拉佛格蒸餾廠所有的精華，這可是事實，說的一點都沒錯。強烈散發出來的煙燻味混雜著海潮味與海藻的碘臭等特殊氣味，讓威士忌塗滿拉佛格本身的味道特色。不過就在瞬間，卻也會有微微甘甜的果香從鼻腔通過，而讓人感覺到絕妙的均衡。這樣的味道可不是人人都能接受，大概要喝掉 3 分之 1 瓶之後才能判斷。和雅柏一樣，這款酒對威士忌初學者來說可能會有點艱澀難懂。只喝過威士忌加水或加蘇打水的人，如果突然直接純飲這款酒…可能會誤以為自己喝到的是消毒水或是能讓人瞬間清醒的刺激劑也說不一定。拉佛格 10 年是款堅持自我、對任何事絕不妥協的威士忌，因此並不是每個人都會喜歡它。在我身邊就有不少人才喝第一口，表情就立刻大變，接著再也喝不下第二口…。這是從前蘇格蘭人會喜歡的那種不經任何修飾、自然而坦率的味道。如果想喜歡上這種味道，那麼首先必須要先能理解蘇格蘭的文化與精神，並且無條件地接納與喜愛才行。此外，值得一提的是，這款充滿男人味的酒其實是由貝西威廉森（Bessie Williamson）這位女士所打造出來的。有機會的話，請務必鍛鍊體魄、提升感官的敏銳度，讓自己成為能夠體會出這款酒迷人之處的大人。市售價約 4,500 日圓左右。

前衛刺激，並非適合每個人。

		90分
和智		
		100
高橋		
		90分

齊侯門
KILCHOMAN

[700ml 46%]

BOTTLE IMPRESSION

齊侯門酒廠創立於 2005 年，然後在 2009 年推出
「MACHIR BAY」。由於酒廠成立的時間不長，因此
不得已只好使用陳年不到 5 年的年輕原酒。在蘇格蘭
威士忌業界當中，儲存沒超過 10 年以上通常不算已完
成熟成，但是齊侯門卻顛覆了這樣的概念，它利用非
常高明的手腕來調整酒心，進而讓威士忌完整地擁有
煙燻味、果香和花香。此酒款在北美也非常受歡迎，
據說曾讓 5 萬支酒立刻銷售一空。事實上，我們在蒸
餾廠買了這瓶之後，也是在當天就全部都喝光了。在
口感強勁的艾雷島麥芽威士忌之中，此款的味道顯得
格外地與眾不同。酸味強，有花香，海水鹹味和辛辣
味較淡。味道輕盈，口中的煙燻味到了一半會暫時消
失，等到來自麥芽的甜味所帶來的豐富滋味出現之後，
接著才又會再次浮現。齊侯門將這款威士忌先用波本
桶熟成 3 年，接著還會用俄羅洛索雪莉酒桶再熟成 6
個月，味道真的很棒，進而讓人不得不改變「太年輕
的威士忌不好喝」這項原本的概念。由於酒廠的出貨
量不多，因此即使在大型賣場也不太容易看到這個品
牌，不過市售價約 6,000 日圓左右就能買到。信奉威
士忌應該要長期熟成的諸兄要不要也試飲看看呢？

圓潤的果香＆新鮮的滋味。

PEATY
泥煤／藥水／樹脂

CEREAL
麥芽漿／麥芽／焦味

PUNGENT
嗆辣／灼熱／刺痛

ALDEHYDIC
割草／葉／花

BITTER
苦味／鹽味／土味

SWEET
蜂蜜／香草／甘油

OIL
堅果／奶油／脂肪

WOODY
新木／水果

		分
和智		93分
高橋		100
		75分

拉加維林 16 年
LAGAVULIN 16

[700ml 43%]

BOTTLE IMPRESSION

　　LAGAVULIN 16 年，啜飲一口就會知道它完全符合
艾雷島威士忌該有的特色，厚實的酒體，高級的口感，
讓人愛不釋手。藥品、樹脂、泥煤味、烤焦的麥芽糊、
麥芽味、苦澀、鹹味、土味、脂肪味…一開始可能覺
得味道很特別，但是當各種可怕的味道結合在一起後，
卻又變得相當高級、美味，相當不可思議。如果加水
20% 左右後再試飲看看，則能夠清楚地讓味道的整
體樣貌浮現出來。LAGAVULIN 16 年是艾雷島威士忌
中味道最複雜的酒；就我個人而言，這也我非常喜歡
的一款威士忌，在我家中的酒櫃裡絕對少不了它。當
我要比較其他酒廠的威士忌時，通常也都會以它做為
基準，因此這支也可說是非常重要的核心酒款。酒廠
希望的價格 8,000 日圓雖然有點高，但是實際售價約
6,000 多日圓。此外，很奇怪的是 8 年款的實際售價
卻是 8,500 日圓，而 12 年款竟然要價 11,500 日圓，
依照這個情況，先多買幾支放著可能會比較好，因為
很有可能不知道哪一天會突然調整價格然後就變貴了
也說不定…。在發生甚麼好事的日子、感覺非常沮喪
的日子、或是希望平安幸福的日子裡，裝在這瓶裡頭
的酒絕對是我的最佳夥伴。

　　此外，拉加維林也開始推出如 LAGAVULIN 12 年原
桶強度（cask strength）、LAGAVULIN 12 年限量臻
選 2011 年（Special Release）、1994 年酒廠限定版
（1994 Distillers Edition）、經理首選 15 年（Managers'
Choice 15 Year Old）等多種商品，希望這些酒款在
日本不論是存量還是價格都能符合期待，讓人可以輕
鬆購得。

艾雷島上極為複雜的酒款。

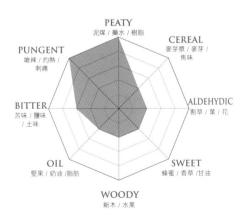

		98分
和　智		
		100
高　橋		97分

PEATY
泥煤 / 藥水 / 樹脂

CEREAL
麥芽漿 / 麥芽 / 焦味

PUNGENT
嗆辣 / 灼熱 / 刺痛

ALDEHYDIC
割草 / 葉 / 花

BITTER
苦味 / 鹹味 / 土味

SWEET
蜂蜜 / 香草 / 甘油

OIL
堅果 / 奶油 / 脂肪

WOODY
新木 / 水果

吉拉

JURA Superstition

[700ml 43%]

實力派酒款。

BOTTLE IMPRESSION

　　吉拉蒸餾廠是吉拉島上唯一的一間蒸餾廠。和艾雷島的威士忌相比，它釀製出來的泥煤香較淡，煙燻味則相對輕盈。口感像是熱帶地方的水果其滋味在口中散開一樣。整體的味道有如蜂蜜與辛香互相交錯，充分展現出複雜度與層次感。這款 10 年熟成的麥芽威士忌，是酒廠憑藉著豐富的威士忌製造經驗所釀製出來相當值得信賴的好酒。味道不裝腔作勢，誠摯而實在。在酒標的正中間有一個圖騰，那是來自塞爾特的幸運符號。不過這款酒受歡迎的理由絕不是因為迷信，而是它真的很好喝！做為參考，廠商的希望價格是 6,900 日圓，但實際售價卻只有 3,300 日圓，在價格上可說非常經濟實惠。艾雷島上的威士忌酒廠各個特立獨行且個性強烈，而吉拉酒廠與艾雷島近在咫尺，但是所釀造出來的威士忌卻相當纖細、口感非常美妙。兩者為何會有如此大的差異？這真的是很不可思議。除了這款以外，吉拉另外還有推出 16 年、21 年款，這些酒款和 10 年的感覺完全不同，有機會的話都非常值得一試。

　　吉拉島在斯堪地那維亞語中有鹿的意思，住在這裡的紅鹿比人還要多。每年一到冬天，就會有許多人從歐洲大陸蜂擁跑來這裡打獵，因而使這個地方變得非常有名。此外，這座島還有另一個有名的地方，那就是《1984 年》這部小說的作者喬治・歐威爾（George Orwell）曾經為了寫作兼療養而在這座島上住過數年；村上春樹的作品《1Q84》據說就是源自於這本書的書名。順道一提，吉拉酒廠還曾經在 2003 年短暫地推出名為「1984」的威士忌。

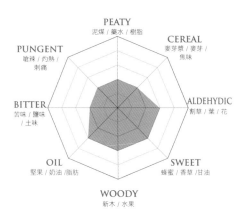

PEATY
泥煤 / 藥水 / 樹脂

PUNGENT
嗆辣 / 灼熱 / 刺痛

CEREAL
麥芽麩 / 麥芽 / 焦味

BITTER
苦味 / 鹽味 / 土味

ALDEHYDIC
割草 / 葉 / 花

OIL
堅果 / 奶油 /脂肪

SWEET
蜂蜜 / 香草 / 甘油

WOODY
新木 / 水果

和 智		90分
		100
高 橋		93分

艾倫 10 年

ISLE OF ARRAN 10

[700ml 46%]

BOTTLE IMPRESSION

　沿著小島上那蜿蜒起伏的道路開車前進，便可抵達 Lochranza 這個更小的村落，接著則會看到有如夢幻般的蒸餾廠突然出現在眼前。艾倫蒸餾廠的外觀看起來非常可愛，就像是童話故事裡的建築物一樣。在一片綠色的景色之中，一棟白色的酒廠矗然而立，裡頭還設有禮品店和餐廳。

　THE ARRON MALT 10 年。前味首先能感覺到香草味，接著會出現 2、3 種熱帶水果的氣味。以香氣來說，能感覺到相當舒服的圓潤果香並帶著苦味在口中散開，兩者搭配的非常和諧，而淡淡的泥煤味也會在此時悄悄地出現。雖然有著與熟成年份相當的新鮮度，但是也帶著放蕩不羈的粗曠感，因而讓這款威士忌多了份與本來的特性完全相反的陽剛味。

　艾倫蒸餾廠是這個島上在睽違 150 年之後，首次獲得合法設立的酒廠。以前躲起來偷造私酒的地下酒廠曾多達 50 多間，後來因為沒能得到政府的合法許可，最後只能隨著時間而一起消逝。

　艾倫麥芽威士忌 10 年的市售價為 4,000～日圓，不加水稀釋直接裝瓶的 12 年原桶強度的市售價則約 6,500 日圓左右。如果有機會能喝到，請務必試試看。14 年的價格大約 5,000 日圓，18 年則大約 10,000 日圓便可買到。如果比較艾倫島、吉拉島以及艾雷島所生產的威士忌，便會發現風格都不相同。酒廠的距離這麼近，但味道卻如此南轅北轍，除了不可思議，實在想不出其他還有甚麼詞彙可以形容⋯。

艾雷島的祕寶。

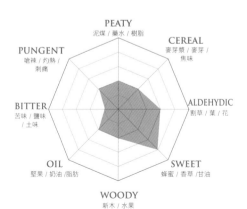

PEATY
泥煤 / 藥水 / 樹脂

CEREAL
麥芽漿 / 麥芽 / 焦味

PUNGENT
嗆辣 / 灼熱 / 刺痛

ALDEHYDIC
割草 / 葉 / 花

BITTER
苦味 / 鹽味 / 土味

SWEET
蜂蜜 / 香草 / 甘油

OIL
堅果 / 奶油 /脂肪

WOODY
新木 / 水果

和 智　　　　　　　　　　　　93分
　　　　　　　　　　　　　　　　100
高 橋
　　　　　　　　　　　　85分

格蘭斯高夏 雙桶

GLEN SCOTIA DOUBLE CASK

[700ml 46%]

BOTTLE IMPRESSION

金泰爾半島（Mull of Kintyre）擁有絕佳的水源，再加上又是大麥的盛產區，在 1851 年的時候蒸餾廠多達 28 間。此外，不僅愛爾蘭、英格蘭，這裡同時也是通往美國和加拿大的主要交通要塞。位在金泰爾半島的坎培城，該區域的原酒年產量達 900 萬噸，那裡的人們因為生產威士忌致富，而讓該城鎮變的非常知名。據說日本的威士忌之父—竹鶴政孝也曾在這個鎮上的蒸餾廠學習威士忌的製造基礎；他在那裡住宿過的飯店，至今依然存在並持續營運中。

格蘭斯高夏（Glen Scotia）蒸餾廠在 1609 年取得金泰爾半島第一張蒸餾許可證照，然後在 1832 年的時候做為蒸餾廠而開始正式營運。我在 2013 年造訪時，格蘭斯高夏蒸餾廠雖然是坎培城碩果僅存的酒廠之一，不過當時母公司羅曼德湖集團（Loch Lomond Group）卻將這家奄奄一息的酒廠的整個經營權交給了別的公司。做為新集團的一員而重新出發的格蘭斯高夏，現在推出的有 15 年、25 年以及無年份標示的雙桶熟成等酒款。

這次品飲的酒款雖然是單一麥芽威士忌，不過透過使用雪莉桶以及波本桶的雙桶熟成技巧，使味道聞起來芳醇迷人，將威士忌的美味發揮的淋漓盡致。喝這款威士忌時，首先會聞到一股淡淡的花香和果香；入口之後則會感覺到蜂蜜、太妃糖以及葡萄乾的味道在口中爆開。濃郁的滋味加水之後，會露出苦澀，接著再同時綻放出酸味、甜味以及苦味。餘韻悠長，蜂蜜和果香持續繚繞，感覺非常舒服，真的很好喝！

坎培城的經典個性。

PEATY
泥煤 / 藥水 / 樹脂

CEREAL
麥芽類 / 麥芽 / 焦味

PUNGENT
嗆辣 / 灼熱 / 刺痛

ALDEHYDIC
割草 / 葉 / 花

BITTER
苦味 / 鹹味 / 土味

OIL
堅果 / 奶油 / 脂肪

SWEET
蜂蜜 / 香草 / 甘油

WOODY
新木 / 水果

		90分
和智		100
高橋		87分

雲頂 10年
SPRINGBANK 10

[700ml 46%]

BOTTLE IMPRESSION

　SPRINGBANK 10 年，酒色呈現色調明亮的香檳色。不經冷凝處理，味道基本上雖然有著相當豐富的果香和哈密瓜味，但是代表著坎培城威士忌特色的鹽味也非常濃郁。除此之外，還有堅果般的油脂味、舒暢的泥煤感，以及淡淡的碘味。酒精的感覺的強勁有力，餘韻則如抽絲般地細緻纖細。至於海水的鹹味（鹽味）則殘留到最後一刻，久久不曾散去，感覺非常好。相較於大部分的蒸餾廠都是仰賴外面的廠商來供應麥芽，從雲頂選擇用泥煤來烘烤的麥芽到蒸餾、儲存甚至裝瓶都是由資本完全獨立的自家公司所一手包辦，聽到這裡，想讓人不愛上它都很難。除此之外，就像其他家的威士忌原酒一樣，雲頂威士忌也是採取非冷凝過濾，同時也不用焦糖來調整酒的顏色。

　基於上述理由，在我家裡的酒櫃當中永遠都少不了這瓶威士忌。酒廠希望的價格是 4,800 日圓，市售價則約 4,000 日圓左右。12 年原桶強度款，市售價約 5,800 日圓左右；至於 15 年款，酒廠希望的價格是 9,400 日圓，市售價則約 7,500 日圓左右。如果有機會的話，請務必親自了解看看這款味道紮實的蘇格蘭威士忌其真實價值。

　此外，朗格羅（Longrow）原本是間在 1896 年關廠的酒廠，現在則置於雲頂公司旗下。雲頂蒸餾廠將地板式發芽（Floor maltings）而成的麥芽用重度泥煤烘培，然後在 1973 年到 1974 年間生產朗格羅威士忌的原酒。現在朗格羅在市面上的售價約 5,000 日圓左右，18 年款則大概是 17,000 日圓。

　J & A Mitchell 公司除了擁有雲頂，後來又收購了獨立裝瓶廠凱德漢（Cadenhead's）以及零售店伊格森（Eaglesome），從生產到裝瓶、批發以及零售，透過一條龍式的營運體系，成功地讓金泰爾半島上的坎培城這個過去曾有過 30 多間蒸餾廠的地方所生產的威士忌再次受到世人的矚目。

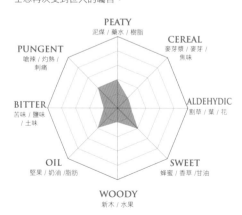

金泰爾半島上的獨資酒廠，所有的製酒工序全都在廠內進行。

		分
和智		90
		100
高橋		88 分

泰斯卡 10 年
TALISKER 10

[700ml 45.8%]

BOTTLE IMPRESSION

　接連的狂風暴雨，讓斯開島（Isle of Skye）實在說不上是風光明媚，而泰斯卡正是這座島上唯一的一間蒸餾廠，目前為帝亞吉歐公司所有。哈伯特湖（Loch Harport）就位在這裡，斯開島至今仍然同時會用蓋爾語和英語來表記，這是從很久以前就流傳下來的風土習性。

　TALISKER 10 年，散發出甘甜、海潮鹹味、泥煤香和煙燻味。酒體渾厚，即使加了水也無損自身的香氣和美味，讓人回味無窮、沉醉不已。入口後能感受到麥芽熟成後的香氣，搭配辛香料和果實所混合而成的複雜滋味，形成相當美妙又和諧的交響樂曲。酒精濃度雖然低於泰斯卡北緯 57 度，但仍然不改其出色又精彩的本質。所謂好喝的酒，這款絕對是其中之一。它甚至是我們所入選最愛的 10 種酒款之 1；和斯貝河畔以及艾雷島威士忌的味道完全不同，可說是極具魅力的威士忌。泰斯卡 10 年的酒廠希望價格是 4,800 日圓，市售價則約 3,500 日圓左右。價格還算能負擔的起，為了累積威士忌的經驗，請務必買回家喝喝看。此外，現在會用蟲桶（worm tub）來冷卻的蒸餾廠已經相當罕見，而泰斯卡酒廠則依然承襲這種方式來進行冷卻。

　泰斯卡威士忌的年產量沒有像曾經暫時停止製造單一麥芽威士忌的史加伯（Scapa）酒廠那樣少，因此應該不至於買不到；但是抱著未雨綢繆的心情，總還是會讓人想先多買幾瓶放著。除了這瓶泰斯卡 10 年之外，其他還有泰斯卡風暴（Talisker Storm）市售價約 4,500 日圓左右，無年份標示的泰斯卡 Port Ruighe7,300 日圓以及 18 年 10,000 日圓左右等酒款推出。

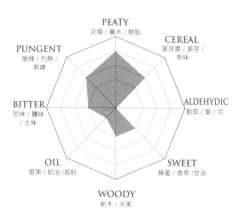

威士忌之王—泰斯卡。

| 和智 | 95分 |
| 高橋 | 93分 |
100

SCAPA The Orcadian

[700ml 40%]

BOTTLE IMPRESSION

　Scapa The Orcadian。這是 16 年款在 2015 年短缺而停止販售之後，所推出的無年份標示的酒款。

　雖然充滿個性，但是卻仔細地將複雜的美味給隱藏起來，而讓口感覺得相當舒服簡單。隱約之中能聞到甘甜又華麗的香氣，味道則有麥芽的甘甜、奶油的綿密、苦澀、油脂以及熱帶水果般的滋味融合在一起，喝起來非常棒。它的顏色也很討人喜愛，類似一種色調很淡的琥珀金色。酒體適中、層次豐富，加了些水也不減其風采。餘韻相當舒服，會感覺到在乾澀之中帶著辛香，然後逐漸消失。許多人只知道艾雷島那充滿泥煤味的酒很讚，但是我要告訴各位，這世上其實還有很多也好喝的威士忌，有機會的話請務必試試。我也是在日本喝了史加伯之後，才決定跑來奧克尼群島看看，可見它真的很有魅力。幸好有泰斯卡、格蘭蓋瑞、格蘭利威、艾雷島的威士忌以及這款威士忌，如果沒有這些酒，我想這本書應該也出版不成了吧。威士忌能夠帶來感動，甚至將我們帶往更深奧的境界。總之，很開心能喝到這些酒，這真的是件很讓人開心的事，我實在無法想像沒有威士忌的世界會是甚麼樣子。16 年款酒廠希望的價格雖然是 6,400 日圓；不過現在已經停售，僅剩的存貨則聽說價格在坊間被哄抬得很高，實在是相當遺憾。至於現在的這款 Scapa The Orcadian，市售價大約是 5,500 日圓，不過由於和以前一樣產量並不多，因此想買最好趁早。

令人難忘的滋味，期待再次相會。

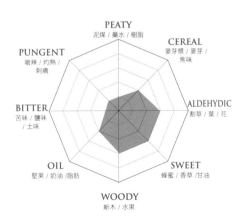

| 和 智 | 95分 |
| 高 橋 | 90分 |

高原騎士 12 年
HIGHLAND PARK 12

[700ml 40%]

BOTTLE IMPRESSION

　高原騎士蒸餾廠位在奧克尼島上，目前為愛丁頓集團（Edrington Group）所有。透過由年輕的石楠植物所變成的泥煤，以及從大海所吹來強勁到讓人站都站不直的海風，讓該酒廠所生產的威士忌有著一股相當獨特的味道。酒廠的倉庫就位在山丘旁，實際站在倉庫前看看，確實會因為強風而難以走走。

　HIGHLAND PARK 12 年，前味能感覺到甘甜、泥煤和石楠植物的氣味，酒體輕盈適中。味道雖然隱約帶點刺激，但是不加水直接飲用才能真正地體會出那豐富又多層次的口感。麥芽糊的香氣、蜂蜜、果實，還有一股焦味。雖然有些許的苦味，但是不讓人討厭，就像波摩那樣散發著優雅、華麗的氣息，可說是款相當出色的威士忌，深深受到威士忌酒迷的喜愛。如果平時都能喝到像這樣的威士忌，那真的是件很幸福的事，希望能一直享受到這樣的奢侈。順道一提，12 年款廠商的希望價格是 4,100 日圓，實際售價則約 3,600～日圓。18 年款為 15,000 日圓，但實際大約賣 12,000 日圓左右。此外，25 年款大約 40,000 日圓，40 年款雖然存貨非常少，但是還是可能買到。至於 Dark Origins 這款無年份威士忌，希望價格為 9,000 日圓，實際售價則約 7,000 日圓左右。

　雖然說過非常多次，但是在喝昂貴的酒之前，最好先品嘗過 12 年這種基本酒款，好讓喉嚨、胃腑等器官能夠確實地認識該酒。酒不會從你身邊逃走，在還不知道味道時就立刻買昂貴的酒來喝，這其實是沒有意義的。沒有意義的購買行為，只是白白的浪費錢而已。

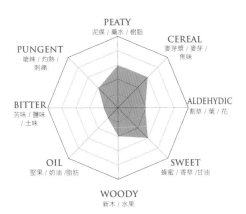

PEATY
泥煤 / 藥水 / 樹脂

PUNGENT
嗆辣 / 灼熱 / 刺痛

CEREAL
麥芽糖 / 麥芽 / 焦味

BITTER
苦味 / 鹽味 / 土味

ALDEHYDIC
割草 / 葉 / 花

OIL
堅果 / 奶油 / 脂肪

SWEET
蜂蜜 / 香草 / 甘油

WOODY
新木 / 水果

和　智		95分
		100
高　橋		90分

亞伯樂 10 年

ABERLOUR 10

[700ml 40%]

BOTTLE IMPRESSION

　　亞伯樂蒸餾廠位於通往主要道路 A95 的轉彎處上。因為酒廠位在轉彎處的裡面，如果開車前往，會很難找到入口而繞來繞去。在斯貝河畔所聚集的眾多蒸餾廠之中，這棟 1890 年代的建築物看起來多少帶著少女夢幻般的感覺而格外醒目，讓人忍不住想多看兩眼。

　　ABERLOUR 10 年。入口的瞬間，熱帶水果的氣味和濃郁的花香會立刻充滿整個鼻腔和嘴巴，味道不刺激，感覺相當沉穩。整體散發出萊姆葡萄般的香氣，此外再隱約帶點香草氣息。這酒款的味道和其他的威士忌不同，感覺更像是白蘭地，據說在法國非常暢銷。ABERLOUR 10 年有著超過實際熟成年份的芳香與熟成韻味，口感雖然欠缺泥煤味和刺激，但是酒體非常飽滿、紮實。亞伯樂所製造的威士忌有 50% 是拿來做成單一麥芽威士忌來賣，其餘剩下的則是做為起瓦士兄弟旗下所販賣的 Clan Campbell 以及 House Of Lords 的調和威士忌之用。10 年款的市售價約 3,000 日圓左右。那些已經習慣每天都要喝充滿爆發力的泥煤味、讓胃抽筋、使嘴角麻痺、使舌頭激烈疼痛…等酒的各位諸兄，其實斯貝河畔的威士忌喝起來舒服又圓潤，同樣也是好東西。12 年款比 10 年款的味道要更加均衡、出色，後味感覺乾澀。另外還有 16 年、18 年以及 Warehouse No.1 單桶等酒款，不過因為還沒體驗過，所以無法描述喝起來的感覺如何。除此之外，還有一款只用經俄羅洛索雪莉桶熟成的原酒來裝瓶、售價 10,000 日圓的威士忌，它的名字是 A'bunadh，在蓋爾語中有 "原始風貌" 的意思。

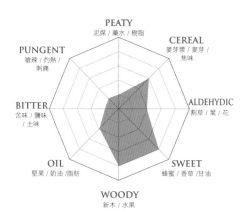

PEATY
泥煤 / 藥水 / 樹脂

PUNGENT
嗆辣 / 灼熱 / 刺痛

CEREAL
麥芽漿 / 麥芽 / 焦味

BITTER
苦味 / 鹽味 / 土味

ALDEHYDIC
割草 / 葉 / 花

OIL
堅果 / 奶油 / 脂肪

SWEET
蜂蜜 / 香草 / 甘油

WOODY
新木 / 水果

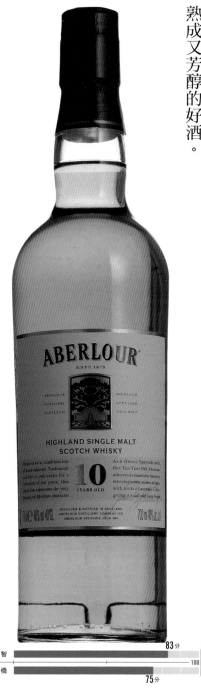

和智		83分
		100
高橋	75分	

百富 12 年
BALVENIE 12

[700ml 40%]

BOTTLE IMPRESSION

　　1892 年，格蘭菲迪的所有者格蘭家族在酒廠旁蓋了一間名叫百富（Balvenie）的蒸餾廠，接著便開始生產原酒。之後，格蘭一家還另外再蓋了一間名叫奇富（Kininvie）的蒸餾廠以生產調和威士忌所用的原酒。

　　BALVENIE 12 年，前味相當複雜，有著熟成後的麥芽和蜂蜜的氣味，同時再帶點煙燻味。入口滑順，感覺相當舒服。在煙味之中，同時能感覺到甘甜、果香以及辛香味。酒體適中，但是因為口感清爽，所以喝起來會感覺酒精濃度比所酒瓶所標示的還要低。餘韻相當豐富，熟成後的蜂蜜味久久不散，使人回味無窮。在此順道一提，百富所用的麥芽原料是在自己的農地上所種植出來的，接著還會在自家酒廠裡進行地板式發芽。

　　這瓶酒有一種神奇的特性，那就是會令人在不知不覺之中把它喝完。就算不是威士忌酒迷，也很適合買一瓶回家喝喝看。酒廠希望的價格是 5,500 日圓，市售價則約 4,200 日圓左右，在價格的設定上也很合理。

　　百富的麥芽威士忌主要是用來做為調和威士忌，酒款的風格則由威廉格蘭一家來進行調製。12 年大師簽名版以及雙桶 17 年的希望售價是 15,000 日圓，市售價則約 12,500 日圓左右。1991 年波特桶、單一桶 15 年以及波特桶 21 年的希望售價是 30,000 日圓，市售價則約 27,000 日圓左右。除了以上的酒款，另外還有 30 年的百富。不論是哪一支，聽說口感都相當厚實，味道豐富且奢華。不過因為太貴了，我到現在也還沒喝過，希望將來有機會能品嘗看看。

如珍珠般的美酒。

PEATY
泥煤／藥水／樹脂

CEREAL
麥芽漿／麥芽／焦味

PUNGENT
嗆辣／灼熱／刺痛

ALDEHYDIC
割草／葉／花

BITTER
苦味／鹽味／土味

SWEET
蜂蜜／香草／甘油

OIL
堅果／奶油／脂肪

WOODY
新木／水果

| 和 智 | 80分 |
| 高 橋 | 100 88分 |

本諾曼克 10 年
BENROMACH 10

[700ml 43%]

BOTTLE IMPRESSION

　　新一代的 BENROMACH 10 年。因為瓶身做了全新的設計，所以買一瓶來喝喝看。在香氣的部分，花香之中帶著舒服的雪莉酒香，感覺非常迷人。之前的 10 年款的特色是幾乎沒有泥煤味、喝起來相當順口；不過新的這款卻不一樣，一開始竟然會有泥煤和煙燻味竄出，接著還會有甜味和酸味這個新的味道組合出現，讓人感到非常驚豔。酒體和以前一樣適中，不建議加水或蘇打水飲用，但是如果只加一點點則 OK。最後，入口後能感覺到水果、煉乳、巧克力和藥品以及微微的辛香味搔動著鼻腔並同時通過喉嚨，感覺非常舒服暢快，叫人無法自拔。

　　本諾曼克蒸餾廠曾經是聯合酒業（United Distillers）旗下的酒廠，當時雖然呈現關閉的狀態且沒有復廠的跡象，不過最後還是推出了 20 年的珍稀典藏酒款（rare malt edition），接著便不再推出任何官方正式發行的單一麥芽威士忌酒款。本諾曼克蒸餾廠後來被高登麥克菲爾（Gordon & Macphail）這家公司收購，並在 1998 年迎向成立 100 周年時，由查理斯王子宣布重新營運開張，而 Gordon & Macphail 也因此從原本的「裝瓶廠」得以改稱為「蒸餾與裝瓶公司」。本諾曼克的蒸餾器原本被聯合酒業給撤掉，Gordon & Macphail 接手之後重新設置了比原來還小的蒸餾器，透過建立新的體制，成功地製造出年產量可達 70 公噸的原酒。之前的 10 年款的市售價約 4,500 日圓左右，新款的味道雖然重新調整過，但是價格並沒有改變。此外，新的 BENROMACH 10 年單一麥芽威士忌上面還記載著這是小批次精選裝瓶。其實威士忌就和人的內在一樣，如果沒有每天仔細審視，那麼就無法察覺到變化。因此在品飲時，需要用心好好地享受、體會。

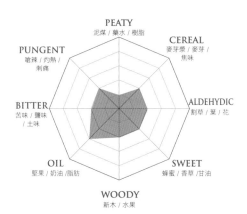

PEATY
泥煤 / 藥水 / 樹脂

CEREAL
麥芽漿 / 麥芽 / 焦味

PUNGENT
嗆辣 / 灼熱 / 刺痛

ALDEHYDIC
割草 / 葉 / 花

BITTER
苦味 / 鹽味 / 土味

OIL
堅果 / 奶油 /脂肪

SWEET
蜂蜜 / 香草 /甘油

WOODY
新木 /水果

由高登麥克菲爾公司負責蒸餾與裝瓶。

The Classic Speyside Single malt Scotch whisky

和 智	NO DRINK		
			100
高 橋			92 分

CADENHEAD 17

凱德漢小批次 歐肯特軒17年

[700ml 55.5%]

充滿力量，卻又洋溢著熟成感，令人感動的二律相悖。

BOTTLE IMPRESSION

　　這款威士忌雖然是由「凱德漢（Cadenhead's）」這家成立於 1842 年，為蘇格蘭歷史最悠久的獨立裝瓶廠所發行，不過因為「歐肯特軒蒸餾廠」所提供這 17 年原酒採非冷凝過濾、無調色，甚至還是小批次生產，因此非常值得期待。凱德漢 17 年是在 1999 年蒸餾出原酒，然後於 2016 年裝瓶。使用兩款波本豬頭桶（Bourbon Hogshead）來進行熟成，總共發行 498 支。

　　前味散發出葡萄、洋梨等果香，此外還有淡淡的蜂蜜以及奶油味，感覺非常高雅。原本以為因為是 17 年款，所以味道會非常醇厚、圓潤而不刺激；結果沒想到在喝第一口時會突然感覺到一股刺激的辛辣。接著反覆啜飲 2、3 口之後，酸味、苦澀、肥皂以及葡萄乾等多種層次的風味會開始浮現並且不斷地湧現出來，感覺非常舒服。再繼續喝下去，這時會突然明白，原來有一個在表面不易察覺出來的美味因子隱藏並主宰著整體的味道，而這個在第二階段才終於發現的味道其實是深沉的油脂味。如果是 17 年的酒，通常會以圓潤的熟成感為主要特色；但是這支喝起來卻非常強勁且充滿力量，我想這應該是因為原料優質，且熟成技巧高明，所以才能讓味道如此出色。即使加 2 成左右的水，甜味和酸味也依然存在。對一個沒有體驗過甚麼是酸味和甜味的飲者來說，這款酒可能會讓人覺得難以理解，不過我認為這倒是個很好的學習機會，讓人知道威士忌的深度和廣度原來是如此浩瀚，真是太感謝了。這款威士忌的價格差不多在 10,000 日圓左右，購買時可能需要多一點決心。

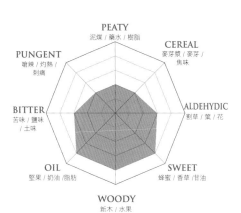

PEATY
泥煤 / 藥水 / 樹脂

CEREAL
麥芽漿 / 麥芽 / 焦味

PUNGENT
嗆辣 / 灼熱 / 刺痛

ALDEHYDIC
割草 / 葉 / 花

BITTER
苦味 / 鹽味 / 土味

OIL
堅果 / 奶油 / 脂肪

SWEET
蜂蜜 / 香草 / 甘油

WOODY
新木 / 水果

和智　NO DRINK
高橋　　　　　　　　　　　　95分
100

卡杜 12年
CARDHU 12

[700ml 40%]

BOTTLE IMPRESSION

因為這款威士忌，讓我重新認識卡杜蒸餾廠。我甚至認為，調和威士忌約翰走路真正的價值是卡杜蒸餾廠所給予的；如果沒有這間酒廠，那麼這個知名品牌應該也將不復存在。酒廠的創立者是 John Cumming，他自 1811 年起因私自釀酒而遭到逮捕，之後在 1824 年正式取得了合法執照並繼續製酒。John Cumming 在 1846 年去世之後，他的妻子 Helen 和兒子 Lewis 繼承他的遺志，持續生產威士忌。之後，有「麥芽威士忌女王」稱號的 Elizabeth 在 1884 年重建卡杜蒸餾廠，而打下了現在的基礎。卡杜蒸餾廠在 1887 年賣給了格蘭家族，不過後來又在 1893 年轉手給 John walker & Sons 以提供原酒給約翰走路。後來，Elizabeth 的孫子 Ronald 當上 John walker & Sons 母公司 DCL 的總裁，在他的推動之下，酒廠終於開始生產卡杜自有品牌的單一麥芽威士忌而讓 Ronald 實現了先人的夢想。聽到這裡，如果是威士忌酒迷，那麼應該都知道一定要將這款卡杜 12 年和約翰走路擺在一起試飲比較看看才行。在此順道一提，卡杜蒸餾廠用的蒸餾器是直線型蒸餾器，一年可生產 300 萬公升的原酒，至於熟成則是使用波本桶。

曾經有段時期，卡杜很受歡迎而造成供不應求，於是帝亞吉歐將卡杜生產的麥芽威士忌和其他的單一麥芽威士忌混合，並取名為「Cardhu Pure」來販售，但是此舉卻讓其他酒廠相當不以為然，認為這個酒名會讓人跟單一麥芽威士忌混淆。從此之後，帝亞吉歐只好在酒標的用語上增加許多規範以做出區隔。

在相當重要的香氣以及味道方面，卡杜 12 年有著甜香以及圓潤的果香，感覺非常舒服。雖然口感輕盈、順口，但是味道卻不淡薄。感覺甘甜，有花香和麥芽味，不過沒有出現像艾雷島那樣的泥煤味。酒體適中，餘韻輕盈、純淨且十分新鮮。不管在何時何地都能輕鬆享受它的美味，真的是非常出色的好酒。

約翰走路的主要麥芽基酒，
輕盈絕妙而口感纖細。

		85分
和 智		
		100
高 橋		
		85分

克拉格摩爾 12年

CRAGGANMORE 12

[700ml 40%]

BOTTLE IMPRESSION

克拉格摩爾蒸餾廠位在納康都（Knockando）酒廠的西南方，該蒸餾廠建立於 1869 年，其創立者 John Smith 據說是是格蘭利威創立者 George Smith 的私生子，他曾經在麥卡倫、格蘭花格、格蘭利威等多家蒸餾廠擔任經理，累積了這些豐富的經驗，最後決定自己出來開酒廠。John 死後，酒廠的營運改由他的兄弟 George 接手；然後到 1893 年，才讓 John 的兒子 Gordon 在 21 歲這個相當年輕的年紀接下酒廠經理一職。之後，Gordon 還找來當時知名的建築師 Charles Doig 以圖酒廠設備的現代化。後來酒廠多次易主，現在則屬於帝亞吉歐集團的一員。克拉格摩爾蒸餾廠一年可生產 220 萬噸的原酒，在供應 White Horse、Old Parr 和 Johnnie Walker 調和用的主要基酒上，扮演著相當重要的角色。另外值得一提的是，克拉格摩爾使用自然湧出的硬水來做為水源，接著再用蟲桶來冷卻新酒。

大部份的威士忌酒迷都沒注意到克拉格摩爾威士忌有著斯貝河畔那洗鍊的優雅，味道相當經典。如果有機會能喝到像這樣的威士忌，那麼真的是非常幸福的一件事。有著花與蜂蜜的甘甜，同時也帶點辛香與麥芽香味。雖然感覺稍微強烈，但是喝起來卻相當順口。餘韻殘留著麥芽與辛香料的香氣。口感纖細，充滿喜悅與滿足，味道高級、內斂，感覺非常舒服，真的是款很棒的威士忌。如果能體會出這款威士忌味道的本質，那麼將會一輩子都愛著蘇格蘭威士忌。市售價約 3,300 日圓左右。

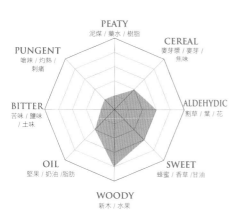

PEATY
泥煤 / 藥水 / 樹脂

CEREAL
麥芽漿 / 麥芽 / 焦味

PUNGENT
嗆辣 / 灼熱 / 刺痛

ALDEHYDIC
割草 / 葉 / 花

BITTER
苦味 / 鹽味 / 土味

OIL
堅果 / 奶油 / 脂肪

SWEET
蜂蜜 / 香草 / 甘油

WOODY
新木 / 水果

現行的12年款。

和 智		90分
		100
高 橋		85分

91

大雲 16年
DAILUAINE 16

[700ml 43%]

BOTTLE IMPRESSION

　蘇格蘭的高地不多，但大雲（Dailuaine）蒸餾廠卻位在海拔 326m 處。這座水源取自與斯貝河匯流的小河—貝里穆里克河（Bailliemullich Burn）的蒸餾廠，它是在 1852 年由 William Mackenzie 所建立的。之後，酒廠陸續更名為大雲格蘭利威（Dailuaine-Glenlivet）、大雲泰斯卡（Dailuaine-Talisker），並一直持續運作。不過到了 1917 年，卻遭逢祝融之災而停止營運。1920 年重新恢復生產，並且被併入DCL 旗下，經過整頓設備並力圖擴張後，目前成長力道相當明顯，年產量甚至可達 520 萬公升；而這些原酒，絕大部分都是做為約翰走路的麥芽威士忌。

　在它們所生產的酒款當中，這款屬於「花與動物系列」的 16 年單一麥芽威士忌，有著微微的水果乾和雪莉酒香，酒體紮實適中接近飽滿。加水喝也完全無損美味，味道也一樣舒服迷人。含在口中，能感覺到水果、蜂蜜、花卉、葡萄酒的味道，然後還能嘗到堅果的滋味。這款做為日常飲用的威士忌也不錯，雖然稍微缺乏刺激，但是整體散發著清新的透明感，感覺非常纖細，可說是款相當出色的單一麥芽威士忌。當喝膩那些個性強烈的威士忌時，不妨可以試試這支。不過比較可惜的是出貨量不多，因此可能需要多花點時間才能找到。

纖細又優美的斯貝河畔資優生。

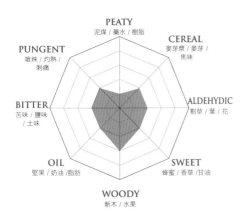

PEATY
泥煤 / 藥水 / 樹脂

PUNGENT
嗆辣 / 灼熱 / 刺痛

CEREAL
麥芽漿 / 麥芽 / 焦味

BITTER
苦味 / 鹹味 / 土味

ALDEHYDIC
割草 / 葉 / 花

OIL
堅果 / 奶油 / 脂肪

SWEET
蜂蜜 / 香草 / 甘油

WOODY
新木 / 水果

和 智	NO DRINK		
			100
高 橋			83分

格蘭蓋瑞 12年
GLEN GARIOCH 12

[700ml 48%]

極迷人的微醺

BOTTLE IMPRESSION

　　根據 1785 年當時的報紙記載，格蘭蓋瑞是高地區第一間獲得政府許可的蒸餾廠。該酒廠位在東高地區亞伯丁的 Oldmeldrum 這個小鎮裡；該地區有著生產優質大麥的農地，而格蘭蓋瑞還擁有可自己進行地板式發芽的設備。這間在 1797 年由 John & Alexander Manson 所建立的蒸餾廠，它可說是高地區現存最古老的酒廠。雖然不斷歷經多次轉手、關廠再復廠，在威士忌業界的波濤洶湧中載浮載沉，後來在 1970 年由 Stanley P. Morrison 收購而再次更換經營者。1994 年，日本的三得利將 Morrison Bowmore 納入旗下並將老舊設備整修之後，接著便在 1997 年開始生產原酒。酒廠目前仍由三得利負責經營。在該公司的管理之下，一年可生產 130 萬公升的原酒。三得利目前總共收購了艾雷島的波摩、低地區的歐肯特軒以及高地區的這間格蘭蓋瑞，不知是出於偶然抑或必然，三得利充分理解日本人所偏好的中庸口味並在世界上展開相對應布局，對於這樣適切的安排，實在是讓人佩服，可說是相當的了不起。

　　酒瓶上用羅馬字寫的格蘭蓋瑞可能有點難看的懂，但是在享用這款威士忌時，還是相當值得仔細讀過再喝。或許該說這款酒是體會何為豐饒感、熟成感以及複雜系口味的最佳範本，那果實熟透般的甘甜與綿密，七葉樹的花蜜融化的感覺，如果這不是飲酒的極樂境界，那甚麼是極樂境界？作家開高健在生前也非常喜歡這款威士忌，據說後來甚至拿來當做他的墓前酒。格蘭蓋瑞 12 年雖然在價格上有經過調整，但是實際的市售價卻仍然只有 3,000 日圓前後，用這樣的價錢就能買的到，這種幸福感真的很難形容…。這支威士忌在日本的宣傳很少，也沒有太多人討論，不知道會不會有人趁著價格還沒有調漲時，大量地購買囤放…。

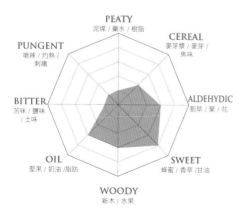

　　　　　　　PEATY
　　　　　　泥煤 / 藥水 / 樹脂
　　　　　　　　　　　　CEREAL
PUNGENT　　　　　　　麥芽漿 / 麥芽 /
嗆辣 / 灼熱　　　　　　　焦味
　刺痛
　　　　　　　　　　　　　　ALDEHYDIC
BITTER　　　　　　　　　割草 / 葉 / 花
苦味 / 鹹味
/ 土味
　　OIL　　　　　　　SWEET
堅果 / 奶油 /脂肪　　蜂蜜 / 香草 /甘油
　　　　　WOODY
　　　　　新木 /水果

和 智　NO DRINK

高 橋　　　　　　　　　　　　　　　　100

　　　　　　　　　　　　　　　　88分

格蘭多納 12年
GLENDRONACH 12

[700ml 43%]

BOTTLE IMPRESSION

格蘭多納蒸餾廠在 1966 年終止地板式發芽，接著在 2002 年摒棄蘇格蘭最後殘留的直接加熱而改為使用現代化的蒸氣加熱來進行蒸餾。之後，酒廠的主人改為保樂利加旗下的起瓦士公司，然後在 2008 年被班瑞克蒸餾廠給收購下來。在買下的當時，據說用之前傳統方式所製造出來的原酒還有 9,000 桶。這些橡木桶裡熟成的威士忌裝瓶後，有的應該還在市面上流通，如果有興趣的話，請務必去找找看，特別是 15 年、18 年還有 33 年款，這些酒款的評價都非常高。

回到正題，年產量達 140 萬公升的格蘭多納蒸餾廠所推出的這款格蘭多納 12 年，在葡萄酒和果實的香氣之中，還能聞到油脂與煙燻的氣味。整體味道的骨架是恰如其分且相當持久的蜂蜜味和花香，最後還能感覺到辛香、麥芽以及奶油殘留的味道。酒體非常飽滿豐富，想要充分享受甚麼是複雜的口感，那麼就一定要品嘗這款威士忌看看。因為有用西班牙的佩德羅●希梅內斯雪莉桶以及俄羅洛索雪莉桶來過桶，所以能嘗到甜味，酒廠經理 Billy Walker 如此說。多喝幾瓶這支 12 年基本酒款以累積經驗並進入到下一個境界，這是正確的選擇。市售價約 4,200 日圓。順道一提，格蘭多納所生產的麥芽酒亦是 CP 值相當高的調和威士忌 Teacher's 的重要原酒。

好喝的基本酒款。

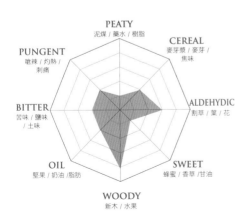

PEATY
泥煤 / 藥水 / 樹脂

CEREAL
麥芽漿 / 麥芽 / 焦味

PUNGENT
嗆辣 / 灼熱 / 刺痛

ALDEHYDIC
割草 / 葉 / 花

BITTER
苦味 / 鹹味 / 土味

OIL
堅果 / 奶油 / 脂肪

SWEET
蜂蜜 / 香草 / 甘油

WOODY
新木 / 水果

		85分
和 智		100
高 橋		80分

格蘭花格 12 年
GLENFARCLAS 12

[700ml 43%]

BOTTLE IMPRESSION

格蘭花格蒸餾廠為 J&G Grant 所有，該公司在斯貝河畔堅持獨自以家族事業的方式經營，目前已經來到第 6 代。格蘭花格蒸餾廠擁有不少迷人的軼事傳聞，該酒廠成立於 1836 年，1865 年之後便已經由 J&G Grant 家族所持有。關於酒廠設備的特色，用一個字來形容就是大！他們擁有 3 台可產出 25,000 公升的鼓出型初餾器，3 台可生產 21,000 公升的再餾器，這個號稱是斯貝河畔區最大的蒸餾器讓他們相當自豪。蒸餾器的加熱是利用北海油田的瓦斯，熟成則是使用西班牙的俄羅洛索雪莉桶；單一麥芽威士忌用的是新桶，調和用的原酒則是使用再次填裝的橡木桶。順道一提，放在酒窖裡熟成時，全部都是採取堆積式儲放。至於酒廠的位置，沿著 A95 號公路從 Craigellachie 往 Grantown 前進，在西南方 15 公里處便可看見。

如果期待這款威士忌喝起來溫和、圓潤，那必定會大失所望。格蘭花格 12 年的味道豐富且強勁，以紮實的煙燻味和雪莉酒香為底，柑橘果味帶點麥芽甜味與苦澀，以及那彷彿野生莓果般的酸味在口中綻放，而使香氣芬芳四溢。餘韻悠長且濃厚。如果沒有過人的體力與充沛的活力，那麼恐怕無法征服這款威士忌。市售價大約 4,000 日圓能買到。

強烈的麥芽風味。

PEATY
泥煤 / 藥水 / 樹脂

PUNGENT
嗆辣 / 灼熱 / 刺痛

CEREAL
麥芽漿 / 麥芽 / 焦味

BITTER
苦味 / 鹽味 / 土味

ALDEHYDIC
割草 / 葉 / 花

OIL
堅果 / 奶油 / 脂肪

SWEET
蜂蜜 / 香草 / 甘油

WOODY
新木 / 水果

和 智　　　　　　　　　　　90 分
　　　　　　　　　　　　　100
高 橋　　　　　　　　　　　90 分

格蘭花格 105
GLENFARCLAS 105

[700ml 60%]

BOTTLE IMPRESSION

格蘭花格 105 是酒廠創辦人約翰格蘭（John Grant）所發想出來的原桶酒精濃度（Cask Strength）酒款，製造的發端則始自於想要挑選送給朋友的聖誕節禮物。這款威士忌的酒精濃度高達 60%，力道可說極為強勁。英國的鐵娘子柴契爾夫人也非常喜歡這支酒，因而使它更加聲名大噪。從各種角度來看，格蘭花格 105 也確實很適合當時準備要解決距離英國相當遙遠的福克蘭群島紛爭，並努力想鼓舞士氣的那種氛圍。

在色調上，此酒款的深琥珀色感覺相當鮮明。口感不只有乾澀、嗆辣以及強勁，同時還能感覺到纖細又圓潤的蜂蜜、果實以及辛香味，餘韻悠長且相當舒服，使人心情愉悅。此外，更讓人開心的是，市售價只要 5,500 日圓左右就能買到。剛強與溫柔兼備，簡直就像是推理小說中會出現的硬漢偵探那樣的威士忌。在即將完成一件大事前喝，完成之後再喝一次，那種瞬間的感動會顯得更加深刻。

原酒濃度的嗆辣強勁。

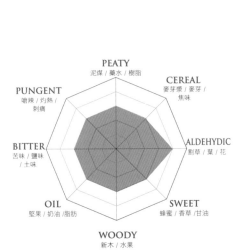

PEATY
泥煤 / 藥水 / 樹脂

PUNGENT
嗆辣 / 灼熱 / 刺痛

CEREAL
麥芽麩 / 麥芽 / 焦味

BITTER
苦味 / 鹽味 / 土味

ALDEHYDIC
割草 / 葉 / 花

OIL
堅果 / 奶油 /脂肪

SWEET
蜂蜜 / 香草 /甘油

WOODY
新木 / 水果

		95分
和 智		
		100
高 橋		90分

格蘭菲迪 12 年

GLENFIDDICH 12

[700ml 40%]

BOTTLE IMPRESSION

　　威廉格蘭（William Grant）是個偉大的名字。喜歡喝麥芽威士忌的人，只要聽到蘇格蘭的斯貝賽河畔都應該要立刻肅然起敬。在那個零散的蒸餾廠生產麥芽威士忌只為了提供給調和威士忌裝瓶以做為基酒的時代，威廉格蘭是確立出單一麥芽威士忌價值的第一人。在酒款推出之際，面對眾人的嘲笑，身為酒廠所有者的他卻一點都不以為意，充滿自信地將單一麥芽威士忌裝瓶、然後出貨上市。拜這款威士忌大獲成功所賜，於是許多蒸餾廠也跟著紛紛推出自家的單一麥芽威士忌酒款。除此之外，格蘭菲迪也是第一家推出酒廠參觀行程的蒸餾廠。之後，格蘭菲迪酒廠還持續勇於創新像是推出只用麥芽威士忌來調和的三隻猴子（Monkey Shoulde）調和威士忌；此外，在 1892 年還另外成立百富酒廠、1990 年創立奇富酒廠。

　　格蘭菲迪 12 年在前味以及香氣的部分，主要能聞到新鮮的洋梨和檸檬般的柑橘類的圓潤香氣，入口之後則能感覺到來自麥芽的甘甜以及用橡木桶所帶來的香草味。綿密的奶油味、苦澀感以及非常少量的泥煤味互相交雜。精緻纖細卻又多少帶點粗曠的氣息，餘韻相當舒服且恰到好處。如果想了解格蘭菲迪，非常推薦可先從這支酒開始喝起。除此之外，當然也能因此了解到做為單一麥芽威士忌的始祖，為何這款能夠銷售第一。12 年款的酒廠希望售價是 3,100 日圓，實際市售價則約 2,300 日圓左右。15 年款的酒廠希望售價是 4,600 日圓，實際市售價約 4,000 日圓。18 年款的酒廠希望售價是 6,000 日圓，實際市售價約 5,000 日圓。格蘭菲迪並沒有將價格設定的非常高，因此還沒有喝過單一麥芽威士忌的人，可以先買瓶它們家的酒來喝喝看。先仔細地咀嚼前人在單一麥芽威士忌所開拓出來的味道，接著再進入彷彿迷宮般的蘇格蘭威士忌，這或許會是個滿好的體驗。

首先，先從基本的 12 年酒款喝起。

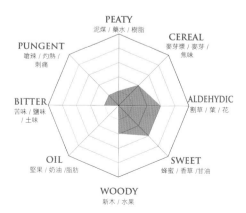

和智	85 分
	100
高橋	78 分

格蘭冠 10年
GLEN GRANT 10

[700ml 40%]

BOTTLE IMPRESSION

　　格蘭冠的 5 年份酒款在義大利非常受歡迎，在義大利只要提到單一麥芽威士忌，大家第一個想到的都是格蘭冠。格蘭冠蒸餾廠以前是起瓦士的原酒供應商之一，後來金巴利（Campari）集團將這間酒廠納入自己旗下。格蘭冠蒸餾廠是在 1849 年由 John Grant 和 James Grant 這兩兄弟所建立的，當初他們為了能夠將酒運到英國，甚至還跨足鐵路事業，由於生產的威士忌品質相當良好，因而得到很高的評價。

　　格蘭冠 10 年，口感雖然格外輕盈、純淨，但是另一方面還混合著柑橘類果實的酸味、草本系的澀味以及堅果的油脂味。煙燻味非常淡而讓風格有如水一般的透明，雖然缺乏強烈的個性，但是如此一來反而能夠讓更多大眾接受並喜愛，因此沒有招致太過嚴厲的負評。在橡木桶所形成的風味上，或許是熟成年數太短而稍嫌不足；不過以 10 年款來說，在各項的表現上也算是面面俱到了。10 年款的酒廠希望售價是 3,140 日圓，實際的市售價則約 2,900 日圓左右。少校珍藏（The Major's Reserve）款的酒廠希望售價是 2,340 日圓，實際市售價也幾乎是如此。16 年款的酒廠希望售價是 5,460 日圓，實際的市售價約 4,800 日圓左右。至於專門為義大利所推出的 5 年、7 年款，這些威士忌喝起來也都相當圓潤清新，日本的酒迷們有機會一定要試試看，然後說說看你們的感想。此外，如果是堅信熟成年數越久越好喝的飲者，有機會也希望能夠聽到你們的喝完後的想法。

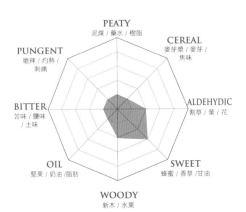

PEATY
泥煤 / 藥水 / 樹脂

PUNGENT
嗆辣 / 灼熱 /
刺痛

CEREAL
麥芽漿 / 麥芽 /
焦味

BITTER
苦味 / 鹽味
/ 土味

ALDEHYDIC
割草 / 葉 / 花

OIL
堅果 / 奶油 /脂肪

SWEET
蜂蜜 / 香草 / 甘油

WOODY
新木 / 水果

和 智		85 分
		100
高 橋		83 分

98

格蘭利威 12年

The GLENLIVET 12

[700ml 40%]

BOTTLE IMPRESSION

1824 年，酒廠以格蘭利威為名向政府申請合法登記。到了 1880 年，格蘭利威由於有政府的認證因而得以在名字前冠上具有排他性的「THE」；在此之前，在斯貝河畔地區以格蘭利威為名的酒廠多如過江之鯽。

THE GLENLIVET 12 年，這是北美最暢銷的單一麥芽威士忌。至於目前在全世界排名則保持在第 3 名，雖然排名第 4 的格蘭傑似乎正迎頭趕上…。酒色是明亮的淡金黃色。前味能聞到花香、蓮花蜜、蘋果、洋梨以及葡萄等非常高層次的香氣並完美地相互交融，真的是相當罕見的酒款。這支 12 年是 George Smith 遺留給世人的偉大酒款，每當飲用時，總讓人覺得今天也是個平平安安的好日子而內心不自覺也充滿感激。這款威士忌只需要 3,000 日圓就能買到，真的很幸福，感謝酒廠、進口業者、酒商還有零售業者的努力，才能讓我們可以喝到如此經濟實惠的好酒。THE GLENLIVET 12 年是我必備的威士忌酒款之一，我每天都會喝上一杯。12 年款酒廠的希望價格是 5,000 日圓；15 年款酒廠的希望價格是 6,706 日圓，市售價則大約 5,500 日圓；18 年款酒廠的希望價格是 10,732 日圓，市售價則大約從 6,000 日圓起跳；25 年款酒廠的希望價格是 42,000 日圓，市售價也是大約在 40,000 日圓左右。不管是哪一款，年份越高價格也越貴，因此除非是要送禮，不然如果是買來自己喝的話，可先從 12 年款著手，買個 2、3 瓶然後仔細品嘗便已相當足夠。昂貴的酒沒有腳不會逃走，先讓自己的鼻、喉、口、胃腑都習慣了這些基本酒款的味道之後，接著才嘗試高價酒，這樣一點都不算太遲。最近 NADURRA 酒廠的希望價格是 8,000 日圓，市售價大約在 7,000 日圓左右。其他還有推出像是 Oloroso、Single Cask、Special Reserve、Rich Oak、Solera Reserve、Distillery Edition 等用各種不同方式熟成的酒款。

不論威士忌新手或是老手都會喜歡的好酒。

和智		80分
		100
高橋		90分

LONGMORN 16

[700ml 48%]

芳香、圓潤的極致

BOTTLE IMPRESSION

　非常遺憾，朗摩在日本市場並非屬於主流威士忌；而且在蘇格蘭威士忌飲者當中，我也從來沒聽到有人說「朗摩真好喝！」之類的話。

　朗摩蒸餾廠是在 1895 年，由 George Thomas、Charles Shirres 和 John Duff 這 3 人規劃、建立而成；過去所使用的蒸餾器則是直線型的直接加熱式蒸餾器。日本的威士忌之父竹鶴政孝就是在這間蒸餾廠開始學習如何蒸餾出威士忌的。

　LONGMORN 16 年。果實的芳香，豐潤的口感；簡單來說，能夠喝到如此清爽又滋味濃郁的威士忌，我內心充滿感恩。朗摩是斯貝河畔區的代表品牌。沉穩、輕盈、華麗、滑順，能帶領飲者進入到夢幻世界。雖然沒有艾雷島的那種衝擊感，但是味道非常纖細，真不愧是斯貝河畔的威士忌，而這款也是我最愛的 10 大威士忌之一。從給人的印象來說，朗摩 16 年感覺很像高地區的名酒格蘭蓋瑞 12 年（市售價 2,600 日圓左右）。年份雖說是 16 年，但是價格卻高出一倍以上，讓人覺得有點遺憾。雖然非常想要經常備 1 瓶在自家的酒櫃裡，不過市售價要 8,000 日圓，讓人無法在平日隨便想喝就喝，因此通常會把它當做慶祝或是送禮用的酒。此外，市場上的數量也相當有限，購買時可能還要特別找一下那裡有在賣。聞香，淺嚐，入喉，微醺，然後使人滿足，能喝到這樣的酒都是件值得開心的事。世上有朗摩這樣的威士忌，真的要好好地感謝酒神巴克斯（Bacchus）。酒瓶的頸部還別著金屬製的領巾，看起來非常時尚。如果有機會，可以將竹鶴與朗摩放在一起試飲比較看看。

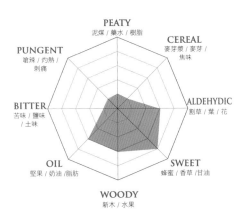

PEATY
泥煤 / 藥水 / 樹脂

CEREAL
麥芽漿 / 麥芽 / 焦味

PUNGENT
嗆辣 / 灼熱 / 刺痛

ALDEHYDIC
割草 / 葉 / 花

BITTER
苦味 / 鹽味 / 土味

OIL
堅果 / 奶油 / 脂肪

SWEET
蜂蜜 / 香草 / 甘油

WOODY
新木 / 水果

和　智　NO DRINK　　　　　　　　　　　　　100

高　橋　　　　　　　　　　　　　　　　　90 分

麥卡倫 12年
The MACALLAN 12

[350ml 40%]

BOTTLE IMPRESSION

　　麥卡倫在日本是單一麥芽威士忌進口量的 No. 1，在世界銷售量也保持在前 3 名。大家說麥卡倫是威士忌中的勞斯萊斯，這並非只是浪得虛名。它用斯貝河畔最小型的直火加熱蒸餾器來蒸餾出酒汁，再用蒸氣加熱的烈酒蒸餾器來萃取出蒸餾酒，年產量高達 875 萬公升，實現了原本只用小型蒸餾器所不可能辦到的事。麥卡倫共有 21 台蒸餾器，其中有 15 台是直線型。除此之外，他們連橡木桶所使用的原木、採伐也都徹底管理；至於所使用的橡木桶，除了向 González Byass 雪莉酒廠訂購使用 3 年的 2 種不同的雪莉桶，另外也使用其他像是波本桶等酒桶來過桶。

　　MACALLAN 12 年，雖然市面上有很多昂貴的麥卡倫，但是建議可以先仔細品嚐、或者純粹先試飲這款標準的 12 年普及款（容量 700ml 酒廠的希望售價是 7,000 日圓，實際市售價約 5,500 日圓左右。照片中的這瓶則是 350ml，酒廠的希望售價是 3,000 日圓），之後再試試看其他酒款。除此之外，普通的 25 年的價格是 139,000 日圓，30 年份是 419,000 日圓，Fine Oak 25 年要 98,000 日圓，30 年則要價 310,000，儼然就像是在買精密的機械錶或是寶石一樣。

　　讓我們回到正題，首先先讓身體熟悉基本款的感覺是甚麼吧。這支 12 年的香氣非常優雅，入口後會在嘴中慢慢散開，後味也很舒服，喝起來相當滑順。如果平常喝慣那種個性十足、味道充滿特色的酒，或許會覺得這款威士忌好像少了些甚麼也說不一定。麥卡倫在調和威士忌方面，主要有 Famous Grouse 以及 Cutty Sark。我以前曾經喝過麥卡倫 25 年，當時喝的感覺就像是陳年的干邑白蘭地那樣的圓潤，一點都不會刺激，就像喝水那樣從口中咕嚕咕嚕就直接下肚，完全沒有任何抗拒，這種感覺在年輕的酒款身上是喝不到的，至於這樣的風格，是否合自己的口味？這又是另一個話題。有年代的陳酒因為珍稀所以昂貴，這我無法否認，不過有時得到的雖多，但失去的卻也不少。

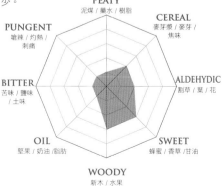

　　　　　　　　　PEATY
　　　　　　　泥煤 / 藥水 / 樹脂
PUNGENT　　　　　　　　　　CEREAL
嗆辣 / 灼熱 /　　　　　　　　麥芽漿 / 麥芽 /
　刺痛　　　　　　　　　　　　焦味

BITTER　　　　　　　　　　　　　ALDEHYDIC
苦味 / 鹽味　　　　　　　　　　割草 / 葉 / 花
/ 土味

　OIL　　　　　　　　　　　　SWEET
堅果 / 奶油 /脂肪　　　　　　蜂蜜 / 香草 / 甘油

　　　　　　WOODY
　　　　　　新木 / 水果

			80分	
和 智				100
高 橋			83分	

皇家藍勛 12年
ROYAL LOCHNAGAR 12

[700ml 40%]

BOTTLE IMPRESSION

　　1845 年，由於藍勛蒸餾廠就蓋在維多利亞女王避暑地的旁邊，因此艾伯特親王和維多利亞女王曾經前往參觀，當時曾獻上威士忌而成功獲得皇家的稱號。目前藍勛酒廠為帝亞吉歐所有，做為該集團最小的蒸餾廠，名氣十分響亮。

　　ROYAL LOCHNAGAR 12 年，散發出果實般的成熟香氣，並帶著油脂、砂糖、奶油和一點酸酸的味道，此外還能感覺到輕盈的泥煤味。味道雖然濃郁但卻不刺激，層次豐富而複雜度高，表現非常出色。餘韻悠長，殘有檀香。酒體飽滿而甘甜，即使加水喝，紮實的口感也完全沒有走味，如果可以的話，真想每天都喝上一杯。完全就如其名那樣，給人一種皇家威士忌的感覺。調和威士忌方面有約翰走路黑標和藍標，此外亦供應原酒給 VAT69。在原創的單一麥芽威士忌方面，ROYAL LOCHNAGAR 12 年的市售價約 3,500 日圓左右，ROYAL LOCHNAGAR SELECTED RESERVE 的市售價約 43,000 日圓左右，ROYAL LOCHNAGAR RARE MALTS 30 年的價格未確認。優質的口感、最少量的生產，但是皇家藍勛的價格不但沒有變動，甚至還有調降的趨勢，非常難能可貴。先買起來放著不錯，拿來好好享受一番也很棒。總之真的很開心，世上竟有這樣的酒款存在，這樣的事實本身就是個奇蹟。

完成度相當高的複雜酒款。

| 和 智 | 88分 |
| 高 橋 | 83分 |

102

史翠艾拉 12年
STRATHISLA 12

[700ml 40%]

BOTTLE IMPRESSION

　　史翠艾拉是在 1786 年由 Alexander Milne 和 George Taylor 所建造的，它是蘇格蘭相當古老的蒸餾廠，特別值得一提的是它的建物設備的外觀看起來非常優美，很適合拍照。那個時代的酒廠，基本上都是違法的地下酒廠，但是史翠艾拉卻是先取得合法執照，接著才開始生產蒸餾酒。1950 年，該酒廠被起瓦士公司收購，酒廠名也從原本的米爾頓（Milton）改為現在的史翠艾拉。史翠艾拉酒廠每年生產 240 萬公升的原酒，由於土地狹小，因此原酒是放在格蘭凱斯蒸餾廠的酒窖裡以進行熟成。酒廠雖然在 1876 年慘遭祝融肆虐而讓設備被摧毀殆盡，但是重建之後，那美麗的煙囪、建築物以及水車的樣子等等，值得欣賞的景致反而多到不勝枚舉。

　　STRATHISLA 12 年，雖然有許多果實的香氣蜂擁而來，但是蘋果的香氣最明顯，感覺相當舒服。從整體的蘇格蘭威士忌來看，這款酒充份內含著斯貝河畔區的特色，味道非常簡單易懂。有著杏桃＋蜂蜜的味道，此外還有雪莉酒香，感覺相當華麗。在香氣方面，除了能感覺到這些味道的酸味，此外還有微微的辛香。餘韻能嚐到與來自橡木桶的橡木所不同的木頭香，味道可說是非常豐富。酒廠沒有希望價格，市售價則約介於 4,200 ～ 5,000 日圓之間。史翠艾拉有提供原酒給起瓦士以做調合威士忌之用，單一麥芽威士忌則有 12 年款和原桶強度等酒款。

華麗的柑橘香與豐富的味道，讓口感變得相當複雜。

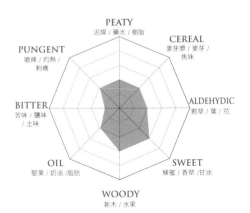

PEATY
泥煤 / 藥水 / 樹脂

CEREAL
麥芽類 / 麥芽 / 焦味

PUNGENT
嗆辣 / 灼熱 / 刺痛

ALDEHYDIC
割草 / 葉 / 花

BITTER
苦味 / 鹹味 / 土味

SWEET
蜂蜜 / 香草 / 甘油

OIL
堅果 / 奶油 / 脂肪

WOODY
新木 / 水果

STRATHISLA
THE OLDEST DISTILLERY IN THE HIGHLANDS OF SCOTLAND
12 YEARS OF AGE
SPEYSIDE SINGLE MALT SCOTCH WHISKY

| 和 智 | 85分 |
| 高 橋 | 80分 |

100

103

克里尼利基14年
CLYNELISH 14

[700ml 46%]

BOTTLE IMPRESSION

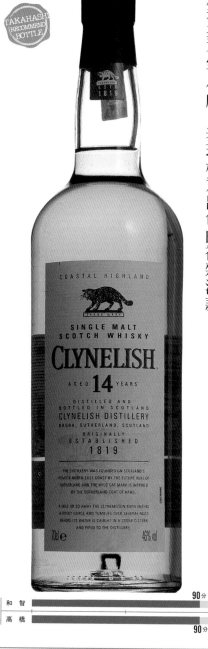

克里尼利基不容小覷，表現極為出色的複雜酒款。

　　布朗拉鎮（Brora）面向多諾赫灣（Dornoch Firth）的北方，而克里尼利基蒸餾廠就位在該鎮的郊區。這是DCL（現為帝亞吉歐）在1967年所建立的酒廠。

　　CLYNELISH 14年，46%。最初能聞到麥芽和辛香所帶來的刺激，然後還有一點點燒焦的味道。喝一口之後能感覺到非常和諧的甜味、花香和果味。加水後還會出現牛奶的甜味，味道也會更加深沉；但卻不減其刺激感。這瓶完成度相當高的威士忌市售價約4,200日圓左右，在日本應該有機會能賣得更好。不知道是否由於在歐美非常受歡迎，因此酒廠將年生產量提高到900萬公升。該酒廠有提供原酒給約翰走路，至於單一麥芽威士忌則有克里尼利基14年、23年。此外，過去以布朗拉為名來販賣的酒款至今仍可以買到。布朗拉20年、陳酒則有1973年、1974年還有1982年款。至於其他裝瓶廠所推出的酒款，有位在斯貝河畔埃爾金的高級食品店Gordon & Macphail以及來自義大利布雷西亞的Samaroli等酒款。可能的話，最好喝掉1瓶以實際體驗看看這家酒廠的威士忌其美味之處。不被知不知名、有沒有打廣告以及專家說的話給影響，希望能夠用自己的感覺來購買並品嘗這瓶酒看看。事實上，這支威士忌也是我最愛的10支酒裡的其中之一。

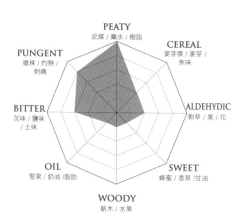

PEATY
泥煤／藥水／樹脂

CEREAL
麥芽漿／麥芽／焦味

PUNGENT
嗆辣／灼熱／刺痛

ALDEHYDIC
割草／葉／花

BITTER
苦味／鹽味／土味

SWEET
蜂蜜／香草／甘油

OIL
堅果／奶油／脂肪

WOODY
新木／水果

		90分
和 智		100
高 橋		90分

104

大摩 12年
DALMORE 12

[700ml 40%]

BOTTLE IMPRESSION

　大摩蒸餾廠位在 Inverness 以北的 Alness 鎮的郊區，它是在 1839 年由 Alexander Matheson 所創立的。年產 380 萬公升的原酒，是調和威士忌 Whyte & Mackay Special 以及 Claymore 的主要基酒。

　DALMORE 12 年，40%。酒體強勁又飽滿。散發少許的泥煤味，會有充分熟成後的麥芽香、堅果以及果實群的香氣在口中散開。一邊能感覺到舒服的辛香味，而含在口中之後，還會出現甘甜、蜂蜜、煉乳、苦艾的味道渾然成為一體又同時綻放開來。個性比較柔弱的人一開始可能會全盤拒絕，但是如果持續喝這款加水也不改其美味程度的大摩之後，會發現自己已漸漸地被那舒服又迷人的大摩世界給深深吸引。餘韻悠長，能享受到鹽味、煙燻以及黑砂糖的滋味。最初的第一印象可能不太好，但是接著會慢慢地愛上這種味道，真的是款相當不可思議的威士忌。當我沉浸在它的美味時，可以花 2 個小時就喝掉半瓶。如果想要體驗不同於艾雷島、斯貝河的威士忌，那麼我非常推薦可以試試看這瓶。

　市售價約 5,000 日圓左右，如何，是不是忍不住想買 1 瓶喝喝看呢？調和品牌有 Whyte & Mackay Special。單一麥芽威士忌則有 12 年和 30 年款。其他還有 Gran Reserva 15 年、18 年以及 King Alexander3 世、陳酒 50 年限量款等。除此之外，大摩在全世界的烈酒競賽當中獲獎無數。如果不知道這家以及 OLD PULTENEY（富特尼）所生產的酒，那麼就不能說了解北高地區的威士忌。總之，請先喝 1 瓶看看。

越喝越迷人，深受酒迷喜愛的威士忌。

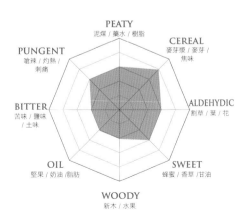

			80 分
和	智		
			100
高	橋		88 分

GLENMORANGIE 10

[700ml 40%]

BOTTLE IMPRESSION

　　格蘭傑蒸餾廠位在 Tain 的郊區，面向多諾赫灣的南方，只要沿著 A9 號一直行駛就能輕易找到。2004 年 LVMH 買下了這間酒廠，並決定讓其生產規模一年最多可達 600 萬公升。在這當中，約有 70% 做成單一麥芽威士忌，銷售量在蘇格蘭國內排名第一，在全世界則為第三，可說相當受到歡迎。他們從琴酒蒸餾廠買來非常獨特、頸部特別長的蒸餾器，而這台蒸餾器據說就是形塑出格蘭傑威士忌味道的最大關鍵。格蘭傑酒廠的負責人從很早以前就知道橡木桶能夠影響熟成結果的好壞，據說他會特地挑選密蘇里州的橡木材來製造出橡木桶，接著借給林奇堡的傑克丹尼以及巴茲鎮的海悅來裝他們的酒，之後再收回來做過桶使用。

　　GLENMORANGIE ORIGINAL 10 年，40%。散發出極為舒服的花香，另外也能聞到蜂蜜、甜味以及果實和新芽般的香氣，是非常纖細又優雅的威士忌。雖然泥煤味被隱藏起來，但是隱約還是能感覺到辛香味。這款威士忌的味道和我 25 年前在蘇格蘭買的時候完全一樣，依然如此好喝，製酒的水準能夠達到這種程度，真是相當了不起。格蘭傑在世界的銷售量有辦法躍升到第 3 名，想必也是出於它的實力堅強吧。ORIGINAL 10 年款酒廠的希望價格是 5,300 日圓，市售價則約 3,000 日圓左右。做為調和威士忌用的有 Highland Queen。單一麥芽威士忌則有 10 年、15 年、18 年和 30 年，此外還有馬拉加雪莉桶 30 年成熟等商品推出。

如花似蝶般的酒。成人的戀愛感覺。

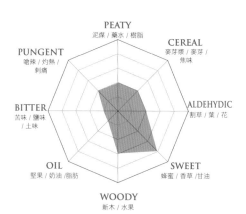

PEATY
泥煤 / 藥水 / 樹脂

CEREAL
麥芽頭 / 麥芽 / 焦味

PUNGENT
嗆辣 / 灼熱 / 刺痛

ALDEHYDIC
割草 / 葉 / 花

BITTER
苦味 / 鹽味 / 土味

SWEET
蜂蜜 / 香草 / 甘油

OIL
堅果 / 奶油 / 脂肪

WOODY
新木 / 水果

和 智　　　　　　　　　　　　　　　80分
　　　　　　　　　　　　　　　　　　100
高 橋v　　　　　　　　　　　　　　88分

歐本14年
OBAN 14

[700ml 43%]

BOTTLE IMPRESSION

　　歐本（Oban）是西高地區的主要城鎮，它同時也是一座觀光城，而歐本蒸餾廠就位在歐本的街道上。酒廠創立於 1794 年，在蘇格蘭也算是相當古老的蒸餾廠。歐本蒸餾廠面向港城的海面，裡頭有好幾處市立停車場。1923 年，酒廠歸 John Dewar & Sons 所有，接著又歷經 DCL、SMD、UD 等公司接手，現在則置於帝亞吉歐集團旗下，年產 87 萬公升的原酒。因為產量極少，所以單一麥芽威士忌很難看到有各種不同年份的酒款。目前推出的 1980 年、2002 年限量款，32 年份等酒款也是產量極少。OBAN 14 年，酒體飽滿，雖然泥煤香相當紮實，但是也能感覺到其纖細的一面，因此喝的時候可能會有點困惑。這種過於深奧的滋味究竟該怎麼形容呢…。對於煙燻味、果香、麥芽甜味、泥煤味同時出現的口感，要當成不夠刺激，亦或是覺得好喝，這全靠飲者自己的判斷。這款威士忌雖然和自我風格強烈的艾雷島酒剛好完全相反，但是依然相當充滿魅力。順道一提，歐本也是調和威士忌 Dewar's 的原酒供應廠之一。市售價約 5,500 日圓左右。

PEATY
泥煤 / 藥水 / 樹脂

CEREAL
麥芽漿 / 麥芽 / 焦味

PUNGENT
嗆辣 / 灼熱 / 刺痛

ALDEHYDIC
割草 / 葉 / 花

BITTER
苦味 / 鹽味 / 土味

OIL
堅果 / 奶油 / 脂肪

SWEET
蜂蜜 / 香草 / 甘油

WOODY
新木 / 水果

纖細又飽滿的酒體。

和 智	NO DRINK		100
高 橋			85分

艾德多爾10年

EDRADOUR 10

[700ml 40%]

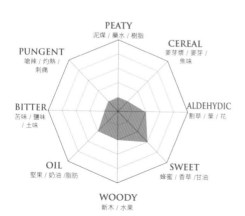

BOTTLE IMPRESSION

　　艾德多爾做為獨資且又是蘇格蘭規模最小的蒸餾廠，所以總讓酒迷們想好好地愛護著它。此外，因為規模小所以土地也很狹小，因此想必需要以手工的方式來製造威士忌，而這一點則讓它更加的討喜。艾德多爾蒸餾廠位在觀光景點皮特洛赫里（Pitlochry）的近郊，即使從格拉斯哥或是愛丁堡前去觀光，也是當天就可來回的距離。該酒廠的建築與設備以白色和紅色為基調，看起來就像是童話故事那樣的可愛迷人。

　　EDRADOUR 10 年，40%。酒體適中，雖然只聞到一點點的煙燻味，但是卻也能感覺到蜂蜜、甘甜以及堅果的香氣。入口之後會有麥芽味以及花香，此外也會出現奶油般的滋味。餘韻殘留著雪莉酒跟辛香味，接著再慢慢消失。給人感動的程度就跟朗摩 16 年以及格蘭蓋瑞 12 年一樣，展現出在艾雷島酒身上所完全看不到的另一種風貌。10 年款的酒廠希望價格是 7,300 日圓，市售價約 5,000 日圓左右，有機會的話請務必試試這支 10 年款。主要的單一麥芽威士忌是 12 年款，此外 12 年 Caledonia 非冷凝過濾的價格約 5,500 日圓左右，15 年的 Fairy Flag 約 10,000 日圓左右，IBISCO Sherry 2001 年版則約 10,000 日圓左右可購得。如果知道這家酒廠的產量一年不到 10 萬公升，想必任誰都會愛不釋手而捨不得浪費地加水或蘇打水稀釋來喝。

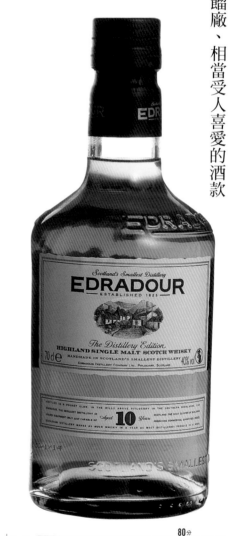

來自最小的蒸餾廠、相當受人喜愛的酒款

PEATY
泥煤 / 藥水 / 樹脂

PUNGENT
嗆辣 / 灼熱 / 刺痛

CEREAL
麥芽類 / 麥芽 / 焦味

BITTER
苦味 / 鹽味 / 土味

ALDEHYDIC
割草 / 葉 / 花

OIL
堅果 / 奶油 / 脂肪

SWEET
蜂蜜 / 香草 / 甘油

WOODY
新木 / 水果

和 智　　　　　　80分

　　　　　　　　　　100

高 橋

85分

督伯汀
TULLIBARDINE sovereign

[700ml 40%]

BOTTLE IMPRESSION

TULLIBARDIN SOVEREIGN，酒色呈現黃褐色，酒體偏向輕盈中間，香氣有烤焦的香草、奶油風味、甘甜跟果香，此外再帶點幕斯跟哈密瓜的氣味。有些許的苦味，感覺刺激。無煙燻味和泥煤味。這款如果只是稍微加點水那還能接受，但不建議加太多水來喝，最好直接飲用。1947 年，知名的蒸餾廠設計師 William Delme-Evans 將 Blackford 裡的一間啤酒工廠重新修建，因而創立了這間督伯汀蒸餾廠。1993 年發表首支用橡木桶熟成 10 年的單一麥芽威士忌，此後督伯汀名聲大噪並從此保持不墜。目前，督伯汀的經營者是法國的 Picard Vins & Spiritueux。

督伯汀酒廠的附近是名水「高原冷泉（Highland Spring）」的產地；此外，目前在蒸餾廠的旁邊還有一間大型的購物中心，那裡過去曾經是督伯汀啤酒的釀製廠，因此彼此具有互相加乘的效果。現在，這支無年份的 sovereign 的市售價約 4,500 日圓左右；20 年款則大約 10,000 ～ 12,000 日圓左右可購得。

來自名水「高原冷泉」產地的酒。

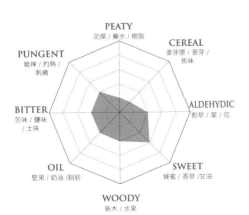

	85分	
和 智		100
高 橋	80分	

歐肯特軒 12年

AUCHENTOSHAN 12

[700ml 40%]

BOTTLE IMPRESSION

　　沿著 A82 號公路可從位在格拉斯哥郊區的羅夢湖（Loch Lomond）一路駛向歐肯特軒蒸餾廠，酒廠就在離公路不遠的位置上。酒廠據說始自 1800 年代，當時為了逃離饑荒而從愛爾蘭移民過來的人在此蓋了違法的地下酒廠。雖然有人說 3 次蒸餾也就是在那時後被帶進蘇格蘭的，不過這個說法目前尚未被確定。歐肯特軒蒸餾廠在第二次世界大戰時曾因德軍的空襲而遭到損毀，後來在 1969 年才由當時的所有者 Eadie Cairns 公司將它重建起來，酒廠之後被 Morrison Bowmore 公司收購，然後在 1994 年又被日本的三得利給吸收並一直營運至今。歐肯特軒蒸餾廠整年的最大生產量可達 200 萬公升。

　　AUCHENTOSHAN 12 年，主要能聞到在柑橘類的果香中帶著初夏森林裡的那種空氣味道。入口之後果香會變得更濃，特別能聞到像是柳橙的味道。當然，感覺也越來越來圓潤，同時還出現一點點杏仁般的堅果味，讓人覺得十分清爽跟舒服。餘韻則在堅果味快要消失的時候隱約又帶出淡淡的焦糖味。酒體給人一種輕盈的感覺。低地區的那種輕快、纖細而且豐富圓潤的特質實在是非常難得。像這樣少見的蒸餾廠，三得利公司竟然有辦法擁有歐肯特軒、波摩、格蘭蓋瑞這三間，真的不得不佩服他們的眼光和執行力。

　　酒廠的希望價格是 3,600 日圓，市售價約 3,200 日圓左右。

```
                    PEATY
                  泥煤 / 藥水 / 樹脂
       PUNGENT                    CEREAL
      嗆辣 / 灼熱 /                  麥芽漿 / 麥芽
        刺痛                         焦味

  BITTER                              ALDEHYDIC
  苦味 / 鹽味                           割草 / 葉 / 花
   / 土味

       OIL                        SWEET
     堅果 / 奶油 /脂肪              蜂蜜 / 香草 / 甘油

                   WOODY
                  新木 / 水果
```

和智 　　　　　　　　　　　　　80分
高橋 　　　　　　　　　　　　　　　100
　　　　　　　　　　　　　　　85分

克萊格拉奇 13年
CRAIGELLACHIE 13

[700ml 43%]

BOTTLE IMPRESSION

　　斯貝河和菲迪河交匯處是克萊格拉奇鎮，那裡是斯貝河畔區的中心地帶。斯貝河的另一邊是麥卡倫酒廠，矗立在眼前的則是克萊格拉蒸餾廠，而 Highlander Inn 飯店和 Craigellachie 飯店就位在這些酒廠之間，在這些飯店 1 樓的酒吧裡，擁有為數眾多的陳年酒款，是喜歡麥芽威士忌一定要去的朝聖之地，而克萊格拉蒸餾廠就蓋這如此便利的城鎮的正中央。1891 年 Alexander Edward 建立了這間酒廠，之後所有權陸續改由 DCL、SMD、UDV 等公司掌握，到了 1998 年，酒廠又轉手給百加得旗下的 John Dewar & Sons 公司，並一直經營至今。原本克萊格拉蒸餾廠主要是生產原酒給在美國最受歡迎的 Dewar's 調和威士忌以做為主要基酒，不過近年來也開始推出 13 年、17 年以及 19 年等與其他酒廠年份不同的單一麥芽威士忌。克萊格拉酒廠使用傳統的蟲桶，完全不進行冷卻過濾和調色，遵循傳統製法至今仍未改變。這次趁著瓶身變更，順便確認一下裡頭的威士忌，因此喝 1 瓶來看看味道如何。

　　首先，能聞到華麗的甜香、酸味與苦味，此外還有迷人又感動的酒香而使人亢奮不已。實際入口之後，能感覺到極為乾澀的口感支配著整體的味道，而這在基調之下，再熱鬧地譜出蜂蜜和熱帶水果的旋律，演奏出相當複雜的快樂歌曲。乾澀的味道消失之後，最後會冒出甘甜與蜂蜜味。酒體偏向飽滿。沒有品嘗過這滋味的人，或許說不上有喝過大人滋味的酒。啊～讓人徹底被征服，真的很好喝，極樂的好味道。

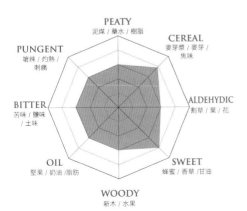

乾澀、芳醇，複雜系的完美昇華。

和 智　NO DRINK

高 橋　**95**分

MONKEY SHOULDER

[700ml 40%]

來自威廉格蘭家族的優質麥芽調和威士忌。

BOTTLE IMPRESSION

　　格蘭父子公司推出首支單一麥芽威士忌格蘭菲迪而大獲成功，接著又想到了新的提案。他們這次所推出的是沒有加穀物威士忌，純粹只用麥芽威士忌來混合的三隻猴子調和威士忌。他們將旗下格蘭菲迪、百富以及奇富這3間蒸餾廠的單一麥芽威士忌原酒拿來調和，因而打造出這款充滿創意的自信之作。「三隻猴子」的顏色是較深的金褐色。老實說，比起格蘭菲迪，我更喜歡這款威士忌所呈現出來的味道。雖然3隻猴子停在肩膀的圖案看起來有點突兀，不過據說這是指目前大部分的酒廠由於效率的問題而已廢止的地板式發芽在當時其實是個相當辛苦的工作，而那種勞累的感覺就像是三隻猴子坐在肩膀一樣。事實上，這背後應該也有「奇富蒸餾廠有小型的地板式發芽設備，而我們的酒也有混合他們所生產的麥芽威士忌喔」這樣的意思。

　　總之，介紹就先講到這裡，有機會的話請務必飲用看看，你會發現那些奇怪的刻板印象會被掃除，而所感受到的將會是無比的感動。喝完之後再看看瓶身，相信你也會愛上它的設計。如果看到售價只有3,500日圓，那麼一定要將它買下。

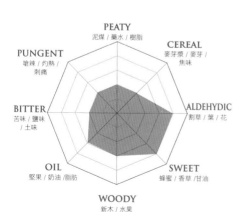

PEATY
泥煤 / 藥水 / 樹脂

PUNGENT
嗆辣 / 灼熱 / 刺痛

CEREAL
麥芽漿 / 麥芽 / 焦味

BITTER
苦味 / 鹽味 / 土味

ALDEHYDIC
割草 / 葉 / 花

OIL
堅果 / 奶油 /脂肪

WOODY
新木 / 水果

SWEET
蜂蜜 / 香草 / 甘油

			90分
和 智			
高 橋			100
			92分

六海島
THE SIX ISLES

[700ml 43%]

BOTTLE IMPRESSION

大部分的蘇格蘭威士忌酒迷，應該都有過被艾雷島那性格強烈的單一麥芽威士忌給深深吸引過；雖然我也是這其中之一人，但是由於充滿個性的蒸餾廠實在是太多了，因此總無法窺得全貌。在威士忌當中，有種類型稱為「Blended Malt 或 Vatted Malt（調合麥芽威士忌）」，相較於熟成的年份，這種威士忌更強調本身的風格與口味。這種威士忌似乎曾試著想要與「單一麥芽威士忌」與「調和威士忌」做出區隔而自成一派以彰顯自己的存在價值，然而終究未成。這或許跟單一麥芽威士忌酒廠那有如盲目的威權主義般的崇拜意識尚未改變有關，就他們而言，那不是是賓士與邁巴赫的關係，而是屬於邁巴赫與 SMART，或是 UNIQLO 與 GU 那樣的關係，這實在是讓人感到遺憾。不過喝酒的人不需要考慮這些，總之先買一瓶喝喝看，或許會因此開啟另一個全新的視野也說不定。

關於這支六海島，不須翻開蘇格蘭的地圖，也應該都能知道這是由蘇格蘭 6 個海島的麥芽威士忌所調和出來的酒款。一邊享用這款威士忌，一邊猜猜看哪個島的威士忌混入多少 %，這應該也是一種滿有趣的事吧。如果將價格約 4,500 日圓左右的單一麥芽威士忌買 6 瓶下來，然後自己將它們混在一起做成「THE SIX ISLES」，雖然我不認為味道會完全一樣，但是像這樣反過來實驗看看應該也滿好玩，有機會的話可以買回家試試。

THE SIX ISLES 的顏色呈現非常淡的金色，能聞到柑橘系以及泥煤類的獨特甜香，酒體中庸偏向飽滿，味道散發出一種相當與眾不同的煙燻味。熟成的風味比較不明顯，能充分地感受到強勁的力道。

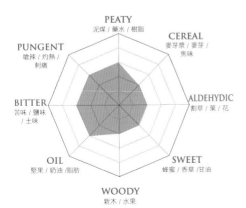

讓人瘋狂著迷的威士忌。

和智 95分
100
高橋 85分

Scotch
Blended
Whisky 蘇格蘭調和威士忌

「蘇格蘭威士忌」，這是一種來自蘇格蘭的酒，目前流通於世界各地。

關於這值得受人喜愛的酒，當初為了逃避英國課的重稅，於是只好跑到人煙罕至的深山、海邊
以及小島上蓋起地下酒廠然後偷偷地私釀酒，因而導致酒廠逐漸分散且規模變小。

用單式蒸餾的壺式蒸餾器所製造出來的麥芽酒其個性相當強烈，

當時雖然尚未流通於全世界，不過隨著連續蒸餾器被發明出來之後，

因而誕生出順口易飲又口感均衡的「調和威士忌」，

進而也讓蘇格蘭威士忌開始走向世界的舞台。

蘇格蘭的蒸餾廠全部分散在蘇格蘭各地，如低地區、坎培城、艾雷島、艾倫島以及包含斯貝河
畔的高地區等地方。

由於這個緣故，在地質、氣候、技術等不同環境下所製造出來的威士忌，其味道也大相逕庭，
根據不同的組合，因而產生許多品牌與各種風格。

2009年，蘇格蘭威士忌所規定的定義如下：

在蘇格蘭的蒸餾廠裡用麥芽、水和酵母所蒸餾出來的液體。

蒸餾出來的酒精濃度不超過94.8%，且須用700公升以下的橡木桶來進行熟成。

不得添加無味的焦糖著色料和水以外的添加物。

酒精濃度不得低於40%。

透過以上嚴格的國家規定，品質也因此得到保證。

現在，在蘇格蘭有超過100間的蒸餾廠正生產著許多充滿個性的威士忌。

威士忌所需的90%，都是來自這些蒸餾廠所生產的麥芽威士忌和穀物威士忌所調和而成的酒。

隨著世界對於威士忌需求的增加，蘇格蘭的蒸餾廠也跟著持續不斷地成長當中。

約翰走路 紅牌

JOHNNIE WALKER

[700ml 40%]

BOTTLE IMPRESSION

約翰走路從以前就一直是蘇格蘭威士忌（指調和威士忌）的代表品牌，在日本是知名度最高的威士忌，有如（蘇格蘭）威士忌的領頭羊。而這款「紅牌約翰」正是與「黑牌約翰」並駕齊驅的兩大熱門酒款，象徵著 20 世紀威士忌在日本時的光景。此外，它在世界的銷售量更一直保持第一，真是款怪物級的酒。

現在試著重新取下瓶封，還是能感受到以「卡杜」為基幹所調和出來的麥芽威士忌味道，能感覺到花香混合著複雜的甜味、圓潤以及果實的香氣；而也可說是土香的煙燻味（泥煤味）則是恰如其分地展現出自我的個性。這種泥煤味嘗起來不單單只是樹脂臭，而是還能感覺到如苔蘚般的土臭味確實地被包裹其中；將各種要素混雜在一起，讓味道渾然成一體，形塑出相當與眾不同多層次感。此外，將各種風味巧妙地融合並達到均衡的功力也屬一流，光看這個調配的技術，也能夠實實在在地感受到只有在這瓶酒身上才有的出色特質。約翰走路紅牌不像「黑牌 12 年」那樣溫和、滑順，它適度地保留住尚未變得圓潤前的那種未熟成完畢的奔放不羈，這或許可形容成就像是土壤的香氣隱藏在都會的簡約洗練之中吧。關於這項特色，與其說這就是「紅牌」與「黑牌」在等級上的差異，倒不如把它單純視為只是個性上的不同。習慣只喝單一麥芽威士忌的人，現在也許也應該重新買一瓶來喝喝看，以了解它為何暢銷以及實力在哪。

用釣魚「從鯽魚開始，從鯽魚結束」來形容或許意思上有些出入，但是回頭喝這款威士忌時確實會讓人感到驚艷。實際價格不到 1,500 日圓即可買到。

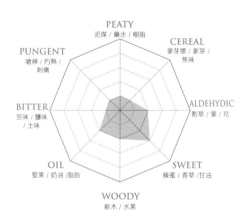

PEATY
泥煤 / 藥水 / 樹脂

CEREAL
麥芽漿 / 麥芽 / 焦味

PUNGENT
嗆辣 / 灼熱 / 刺痛

ALDEHYDIC
割草 / 葉 / 花

BITTER
苦味 / 鹽味 / 土味

OIL
堅果 / 奶油 / 脂肪

SWEET
蜂蜜 / 香草 / 甘油

WOODY
新木 / 水果

好喝的威士忌與價格無關，美味的紅牌。

和 智		85 分
		100
高 橋		86 分

約翰走路 黑牌

JOHNNIE WALKER

[700ml 40%]

BOTTLE IMPRESSION

在約翰走路最紅的時代，「黑牌約翰」那充滿代表性的角瓶其實原本的設計是正四方形，不過現在底下的部分已經改成稍微往內縮，放在超市的酒架上，總讓人覺得是好像其他別的商品。此外，只有在酒標上才能看到的 "Striding Man（邁步向前的紳士）" 浮刻在酒瓶的表面，給人一種相當時尚的印象。不過一但將威士忌酒杯靠近嘴巴，卻立刻能聞到那讓人懷念的芳香撲鼻而來；入口之後，更是能感覺到超乎想像的泥煤味和綠草發燙的舒服氣息。這不單單只是一種嗆鼻的煙味，而是將苔蘚以及其他類似消毒水的味道都包裹起來，使人感受到一股山林野趣的自然氛圍；而應該是來自雪莉桶的華麗香氣則帶點酸味，然後伴隨著圓潤的熟成感而相當引人入勝。甜味和酸味的核心是蜂蜜、蘋果、洋梨等味道，這讓這支威士忌展現出深度且不斷地擴張，同時也使泥煤味殘留得更久。味道即使進行到這裡，泥煤味依舊緊緊跟隨，彷彿不斷地強調並提醒著我們自己喝的到底是甚麼。主要的基酒有「卡杜」、「泰斯卡」、「拉加維林」等麥芽威士忌，而泰斯卡那頑強的性格似乎較為明顯。不過即使如此，其他麥芽威士忌的個性也沒有因此消失，足足可見其調和功力確實是相當出色。就如約翰走路的盛名一樣，這支酒讓人見識到甚麼是真材實料。這款的價格大約 2,000 日圓左右就能買到。

調和威士忌的上乘之作。

		95分
和 智		100
高 橋	85分	

起瓦士12年

CHIVAS REGAL 12

[1,000ml 40%]

BOTTLE IMPRESSION

　　起瓦士不愧是重視傳統與品質的老牌調和威士忌，他們的主要麥芽基酒除了有自家蒸餾廠所生產的「史翠艾拉」之外，另外還有來自「格蘭冠」、「朗摩」、「格蘭凱斯」等酒廠，不論哪一款，在性格上都是屬於充滿花香與果香的斯貝河畔風格，雖然在還沒喝之前就能猜到滋味應該是華麗芳醇，而實際開瓶之後，味道也確實是如此，完全找不到一點破綻。

　　如果是 12 年款，通常會被視為等級較高的酒款，不過起瓦士卻將這支威士忌設定成等級最普通的酒款。華麗的味道漂著甜香，除了能聞到蘋果、洋梨等果香，裡頭還混合著草堆熟透的氣息而讓甜味更有層次，同時也增添些自然野趣的氛圍；除此之外，還有類似蜂蜜的味道也堆疊在其中。接著，堅果般稍富油脂的濃郁滋味與香草的香氣也陸續出現，因而延長了味道的高潮。如果硬要說哪裡可惜，那就是煙燻味似乎稍嫌薄弱。不過就算是加強了煙燻味，也完全不能保證可以讓味道更有層次，再加上如此一來反而有可能會破壞現有味道的和諧度，因此這樣的調配或許剛剛好也不一定…。總的來說，質感極佳，而且與價格相符的熟成感也完全具備，難怪能在世界各地的機場免稅店裡長期穩坐暢銷之王的寶座。起瓦士 12 年的等級與「黑牌約翰」、「老伯」以及「添寶」並駕，遠優於那些熟成度低的標準酒款。在所有蘇格蘭威士忌當中，甚至還擁有銷售量排名第 6 的好成績。近年來，他們也有推出使用日本的「水楢桶」來熟成的酒款。最後一提，這支 12 年酒款的市售價約 2,000 日圓左右即可買到。

尊貴的風格，傳統的好品質。

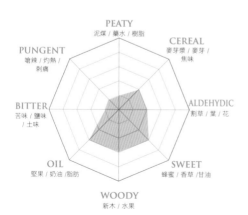

PEATY
泥煤 / 藥水 / 樹脂

PUNGENT
嗆辣 / 灼熱 / 刺痛

CEREAL
麥芽漿 / 麥芽 / 焦味

BITTER
苦味 / 鹹味 / 土味

ALDEHYDIC
割草 / 葉 / 花

OIL
堅果 / 奶油 / 脂肪

SWEET
蜂蜜 / 香草 / 甘油

WOODY
新木 / 水果

			85分
和　智			
			100
高　橋			83分

老帕爾 12年

Grand OLD PARR 12

[750ml 40%]

BOTTLE IMPRESSION

極具特色的造型與玻璃材質，光看酒瓶就能感受到那古典風格所帶來的高級感。市面上的高級威士忌雖然不計其數，但以活到 152 歲、為英國史上最長壽的人物湯瑪士帕爾（Thomas Parr）這位老先生為名的「老帕爾」威士忌，對日本人來說，這個品牌一直就是受大家公認的高級威士忌，幾乎所有人都聽過這個名字，發行商則是 UDV 旗下的 MacDonald Greenlees 公司。在酒標上面雖然可看到這位帕爾老先生的肖像，但是據說其實這是畫者 Rubens 本人的畫像。如果是由我來設計這個酒瓶，我一定會盡量放大這個肖像畫，然而實際看到這圖案時，會發現其實還滿小的（實際的上下尺寸只有 18mm）；而這樣的設計，也確實能讓人對於真實的那位老仕紳感到懷念就是了。此外，關於這瓶威士忌其實還有很多有趣的小故事，但是先讓我們將重點擺在味道本身。

以威士忌杯就口淺嚐時，煙燻味雖然不至於到完全沒有，但是感覺非常薄弱。總的來說，給人的第一印象是口感溫和，酒精的揮發味和刺激感都滿少的。這款威士忌是以斯貝河畔區的名酒「克拉格摩爾（Cragganmore）」為主要基酒，喝起來除了有麥芽的甘甜，還能感覺到焦糖的焦味、洋梨般高雅的果香以及葡萄乾的香氣。此外，一瞬間還能感覺到彷彿綠草發燙的熱氣，些許大地般的香味、優雅的熟成感，確實是相當美味。不過雖然好喝，但是拜近來日本的蘇格蘭威士忌市場非常活絡所賜，先撇開熟成感不說，類似這樣的風格與味道的酒款其實還有其他可供選擇，因此這款威士忌似乎找不到非喝不可的理由，更何況它的價格可以買 3 瓶"優質的便宜威士忌"…。是該放鬆閉上眼睛，然後細細地品味那 3 款威士忌，還是該享受並體驗看看「老帕爾」這個名字、存在感以及喝的味道呢…？這款威士忌的價格約 3,000 日圓左右可買到。

讓人刮目相看的價值。

				85分
和 智				
				100
高 橋				
				85分

Grand OLD PARR 18

[750ml 46%]

麥芽調合威士忌之王。

BOTTLE IMPRESSION

　　以前在我 20 幾歲的時候，Suntory Red 以及 Black Nikka 是我最常喝的酒，至於老帕爾這種酒款就像是天上的星星，只可遠觀而無法在日常生活中享用。後來，當有機會品嘗到這支以前一直沒喝過的酒款時，才發現原來這支調和威士忌還真的是非常高檔。事實上，我甚至有點後悔之前怎麼沒有早點喝它。1483 年出生的湯瑪士帕爾是一名農夫，他在 80 歲的時候才第一次結婚，生有 2 名小孩，112 歲時妻子離世，接著在 122 歲時再婚。接著還搞性侵、出軌等發揮過人的本事，最後活到 152 歲，堪稱是超級老阿伯。格林里斯（Greenlees）兄弟後來將這位「帕爾老伯」的肖像用在他們威士忌酒瓶上，並以他的名字做為品牌名。這款酒在倫敦擁有超高的人氣，賣的非常好。

　　這支 18 年款雖然也是老帕爾威士忌，但是跟 12 年款不同，整體的風格更加深沉洗練，感覺更高級。在價格上（11,000 日圓），也硬生生比 12 年款多出 1 倍。這款威士忌沒有加穀物威士忌，純粹只用 9 種單一麥芽威士忌來進行調和，可說是 Vatted Malt（Blended Malt）的上乘之作。酒精濃度雖然 46°，但是順口易飲，溫和迷人，能夠讓人好好地享受到斯貝河畔威士忌特有的豐饒滋味。即使經過明治、大正、昭和、平成等不同時代，但好品質卻依舊不變，在日本是深受上層社會喜愛的一款威士忌。容量也和 *特級時代相同、都是 750ml。口感不刺激，纖細又優雅。先不要加冰塊或水，直接小口喝喝看，含在口中讓味道充滿整個鼻腔，你將會發現在橡木桶中，經過 18 年時間沉睡的熟成感所帶來的圓潤甘甜以及豐富滋味是多麼美妙。最適合在用完晚餐後來小酌一杯，相信應該能帶來一夜好眠。市售價約 8,000 日圓左右。

　　＊特級時代

　　日本在 1950 年代的酒稅法中，將酒精濃度 43 度以上的威士忌定義為「特級」威士忌。這種分類直到 1980 年代後期才廢除。

和　智	NO DRINK	
		100
高　橋		**90分**

教師
TEACHER'S

[700ml 40%]

麥芽威士忌占45%，正統高地奶油的傳承酒。

BOTTLE IMPRESSION

教師威士忌是由 William Teacher & Sons 所推出的品牌，他們將軟木塞的頭與木片組合做成開關容易的瓶蓋，並首次用在這品牌上，因而讓這款威士忌變得相當知名。酒名被取為「Highland Cream」，從名字給人的印象就可知道這款威士忌應該不容小覷，它完全繼承著高地區的血統，可說是相當正統的強勁派調和威士忌。麥芽威士忌的調和比例剛好是 45%，而這樣的比例自 1884 年發售以來便一直從未變過。

主要的麥芽基酒是旗下的「Glendronach」和「Ardmore」，能感覺到來自酒精的揮發味與辛辣。由於苔蘚、碘藥般的泥煤味也確實地混合在其中，而非只是單純的煙燻味，因而給人一種非常道地的高地區威士忌的印象。至於帶著果香的酸味與甜味，雖然能感覺到偏酸的蘋果、淡淡的洋梨，以及蜂蜜的味道混雜在其中；但這些卻只是伴隨在泥煤味和辛香味的兩側，而非單獨地突顯自己的存在，我想這似乎是原本應該是隱藏在背後的微香但是卻太過明顯所致。沒有熟成感，但這才是將所謂的圓潤順口給排除掉的正統蘇格蘭威士忌該有的本色。市售價 1,200 日圓，相當經濟實惠，完全可以每天都拿來喝。這樣的價格卻能夠調配出如此出色的味道，讓我不得不對調和師的功力、製造公司、進口商以及販售店所有的人感到十分佩服並肅然起敬。

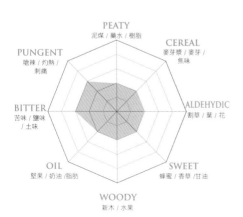

PEATY
泥煤 / 藥水 / 樹脂

PUNGENT
嗆辣 / 灼熱 / 刺痛

CEREAL
麥芽糖 / 麥芽 / 焦味

BITTER
苦味 / 鹽味 / 土味

ALDEHYDIC
割草 / 葉 / 花

OIL
堅果 / 奶油 /脂肪

SWEET
蜂蜜 / 香草 /甘油

WOODY
新木 / 水果

			85分
和 智			
			100
高 橋			
		75分	

帝王
DEWAR'S 18

[700ml 40%]

BOTTLE IMPRESSION

　威士忌原本通常都是以整桶做販售，而 John Dewar & Sons 是第一家將威士忌裝瓶的廠商。該公司後來跟 James Buchanan & Co 合併，接著在 1925 年被 DCL 收購，現在則屬於百加得所有。

　認為「蘇格蘭威士忌就是要喝單一麥芽威士忌」的單一麥芽威士忌信奉者，有機會的話，應該要買這支回家喝喝看。這瓶調和威士忌雖然不如「拉加維林」那樣的強勁，但是它有著非常適切又豐饒的美味，讓人清楚明白什麼叫做複雜系的滋味。

　DEWAR'S 以單一麥芽威士忌「艾柏迪（Aberfeldy）」為主要基酒，在美國是最受歡迎的高地區調和威士忌。在那彷彿微風穿越針葉林所帶來的清新香氣之中，果香與甘甜似乎有些停滯、沉鈍，不過加水 20% 左右就能將它們化開，進而讓果香與甜味充滿整個酒杯。基本上能感覺到帶著果香的甘甜，而酸味則更具特色，因而覆蓋住這個甘甜。此外，來自麥芽的甜味也混在裡頭，多層次又相當明顯的濃郁感也是賣點之一。不過，它那有如樹林空氣般的香氣較質樸而不夠華麗，因此給人一種低調且不夠強烈的印象。雖然銳利度也稍嫌不足，但是那最具特色的濃郁感卻完全能夠彌補這個不足，而值得讓人細細地品味這款威士忌本身的迷人特質。DEWAR'S 是非常優質的調和威士忌品牌，CP 值能與「THEACHER'S」、[WHITE HORSE」、[HADDINGTON HOUSE」並駕齊驅。在各自的市售價方面，12 年約 2,000 日圓、18 年約 6,000 日圓，白牌約 1,100 日圓。

PEATY
泥煤 / 藥水 / 樹脂

CEREAL
麥芽糖 / 麥芽 / 焦味

PUNGENT
嗆辣 / 灼熱 / 刺痛

ALDEHYDIC
割草 / 葉 / 花

BITTER
苦味 / 鹹味 / 土味

OIL
堅果 / 奶油 / 脂肪

SWEET
蜂蜜 / 香草 / 甘油

WOODY
新木 / 水果

和智　75 分 / 100
高橋　85 分

白馬FINE OLD
WHITE HORSE FINE OLD

[700ml 40%]

BOTTLE IMPRESSION

相較於「FINE OLD」才是原版（original）的蘇格蘭威士忌酒款，「12 年」則是專門為日本人所設計的日本版酒款。所以如果喝了這瓶，應該也就能知道一般日本（威士忌）飲者的偏好以及喜歡的口味為何。直接從結論來說，跟原版相比，12 年款主打的是重視熟成感，強調能讓人感覺到高級的氛圍。因此該酒款的味道是以甘甜和圓潤為基調，雖然也有只是在虛應的煙燻味，但是艾雷島那帶著碘藥水味的 DNA 卻完全消失殆盡。麥芽的優質甜味、濃郁的堅果味、稍微內斂的香草味、木質香還帶雪莉酒的華麗感。有人說「WHITE HORSE」原本應該是代表著拉加維林的調合威士忌，但是日本版的這款卻更能感覺到斯貝河畔的「克萊格拉奇」、「格蘭愛琴」的那種華麗氛圍，不知道這是否是因為拉加維林在裡頭的調合比例很低的關係…。關於這一點，說它是經濟艙版本的「FINE OLD」甚至都還不夠格。這樣的口味就是一般日本人所喜歡的味道嗎？中文有個詞叫「盲從」，而我非常清楚最近蘇格蘭威士忌自身也越來越將把他們的味道做成這種「日本人偏好的」輕盈與柔順。雖然這或許是時勢所趨，但是總讓人覺得缺少了點力道與氣魄；簡單來說，這款威士忌欠缺酒鬼會感到過癮的那種特質。雖然不是難喝，不過我確定不會再喝第二次。這是支高級酒款，適合不會把自己灌醉的紳士來飲用，但是如果是重視實質內容的醉漢，那麼就應該去買 4 公升裝的 FINE OLD 來喝。在價格方面，12 年的市售價約 1,800 日圓左右，FINE OLD 700ML 是 1,000 日圓，而 4 公升裝的 FINE OLD 則約 5,000 日圓左右。

裡頭有拉加維林的DNA。

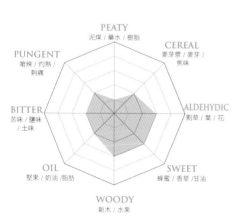

			80分
和智			
			100
高橋			
			80分

USQUAEBACH

[700ml 43%]

BOTTLE IMPRESSION

這是款讓人懾服的威士忌，簡單説就是好喝。雖然它是以高地區蒸餾廠所產、並經過 25 年以上熟成的蘇格蘭麥芽威士忌來做為主要的調和基酒，但是喝起來卻像是麥卡倫加卡爾里拉。雖然在 1904 年以後會添加 25% 的穀物威士忌，不過在那之前其實完全只用單一麥芽威士忌來調配，因而所做出來的美味總使人讚嘆不已。喝的時候一開始就能感覺到酒精所帶來的刺激，多少帶點加工的果實味。溫和的麥芽甜味、華麗的雪莉酒香，雖然沒有泥煤味，但是取而代之的是草本般的自然氣息充滿在其中。味道強韌，即使加點水也不會崩解；然而卻沒有焦糖、太妃糖、香草或是花香&果香般的熱鬧氛圍。餘韻只感覺到苦澀，其餘消失殆盡。口感雖然濃郁，但是單調而缺乏張力，不過其味道還是遠高於自身的價格以及其他一般常見的單一麥芽威士忌，相當讓人相當佩服。市售價雖然要 7,000 日圓，但是這款裝在這個不透明陶器裡的味道絕對值得一試。此外，用一般酒瓶裝的 15 年款的市售價則約 5,700 日圓左右。酒名取自蓋爾語中的生命之水 = Usige Beatha，其實這也沒甚麼特別之處，至於酒瓶的設計則不免讓人以為只是為了要提高價格；但是實際喝了之後，卻會發現這款威士忌還真的滿好喝的，越想越覺得不可思議。

現今該酒廠是由美國的資本 Twelve Stone Flagons 公司所出資，至於調配則是由瓶裝廠 Douglas Laing 來負責。

用普通瓶裝的 USQUAEBACH RESERVE 則是由麥芽威士忌與穀物威士忌所調和出來的威士忌，由一流的調和師所調配出來的口感，其味道之美妙真的很難用筆形容。這款市售價只要 3,000 日圓左右的藝術品，當年也曾在尼克森總統與摩洛哥王子所舉辦的紀念活動中被採用，果然是相當出色。

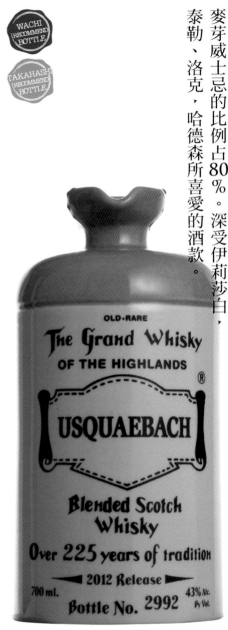

麥芽威士忌的比例占80％。深受伊莉莎白、泰勒、洛克，哈德森所喜愛的酒款。

		90分
和 智		—100
高 橋	85分	

艾雷之霧 8 年
ISLAY MIST 8

[700ml 40%]

BOTTLE IMPRESSION

在「艾雷之霧」這系列當中，這支 8 年份是最基本的酒款，而有如試喝般的價格則讓人可輕鬆地就將它買下。不過雖然如此，但是它仍忠實地呈現出「拉佛格」的風格且毫無破綻。曾被拉佛格酒廠所製造出來的味道給迷倒的人，絕對不能錯過這款威士忌。保留拉佛格那似乎在向飲者對嗆的強烈口感，又混合道地的「格蘭冠」與香氣十足的「格蘭利威」，創造出感受完全不同的威士忌。此外，這瓶的實際價格只要 2,500 日圓左右就可買到，就算不是艾雷島酒迷，也一定都會對這款調和威士忌感到很有興趣。調和與發行都是由位於格拉斯哥的瓶裝廠 Macduff International 負責。

艾雷之霧的起源，來自於當時艾雷島的地主 Margadale 先生為了慶祝他兒子成年，於是特地請當地的拉佛格蒸餾廠調配出一款威士忌來做為在派對上所喝的酒；而為了能配合眾多賓客的口味，酒廠於是將味道調得更加溫和。目前推出的有「8 年」、「17 年」、「PEATED RESERVE」、「DELUXE」等酒款，可說是非常有人氣的系列酒款。

將「8 年款」與「PEATED RESERVE」放在一起試飲比較，風格依然明確，絕對不會搞混。唯一比較可惜的是酒精帶來的刺激較少、泥煤味與煙燻味也稍微淡了些。即使加水喝，也還是能感覺到被調和在裡面的「格蘭冠」與「格蘭利威」那帶著香草香氣的果香與甘甜。不過當然，「拉佛格」的 DNA 其實也還是非常濃厚。

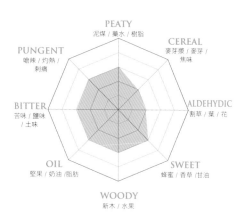

PEATY
泥煤 / 藥水 / 樹脂

PUNGENT
嗆辣 / 灼熱 / 刺痛

CEREAL
麥芽糖 / 麥芽 / 焦味

BITTER
苦味 / 鹽味 / 土味

ALDEHYDIC
割草 / 葉 / 花

OIL
堅果 / 奶油 / 脂肪

SWEET
蜂蜜 / 香草 / 甘油

WOODY
新木 / 水果

有濃厚的拉佛格 DNA 的。

和 智		90 分
		100
高 橋		
	80 分	

添寶 12年
DIMPLE 12

[700ml 40%]

BOTTLE IMPRESSION

　　雖然年紀漸長而到處喝遍各種酒款，但由於主觀地認為這瓶威士忌是「不會喝酒的人」在喝的東西，因此一直沒有對它出手；然而這次喝了之後，卻大感驚奇。不用說太多，總之就是好喝。刺激的辛辣味在口中散開，但卻沒有酒精味，能感覺到有深度的酸味與香草、無花果乾、黑巧克力然後再多一點的苦味所形成的極為內斂的甜味，而來自橡木桶那華麗的木質香則醞釀出相當優質的熟成感。沒有焦糖與香草味，不過這應該是刻意的。餘韻有著非常舒服的辛香味。不知道是否該說這就是來自傳統的底蘊，創立者 John Haig 公司從 17 世紀至今所累積的實力確實讓人佩服，另外則是對於自己的識酒不明與經驗不足則感到十分慚愧。

　　酒瓶的造型相當特別，不知道這是為了與其他的調和威士忌做區隔，還是單純只是一種創意。市售價只有 2,300 日圓左右，真的非常幸福，讓人忍不住想說聲謝謝。此外，這支威士忌還在 Premium Blend Whisky 的世界銷售排名第三，可說相當受歡迎。瓶身上的金屬網原本在以前是為了將瓶塞框緊以防脫落，不過現在是塑膠製，僅用來當做酒瓶的造型之一。添寶 12 年，值得喝一杯！

PEATY
泥煤 / 藥水 / 樹脂

PUNGENT
嗆辣 / 灼熱 / 刺痛

CEREAL
麥芽糖 / 麥芽 / 焦味

BITTER
苦味 / 鹽味 / 土味

ALDEHYDIC
刈草 / 葉 / 花

OIL
堅果 / 奶油 / 脂肪

SWEET
蜂蜜 / 香草 / 甘油

WOODY
新木 / 水果

		95分
和智		
		100
高橋		82分

126

哈丁頓宮

HADDINGTON HOUSE

[700ml 40%]

BOTTLE IMPRESSION

這樣的滋味竟然只要這種價格就能喝到，讓人不得不佩服製造的蒸餾廠、日本的進口商以及販售店的努力。以 CP 值來說，算是排名第一的酒款。

好喝又經濟實惠的威士忌不容易找到，而這一款實在是讓人打從心底佩服不已。售價只要 1,000 日圓左右，真的很便宜。雖然主要的調和基酒不明，但是就我所知，這款應該是由高地區以及斯貝河畔的麥芽威士忌，另外再加上低地區的穀物威士忌所合力演奏出如此精彩的威士忌交響樂曲。麥芽的穀香帶來自橡木桶的香草味，另外還有泥煤味，所以能夠讓酒體感覺相當飽滿渾厚。值得一提的是這個泥煤味，它並非是隱隱約約地出現，而是緊緊地貼在整個味道當中，因此感覺相當立體。此外，像這樣不斷疊上去的複雜滋味也不是突然蜂擁而至，而是陸續地抽離出來然後再不斷地反覆來訪，因此感覺相當悠長。另外，悠長的餘韻更是讓人感到驚艷，有著非果香的穀物甘甜、辛香與苦澀感殘留在口中。雖然這種辛香與苦澀似乎缺少刺激，銳利感、衝擊以及口感的力道也嫌嫌不足，不過味道的表現確實值得讚嘆。從結論來說，這款威士忌比日本國產威士忌感覺更加高級，在質感上也明顯不同。

只喜歡喝口感高雅、輕盈、滑順的麥芽威士忌的人應該也會被征服，建議一定要買來喝喝看，相信一定會喜歡上它。

能每天輕鬆享用的調和威士忌。

PEATY
泥煤 / 藥水 / 樹脂

PUNGENT
嗆辣 / 灼熱 /
刺痛

CEREAL
麥芽漿 / 麥芽 /
焦味

BITTER
苦味 / 鹽味
/ 土味

ALDEHYDIC
割草 / 葉 / 花

OIL
堅果 / 奶油 / 脂肪

SWEET
蜂蜜 / 香草 / 甘油

WOODY
新木 / 水果

		80 分
和智		
		100
高橋		
	75 分	

GRANT'S

[700ml 40%]

BOTTLE IMPRESSION

　　充滿特色的三角形瓶身相當好握，看起來就像是單一麥芽威士忌銷售第一的「格蘭菲迪」；而發行這酒款的其實也正是它的老東家—格蘭父子。格蘭父子和同樣是斯貝河畔出身的格蘭冠（GLEN GRANT）是不同的公司，小心不要搞錯了。格蘭父子是蘇格蘭威士忌的製造商，創立於1887年，秉持著家族企業的經營方式，目前已經來到第5代。它旗下擁有「格蘭菲迪」、「百富」以及「奇富」等這些酒廠，調和威士忌則是以「格蘭」這個名字來發行販售。格蘭目前在世界的銷售排名第4，口感輕盈滑順，可說是格蘭父子的得意之作。此外，用來調和的穀物威士忌也是從同公司旗下的格文（Girvan）酒廠（低地區）所蒸餾出來的。在最重要的口感部分能隱約感覺到煙燻味，此外還有來自酒精的揮發味、辛辣感、帶點酸味的麥芽甜味以及來自橡木桶的木質香。這些甜味與酸味可簡單地稱為充滿果味，有未成熟的洋梨與又小又硬的蘋果所發出來的那種香氣，味道相當簡單，沒有太複雜的感覺。接著，在餘韻的時候又會再度出現木質所帶來的苦味，真不愧是麥芽威士忌名家所調製出來的調和威士忌。這款可以和格蘭菲迪的單一麥芽威士忌擺在一起比較試飲看看，應該會滿有趣的。市售價約1,000日圓前後，合理又實惠。

由格蘭菲迪等3家同公司的酒廠所調和出來的威士忌。

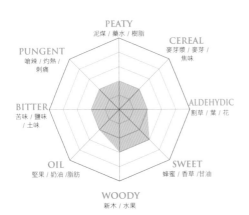

PEATY
泥煤 / 藥水 / 樹脂

CEREAL
麥芽漿 / 麥芽 / 焦味

PUNGENT
嗆辣 / 灼熱 / 刺痛

ALDEHYDIC
割草 / 葉 / 花

BITTER
苦味 / 鹽味 / 土味

SWEET
蜂蜜 / 香草 / 甘油

OIL
堅果 / 奶油 / 脂肪

WOODY
新木 / 水果

			85分
和　智			100
高　橋		75分	

黑樽
BLACK BOTTLE

[700ml 40%]

BOTTLE IMPRESSION

在蘇格蘭威士忌聖地艾雷島所現存的蒸餾廠當中，除了「齊侯門」之外，將「雅柏」、「拉佛格」、「卡爾里拉」、「拉加維林」、「波摩」、「布納哈本」、「布萊迪」所生產的麥芽威士忌全部調和在一起而誕生出這款威士忌。將那些個性極端的單一麥芽威士忌都混在一起，究竟會是怎樣的味道呢？真是讓人感到好奇。不過實際打開瓶蓋之後，讓人非常意外，沒想到味道竟然還滿中規中矩的。儼然已成為艾雷島代名詞的碘藥水臭以及海潮味差強人意，頂多大概就是「喔，原來如此」這樣的程度。雖然勉強不斷地找尋看看有沒有甚麼味道被偷偷隱藏起來，但可能是我期待太高，因此結果有點感到失望。雖然相較於口感舒服的蘇格蘭威士忌，這款還是給人一種剛硬派的感覺…。喝完它之後，會讓人也想順便喝一下大摩，這大概就是這款黑樽存在的目的之一吧…。

由 Burn Stewart Distillers 所發行的黑樽，是以艾雷島的麥芽威士忌為基酒所做成的調和威士忌，喝起來有著與單一麥芽威士忌不太相同的味道與口感。正式來說，用來調和這款酒的麥芽威士忌至少都有經過 7 年以上的熟成。而令人感到高興的是它的市售價只要 2,500 日圓左右，真是太感謝了。此外，拿它與「卡爾里拉」、「波摩」、「拉加維林」「布納哈本」、「布萊迪」等單一麥芽威士忌放在一起試飲比較，或是混在一起喝應該也會滿有趣的。它那淡淡的穀物的甘甜、堅果的風味等，全部都高於平均值，不過可別期待會出現能讓酒迷們心癢癢的那種刺激、嗆味或是強烈的個性，畢竟這款威士忌已經被調和過了。

屬於剛硬派的酒。

WACHI RECOMMEND BOTTLE

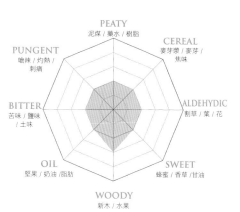

PEATY
泥煤 / 藥水 / 樹脂

PUNGENT
嗆辣 / 灼熱 / 刺痛

CEREAL
麥芽漿 / 麥芽 / 焦味

BITTER
苦味 / 鹽味 / 土味

ALDEHYDIC
割草 / 葉 / 花

OIL
堅果 / 奶油 / 脂肪

SWEET
蜂蜜 / 香草 / 甘油

WOODY
新木 / 水果

和 智		95分
		100
高 橋		
	85分	

129

Bourbon
Whisky

波本威士忌

為了打造出一個沒有酒精味道的理想國度，清教徒們開始移民到美國這個新大陸。

然而，就在他們開始搭乘著五月花一號到此移居的隔年，

愛爾蘭與蘇格蘭的移民卻無視於這些冀望，

開始在新大陸蒸餾起威士忌。

他們用的原料是在北美大陸能方便取得的裸麥、燕麥以及玉米。

最初雖然是在馬里蘭州、維吉尼亞州等消費地進行蒸餾，

但是就和在蘇格蘭一樣，蒸餾者為了躲避酒稅，於是只好將生產基地轉移到位於肯塔基州的波本郡與田納西州，而所生產的威士忌則以該蒸餾地點也就是波本郡為其酒名。

一開始雖然是用愛爾蘭威士忌以及蘇格蘭威士忌的製造方法做出發，但是經過多次的嘗試與失敗之後，最後終於確立出屬於自己獨特的原料與製法。

美國在內部存在著許多宗教與政治問題，

因此呈現出既是世界上最大的威士忌生產大國，同時卻也是消費最大國的矛盾現象。

現在，美國的威士忌業界正力圖復興過去傳統的裸麥威士忌（Rye Whiskey），

他們努力將原汁原味的波本威士忌（premier bourbon）推向世界的舞台，並成功地製造出各種變化多端的波本威士忌。

此外，由於政府鬆綁法令的關係，新興崛起的小型手工波本威士忌酒廠的生產總量在美國國內的占有率也已成長並突破了20%。

另一方面，位於肯塔基州的大型酒廠，他們自信又驕傲地將「MADE in USA」以及「KENTUCKY STRAIGHT BOURBON」印在酒標上，然後以此來強調傳統與宣傳業績。

目前，美國的蒸餾酒製造業界正處於新興勢力與傳統勢力兩者互相平衡的狀態。

四玫瑰 黑牌
FOUR ROSES Black Label

[700ml 40%]

BOTTLE IMPRESSION

　　「Four Roses」這個名字可能會給人一種好像有甚麼浪漫故事的印象，不過實際上卻完全相反，這款其實是不可輕忽又相當頑固的威士忌。它是從原本的「四玫瑰 黃牌（Four Roses Yellow Label）」所衍生、只在日本販售的再升級酒款。因為我對標準的「黃牌」酒款非常熟悉，所以在喝之前以為應該很好駕馭，但是沒想到開瓶之後卻發覺這支黑牌的味道可不尋常。將酒倒進酒杯時的第一印象，簡單來說就是感覺很僵硬，聞到的香氣像凝固般的擠在一起而無法化開。將瓶口靠近鼻子，雖然是有些微的酒精刺激味搔弄著鼻腔…。這款威士忌有黃牌那優雅又華麗的木質香影子，最初的印象則感覺不到甜味，酸味也是差強人意。辛香味薄，木質香亦是如此。頂多只能讓人知道它是款不甜的威士忌。通常在我最喜歡的加水 10%～20% 稀釋之後，會讓味道出現厚度，並感覺到濃郁的橡木桶香氣，不過這一款並沒有立刻浮現這樣的感覺。雖然多少有些香草風味，也能聞到巧克力的味道，但是卻感覺不到甜味。來自酒精的揮發味、刺激感或是個性全部都非常淡，只能說味道跟香氣像是結成一塊而呈現被封住的狀態。如果再加更多水稀釋，則原本僵硬的表情會變的柔軟許多，除了在甜味之中能感覺到辛辣與酸味，不久還會出現苦味（苦澀感），味道似乎好像突然變好很多。此時的加水量大約是 30% 左右。如果跟往常一樣開瓶後放個 2 天左右，則木質感跟苦味會更明顯，整體的味道也會更有張力並變的更加濃郁。不過，原本在標準款「黃牌」中，以酸蘋果的酸味還有梨子般的清爽果香為基調所形成的複雜滋味，在這款身上卻被重新調整過，因而給人感覺似乎更加純淨。波本威士忌喝起來感覺清新、純淨是否洽當因人而異，不過這款確實是個相當優質出色的威士忌。

		80分
和智		
		100
高橋		80分

四玫瑰 單桶

FOUR ROSES Single Barrel

[700ml 50%]

4朵玫瑰的貴婦人。

BOTTLE IMPRESSION

　　四玫瑰公司有名的地方，在於它在出貨前會配合不同的販售地區而將蒸餾、儲藏等工序做非常細緻的調整，此外也會另外發行如歐洲限定、日本限定等限定商品。四玫瑰是在 1971 年開始輸入日本的，現在則被麒麟控股公司收於麾下，然後努力地提升知名度並擴大銷售。我在 2005 年時曾經前往當地取材，當時還曾跟著去距離酒廠 90 英里遠、位在巴茲鎮以北的 Coxs Creek 的酒窖現場，然後在早上 7:00 一起體驗原酒從橡木桶裡流出來的滋味。當時，我說想要了解一下味道，然後請他們讓我品嘗看看實際從橡木桶流出來沒加水的原酒。濃郁、深沉、甘甜，非常美味，真不愧是單桶的原酒，讓人非常感動。那時候的味道，其實跟這一支「單桶」非常像。此外，他們放在酒窖裡的橡木桶也跟其他的蒸餾廠不同，是放在 1960 年製造的木製橡木桶架上，只有 1 層 6 排，高度可說非常低。由於橡木桶都在同一層，所以不會有因為樓層不同而導致熟成的情形不一的事情發生，所以不需要交換橡木桶的位置，這簡直就是美國版的蘇格蘭堆積式酒窖。

　　這次總共喝了 4 款四玫瑰威士忌，我個人覺得這支「單桶 Single Barrel」最好喝。甘甜、苦澀、圓潤，那複雜的均衡感做的非常出色。市售價 5,000 日圓應該算合理吧，就波本威士忌的味道而言，簡直可用完美來形容。如果愛喝酒的人不覺得這支好喝，那可能是本身就不適合喝波本威士忌。

PEATY
泥煤 / 藥水 / 樹脂

CEREAL
麥芽漿 / 麥芽 / 焦味

PUNGENT
嗆辣 / 灼熱 / 刺痛

ALDEHYDIC
割草 / 葉 / 花

BITTER
苦味 / 鹽味 / 土味

SWEET
蜂蜜 / 香草 / 甘油

OIL
堅果 / 奶油 / 脂肪

WOODY
新木 / 水果

		90分
和 智		
		100
高 橋		94分

四玫瑰 特級
FOUR ROSES Super Premium
[750ml 43%]

BOTTLE IMPRESSION

聽到「四玫瑰」這個品牌，會容易讓人以為味道應該有如溫柔的女性，但沒想到喝了才徹底發現自己的認知相當粗淺，風格跟想像的完全不同。四玫瑰這個波本威士忌品牌原本是 Rufus Mathewson Rose 這位人士做來自己在喝的威士忌，後來 Paul Jones Jr. 在 1888 年建立蒸餾廠，並把它做成商品來販售。該蒸餾廠目前仍以當時的傳教復興式（Mission Revival）的建築風格之姿現存於肯塔基州的勞倫斯堡，就像夢一般地稼動著。

我在當地前往取材時，曾參加過他們所推出的參觀行程，也因此在腦海裡，對於四玫瑰這品牌深深烙印著博大精深、極具內涵的印象。而實際上將這 4 支酒款全部都喝完以後，也更加印證了我當時的感覺並沒有錯。四玫瑰「黃牌」的酒精濃度一般，價格也相當親民，是款任何人都會喜歡的酒。甜味、苦澀、辛辣等角色都搭配的剛剛好，可說是口感圓潤又相當複雜的「單桶原酒（single barrel）」威士忌。再來就是這一款「Super Premium」。這是款為了慶祝肯塔基州 200 周年所發行的威士忌，在日本是以「プラチナ」這個名字來販售。此外，它的市售價為 6,500 日圓，在價格上也確實是相當高級（premium）。除此之外，四玫瑰也有推出名為「小批次（Small Batch）」的威士忌，這支酒款的熟成時間為 7 年，酒精濃度 90 proof（45%），市售價只要 3,100 日圓左右，讓人比較買得下去。雖然喝起來口感不到「プラチナ」的一半，但是滿足感卻幾乎相同，實在是沒理由不買。

		90分
和智		100
高橋		90分

金賓 大師精選12年

JIM BEAM Signature Craft 12

[700ml 43%]

長期熟成的風格。

BOTTLE IMPRESSION

目前已經停產的「Signature Craft 12 年」，在過去曾是金賓的主力商品，在「Jim Beam」這個品牌當中屬於最高檔的酒款。金賓所發行的波本威士忌，其特色在於喝起來有著波本酒原本就有的那種恣意氛圍，但是同時卻又能明顯地感覺到波本酒的獨特性格與卓越品質。目前所推出的酒款有「白牌（White）」、「黑牌（Black）」、「魔鬼珍藏（Devil's Cut）」、「雙桶熟成（Double Oak）」、「裸麥（Rye）」等酒款（至於那些甚麼蜂蜜、蘋果口味系列，本書就姑且不提了…）。總之，正因為這款是金賓的主力商品，所以得以因此展開更多其他不同風格的系列酒款。這支12 年款也算是標準的基本款，跟「白牌」是同一種等級；不過它在質感上感覺更加高級，將波本酒的特色發揮的淋漓盡致。

酒瓶的造型宛如實驗用的燒瓶，酒色則呈現非常獨特、幾乎快要接近黑濁的紅銅色，因而直接給人一種橡木桶燒烤過後的強烈印象。然而，實際所散發出來的香氣與含在口中的滋味卻又沒有像該酒色那樣有著如此強烈的印象，甚至該說味道很紮實，多采多姿又相當濃郁，這反而還沖淡了酒色原本在飲者心中的印象。在帶著酸味的木質香氣之中，能感覺到來自橡木桶的香草、焦糖甜味，而辛香味還夾雜著肉桂風味，除了蘋果的酸味之外，其他的果香非常淡薄。喝的時候能感覺辛辣與豐富又深沉的酸味合為一體，不久卻又轉變成帶有木質感的苦味。總的來說，味道的濃郁程度直接與酒色連結，酒精濃度雖然與基本款只差3 度，但是在口感上卻明顯不同，層次更加豐富。這款威士忌完全沒有能讓人感到刺激的泥煤味，由於經過 12 年的長期熟成，因此表現的相當舒服沉穩。在倒上一杯品酩的同時，那深沉的色調總讓人忍不住想盯著酒杯多看幾眼。悠長的苦澀與甜甜的香草味，即使進入餘韻卻依然還能品嘗得到，使人相當放鬆，真的是很棒的威士忌！

```
              PEATY
           泥煤 / 藥水 / 樹脂
PUNGENT                    CEREAL
嗆辣 / 灼熱                 麥芽漿 / 麥芽
  刺痛                        焦味

BITTER                          ALDEHYDIC
苦味 / 鹽味                       割草 / 葉 / 花
 / 土味

  OIL                         SWEET
堅果 / 奶油 /脂肪            蜂蜜 / 香草 /甘油
              WOODY
            新木 / 水果
```

和 智		90分
		100
高 橋		90分

JIM BEAM PREMIUM

[700ml 40%]

BOTTLE IMPRESSION

　　這支同樣也已停產，以前也是屬於「Jim Beam」的系列酒。明亮的黃褐色。酒精濃度 40%。市售價 1,700 日圓，因此應該也是屬於基本酒款的範疇。香氣淡薄，味道有點中規中矩，不過不覺得並不差。說不上是花香，但總之絕對不至於難喝。加點適量的水喝也 OK！就像是「白牌」的老大哥，有著絕佳的均衡感，是瓶相當偉大的波本威士忌基本款。因為名字有個「特級（PREMIUM）」，所以容易給人過高的期待，等到實際開瓶之後卻發現似乎有落差，不過其實從價格來看，也應該不難想像這款的味道才對，總之喝了之後反而會發現原來是自己的聯想力不足。三得利公司大力宣傳基本款的「金賓白牌」適合加蘇打水喝，但如果想要喝再稍微更奢侈一點的酒款，不妨也可以考慮看看這瓶。

　　1795 年創業的金賓公司，目前已經來到第 7 代，而由該家族所研發的調配方式、製法以及味道亦被忠實地傳承下來。也因此，該公司所推出的商品也是主打這種老品牌形象。金賓雖然在 2015 年被三得利公司收購，但是製酒的方法卻並未改變。不過終究是大公司，市場調查也做的相當完美，就和大部分的蘇格蘭調和威士忌一樣，為了順應社會潮流、客層以及偏好與所需等時代的變化而做出調整，這也是理所當然的事，因此目前在味道的處理上也是以輕盈舒服的現代風為基調。簡單來說，這款威士忌正是典型的現代波本威士忌，就連在最後收尾的餘韻也毫無破綻，表現的相當完美；不過反過來看，其實也可說是少了點個性，不夠刺激，沒有泥煤感。不過不管怎麼樣，味道喝起來舒服圓潤，易飲好喝，買了也絕對不會後悔。

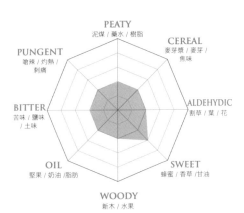

絕佳的均衡感。

和智 85分 / 100
高橋 85分

原品博士
BOOKER'S

[750ml 63.6%]

BOTTLE IMPRESSION

　　關於一般酒的熟成，當新酒（new pot，熟成前所製造出來的蒸餾液）被蒸餾出來之後，從蒸餾器所流出的中段約 80% 的新酒會被拿來熟成，蘇格蘭威士忌稱之為 Middle Cut。在製造威士忌時，這是經常使用的手法；然而如果是「原品博士」，他們則只擷取從蒸餾器所流出最中間的部分；接著將酒液裝桶之後，也只會存放在熟成條件最好的酒窖裡來進行熟成。

　　在這之前，我對「Booker's」的認識是：雖然用的不多，但是在調和的時候還是會換過幾次橡木桶；不過現在打開這瓶威士忌正準備要喝的時候，當我看到酒標上寫著熟成期間是 7 年 2 個月又 28 日，酒精濃度 63.6% 時，才赫然發現原來這瓶是「原桶酒精濃度（barrel stength）」的威士忌。因為木質味完全沒有經過稀釋，所以有一股濃郁的木頭香主宰著整體的味道，然後再濃縮進這顏色偏紅的褐色酒液裡。華麗又成熟的香氣很少，留下一種刺激辛辣的印象。加了一點水之後，會出現莓果般的果香、香草味以及一些類似焦糖的甜味，另外也能隱約感覺到苦味。接著會出現澀味，然後就轉成了餘韻。原本 63.6% 的高濃度酒精所帶來的刺激感，此時卻由於味道過於濃郁，所以反而感覺還滿舒服的。不過並非是刺激的力道變弱，事實上它一直明顯存在於濃郁感的背後並一直保持穩定。餘韻依然殘留著嗆鼻的勁道。雖然有點説得太細，但是開瓶約過了 1 週之後（裡面的酒只剩 1/3 左右），香草的香氣和木質感會更加強烈，而味道則變得較圓潤，口感也提升了一個等級。

　　我雖然並不清楚在禁酒令以前那種充滿力量又很有個性的波本威士忌喝起來究竟如何，但是從這款威士忌身上，確實能充分地感受到那個時代自由開闊的氛圍，實在是讓人印象深刻。

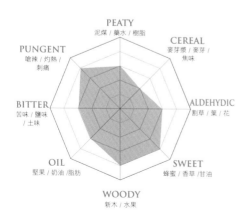

創業到第 6 代的布克諾二世其畢生之作。

			95分
和智			100
高橋			95分

BAKER'S

[750ml 53.5%]

BOTTLE IMPRESSION

金賓旗下各種品牌的酒款目前已銷往世界共 120 多個國家，其中波本威士忌佔全體的市佔率約 40%，穩坐世界冠軍的寶座。在這當中，相對於 Booker Noe 所親自命名的「BOOKER'S」，「BAKER'S」這 7 年份酒款喝起來感覺更貼近所謂的高級酒。酒名則是來自 Booker 的外甥，和他同是克萊蒙學院畢業的 Baker Beam。

BAKER'S 只從一小批酒桶中挑選出原酒來調製，也就是一般所謂的小批次（small batch）酒款。稍微將酒杯靠近鼻子，便能立刻聞到相當強烈的發酵後的酒香。我以為經過 7 年熟成之後，味道應該會更加圓潤，但看樣子我還是太嫩了。酒精濃度 107 proof= 53.5% 帶來激烈的衝擊，侵襲著舌頭、口腔以及胃腑。苦澀、酸味、果實和土司的味道伴隨著微微的灼熱，從味蕾侵入全身。直接把這種酒灌下去的感覺，和老人泡在 45 度的高溫浴缸很像，75 歲以上的老人或是還很年輕的小夥子可能沒有辦法接受。後來不自覺地加點水來喝，結果從酒杯中竟散發出檀香以及雨後針葉林般的香氣，然後終於也能感覺到甜點、蜂蜜還有水果的味道。在艱苦的勞働、冬季的越野滑雪、雨天的機車旅行或是斷食後要讓胃甦醒時，應該會需要像這種近乎是衝擊治療般的飲料吧。仔細地品嘗之後，就在甘甜與苦味長時間地佔據之後，接著會出現很長很長的餘韻。酒體極度飽滿。有興趣的話可以和「BOOKER'S」試飲比較看看彼此的味道，不過要注意的是，如果對這款酒沒有充分的覺悟，那麼可能沒辦法直接生飲。BAKER'S 將原酒儲放在位在 Happy Hollow Road 山丘上的層架式酒窖裡，透過溫度的激烈變化來讓威士忌熟成，因而使這款酒充滿男人味。

男人的波本酒。

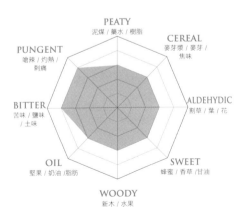

PEATY
泥煤 / 藥水 / 樹脂

CEREAL
麥芽漿 / 麥芽 / 焦味

PUNGENT
嗆辣 / 灼熱 / 刺痛

ALDEHYDIC
割草 / 葉 / 花

BITTER
苦味 / 鹽味 / 土味

SWEET
蜂蜜 / 香草 / 甘油

OIL
堅果 / 奶油 / 脂肪

WOODY
新木 / 水果

和智　　　　　　　　　　　95分
　　　　　　　　　　　　　100
高橋
　　　　　　　　　　　　88分

留名溪 100

KNOB CREEK 100

[750ml 50%]

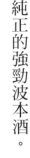

純正的強勁波本酒。

BOTTLE IMPRESSION

　　蒸餾時降低酒精濃度，裝桶（filling）時減少加水量，透過這手法以保留住原酒本身的美味與深邃的色澤，這是金賓酒廠用小批次生產最頂級系列的「Craft」酒款時最基本的工序，至於其主要概念則是希望能夠恢復在禁酒令時代以前那種強勁又充滿力量的威士忌。因此，裝瓶時的加水量也很少，以此保留住威士忌原本的豐富滋味。這款「KNOB CREEK」的熟成年數為9年，是 Craft 系列當中熟成期最長的一款，等到原酒處於最佳熟成狀態時，接著才將它以 100 proof（50%）的酒精濃度裝瓶。50% 是以前保稅法中所規定的酒精濃度，這樣的濃度有著近年來常見的 40% 酒款中所沒有的獨特、濃郁的口感以及低調、內斂的香氣，喝的時候會感覺與濃縮在一起的滋味同時從口中直衝鼻腔。首先，第一口的印象是味道相當刺激，有種厚重的壓迫感，和單純只是淡淡的刺激與揮發味截然不同。直接飲用時，會感覺到濃縮的滋味糾結在一起而無法化開，雖然有馥郁又豐富的氛圍，但是卻摸不清味道的真實面貌。加水 20% 左右之後，味道和香氣會開始四溢並充滿整個口腔。刺刺的辛辣味帶著沉穩的柑橘酸味，而在味道的底部則紮實地纏繞著香草味與巧克力般的木質香與苦味。接著還會出現穀物的甜味、香草的甘甜、帶著堅果油味的木質香以及柑橘類的果香，味道雖然感覺變得零碎，但是也讓人發現在力量之中隱約散發出優雅的氛圍，除了剛強以外似乎還有其他更多樣性的感受。味道的複雜度較少，簡單又紮實的力道比層次感更讓人印象深刻。加水大約 20% 左右能讓味道的表情變化最多，如果再加更多水，變化也不會更多。餘韻悠長，芳醇的滋味就這樣告終。酒款的名稱來自林肯的故居，市售價為日圓 3,500 左右。

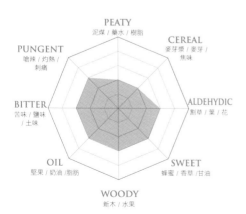

和　智		95分
		100
高　橋		85分

老祖父
OLD GRAND-DAD

[750ml 57%]

深沉、芳醇。

BOTTLE IMPRESSION

「Old Grand-Dad」源自 Basil Hayden 這位先生在 1797 年於自己蓋的酒廠裡所製造出來的威士忌，而這款酒就這樣傳了三代，其製造方法與配方從未改變過。後來到了第三代（孫子）的 Raymond Hayden，他將自己所做出來的特級波本威士忌取名為「Old Grand-Dad（老祖父）」以紀念並讚頌他的祖父，此為這款酒名的由來。1899 年，酒廠賣給了 International Distillers 的母公司並以「藥用」蒸餾酒的名義努力撐過禁酒令時期，後來酒廠又在 1987 年賣給了現在金賓的母公司「Fortune Brands」。於是乎，酒廠現在的老闆變成是 Beam Suntory，雖然製造地點改成在金賓位於克萊蒙的蒸餾廠裡進行，但是調配、所用的酵母以及蒸餾方式則與過去相同（據說是如此）。

酒精濃度高達 114 proof（57 度），寬廣的瓶口與橢圓的瓶身在在都暗示著這是款正統的波本威士忌。酒色則呈現出焦感十足的深茶紅色。慎重地把酒倒滿，然後將酒杯貼進鼻子一聞，立刻能感覺到一股絕佳又華麗的強勁酒精味竄出。含在口中之後，那濃郁又辛辣的酸味與強烈的香草味會讓人想起發酵後的裸麥與重度燒烤後的橡木桶。此外，在這個木質香豐富的香草味背後，同時還能感覺到巧克力的氣息暗藏在其中，接著隨即轉成苦味，然後甜味也會在這時候悄悄出現。如果稍作休息，那麼應該能再次聞到強勁的酒精味吧。接著喝第二口，稍微冷靜地動動舌尖，會感覺到澀感也出來了，另外也會發現漂著一股煙燻味。接著還會注意到原來甜味裡頭似乎還包藏著柑橘的酸味，進而讓人認識到這款波本威士忌不是單純只有豪爽強韌而已。如果要用一句話來評論這款典型的老式波本威士忌，那麼應該會是"deep, rich & strong"吧，不過對於初次體驗波本威士忌的飲者來說，這款酒不知道是會讓他們吃閉門羹，還是會帶領他們上天堂…。

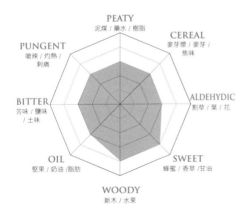

PEATY
泥煤 / 藥水 / 樹脂

PUNGENT
嗆辣 / 灼熱 / 刺痛

CEREAL
麥芽糖 / 麥芽 / 焦味

BITTER
苦味 / 鹹味 / 土味

ALDEHYDIC
割草 / 葉 / 花

OIL
堅果 / 奶油 / 脂肪

SWEET
蜂蜜 / 香草 / 甘油

WOODY
新木 / 水果

和智   90分
   100
高橋   90分

布雷特
BULLET

[700ml 45%]

BOTTLE IMPRESSION

　　在不誇張、相當單調的酒瓶上，隨意貼著簡單的雙色印刷酒標，讓人搞不清楚這是不是一種故意的設計。

　　瞧一瞧透明的瓶身，會看到酒色呈現淺紅褐色。為了確認香氣，於是將酒倒進杯子然後一聞，則會突然感到一點刺激。用嘴唇、前齒稍微沾一點含口中，會先感覺到果香、花香以及苦味，接著散發出甜味。如果稱這種複雜度是一種毫無瑕疵又恆久的味道也不算太誇張，總之可以確定的是口感真的很棒，味道不管在哪個階段都很好喝。酒體輕盈適中，餘韻在甜味與苦味出現之後也隨即告終。即使加蘇打水或碎冰等用很平常方式的來喝，也一定都能讓任何人喜歡，好喝的程度能做到這樣，真的很讓人驚訝。

　　無標示熟成年數，市售價 3,100 日圓，84 分。

自然舒適的甘甜與苦澀。

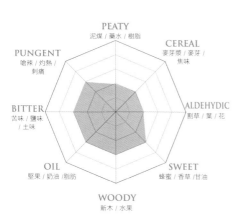

		80分
和 智		
		100
高 橋		
		84分

巴素海頓
BASIL HAYDEN'S

[750ml 40%]

BOTTLE IMPRESSION

1796 年，Basil Hayden 從馬里蘭州搬到肯塔基州，他在巴茲鎮雖然有加入英國跟愛爾蘭的天主教團體，但是卻會在家自己偷釀波本威士忌來喝。之後，他的孫子 Raymond 從路易維爾（Louisville）到有火車站的肯塔基州的哈布斯（Hobbs），然後在那裡建立了海頓蒸餾廠。這間蒸餾廠和 Basil Hayden 時所蓋的傳統的農家酒廠不同，它引進了能提高產量的現代化設備來製造波本威士忌。由於 Raymond 非常尊崇他的祖父，因此將酒名取為「Old Grand-Dad」，並且將 Hayden 的肖像印在酒標上面。海頓酒廠那時靠 2 款「BASIL HAYDEN'S」賺了非常多的錢，後來金賓在 1987 年重新恢復生產這 2 款酒。

瞧一瞧這瓶身，在透明酒瓶的腰部上好像繫上了腰帶，刻意裝扮的包裝相當引人注目，給人一種彷彿是要拒初學者於門外，又好像有甚麼魔術之類的東西混在裡頭一樣。

接著看看顏色，那是一種類似波特酒熟成後所呈現的黃褐色。香氣有豐富的果香、花香以及木質味。含在口中會發現到有個地方與其他的波本威士忌不同，那就是由於大量使用裸麥來做為原料，因此喝起來會有一種以辛香味為基礎但感覺卻不厚重的複雜度。喝這款威士忌的時候，總覺得酒瓶上的那一大張看起來像公文書的東西以及金屬腰帶很有魄力，不過在喝的過程當中，卻漸漸會覺得其實好像也沒有那麼突兀，於是能自然而然地喝下肚。最後出現的味道是胡椒，餘韻消失的很快。由於度數不高，因此一開始會誤以為可能是給新手喝的波本威士忌，但是如果有飲者喜歡享受裸麥的香氣與圓潤的熟成味，那麼倒還滿推薦喝這支酒的。加水之後，味道會發生變化，所以還可以享受到另一種不同的風味。經過 8 年熟成，市售價為 3,900 日圓，這樣的價格是否適切，交由飲者自行判斷。

PEATY
泥煤 / 藥水 / 樹脂

CEREAL
麥芽類 / 麥芽 / 焦味

PUNGENT
嗆辣 / 灼熱 / 刺痛

ALDEHYDIC
割草 / 葉 / 花

BITTER
苦味 / 鹽味 / 土味

OIL
堅果 / 奶油 /脂肪

SWEET
蜂蜜 / 香草 /甘油

WOODY
新木 / 水果

		85分
和 智		
		100
高 橋		
	80分	

美格
MAKER'S MARK

[750ml 45%]

BOTTLE IMPRESSION

在波本威士忌蒸餾廠的規模大多都屬大型工廠之中，美格蒸餾廠卻保留從前酒廠的樣子，洋溢著溫暖人心的懷舊風情而使人印象深刻。在經營方面，目前的情況是酒廠已被金賓收購而成為該公司旗下的蒸餾廠，不過實際運作則是由山繆斯（Samuels）家族負責。酒款的市售價為 2,000 日圓。

關於這款威士忌的特徵，雖然它是波本威士忌，但是卻將主要原料之一的裸麥改用小麥來取代，透過這樣的手法，因而讓口感更加溫和且優於辛辣味。在這款所推出的 1950 ～ 1960 年代，提到波本威士忌，主要的風格都是強調力量與豪邁；不過這款美格喝起來的味道卻相當舒服、纖細，強調與眾不同的性格，散發出獨特的高級感。

在酒色上，紅茶般的色調稍微透著黃色；雖然不多，但是能感覺到銳利的華麗酒香與酒精所帶來的刺激味撲鼻而來。喝的時候，辛辣的味道使人印象深刻，雖然隱約能感覺到酒精所帶來的刺激，但是卻沒有很強烈。成分的比例為玉米 70%、冬季小麥 16%、麥芽（大麥芽）14%，雖然這是很典型的不含裸麥的波本威士忌的調和比例，但是和同樣都是不含裸麥的波本威士忌「W.L.Weller」相比，這一款的辛辣程度更勝一籌。這種辛辣的感覺應該是來自酒精，此外還有著能與之相對應的揮發味，至於圓潤感則稍弱。不過由於在柑橘的酸味中還帶著香草味，因此能讓人感覺更加爽快，木質香氣也非常豐富，而在帶著香草味的甘甜之中還能感覺到穀物的味道（來自小麥）也包含在裡面。至於巧克力般的苦味則稍微帶點酸味與甜味，最後還會隱約出現澀味，味道收尾的非常漂亮，完全沒有拖泥帶水的沉重感覺，柔軟而爽快。美格有著在波本威士忌少見的如絲綢般的柔順口感，確實可說是款相當高級的波本威士忌。

高級波本酒的始祖鳥。

和智		95分
高橋		100
		85分

約翰漢米爾頓
JOHN HAMILTON

[700ml 40%]

BOTTLE IMPRESSION

1774 年，約翰漢米爾頓首次蒸餾出紅色酒（red
liquor，一種蒸餾酒，為波本威士忌的前身），而這支
波本威士忌便是以他的名字做為商標的酒款。該酒最
初是在約翰本人於 1790 年所建立的蒸餾廠裡製造，
現在則是在海悅（Heaven Hill）的酒廠裡進行蒸餾，
接著再把做好的新酒運到位於巴茲鎮裡的約翰漢米爾
頓蒸餾廠，由他們自己負責裝桶（refilling）與熟成。
順道一提，海悅是間相當知名且是業界最大的公司，
他們很會擅自把「Elijah Craig」、「Evan Williams」
等與自己公司毫無關聯的波本威士忌界的前輩、偉人
的名字當成自家酒款的商品名稱。

總之，從結論來說，因為這瓶威士忌在氣氛還有價
格上怎麼看都像是廉價酒的樣子，我本來以為應該沒
有甚麼了不起，但結果卻像是狠狠打我一巴掌一樣，
讓我知道自己的認知跟第一印象有多錯誤，沒想到這
是款品質極佳又很有個性的波本威士忌。沒有廉價酒
經常出現的刺鼻酒精味，而是非常巧妙地將酒精所帶
來刺激融入洋溢著香草味的橡木桶香與來自玉米的輕
盈氛圍當中，喝起來非常舒服。完全就是典型的「口
感真棒！」的好酒。而在原本的溫和口感之中，同時
還能感覺到甜味、酸味以及類似巧克力會有的那種苦
味，此外澀味也居於其中。此外，不是酒在入口之後
變化成各種滋味，而是這些味道從一開始出現時就已
渾然成為一體。雖然圓潤的熟成感較少，但是完全沒
有不足的感覺。甜味、酸味、苦味依序從餘韻中消失，
最後留下澀味而結束這場饗宴。在口感輕盈的酒款之
中，這支從第一口開始就很好喝，簡直就像是挖到寶，
可算是等級最高的廉價酒。我真的非常喜歡！最後讓
我再報告一下，開瓶過了 1 週大約只剩 1/3 的時候，
巧克力的香氣會大幅增加。這款威士忌的市售價竟然
只要 1,000 日圓！如此讓人感動的價格，根本是賺到
了。雖然我不喜歡用這個字，但是確實是款 CP 值很
高的酒。

非常優質，口感絕佳，天下無雙。

		85分
和 智		
		100
高 橋		
	80分	

伊凡威廉 12 年

EVAN WILLIAMS 12

[750ml 50.5%]

BOTTLE IMPRESSION

1783 年，Evan Williams 在肯塔基州開始製造第一支威士忌時，時間上比波本威士忌之父"Elijah Craig"還要早 6 年，而這瓶威士忌便是以這個在波本威士忌史上非常重要的名字做為品牌名的酒款，實際的表記方式至今仍印在酒標上。目前這個系列的威士忌是海悅公司的招牌酒款之一，不過海悅這家公司跟這位人士其實沒有任何關係，他們純粹只是把這個大人物的名字拿來做成酒名而已。關於這款 12 年，大家習慣稱它為"紅牌"，以產品線來說，標準款是 43 度的「Black Label」，高級款是 43.3 度的「Single Barrel」，最後則是 53.5 度的特級款「23 年」，而這款 12 年的等級則介於標準款和高級款之間。

在散發出來的香氣之中，能感覺到核心是香草香氣，然後再帶著奶油般的焦糖甜味，刺激感極為收斂。喝起來有著熟成後的圓潤，在口中的味道相當溫和、高雅，讓人感覺到這是一種只有 12 年才會有的沉穩與舒潤。另一方面，華麗又香甜的氣味也很平穩，因為刺激味被充分地抑制住，所以從這款威士忌的身上，會比較感受不到一般波本酒給人的那種印象。圓潤順口的感覺明顯，刺激的辛辣味較少。帶著香草香氣的太妃糖般的甘甜與阿薩姆紅茶那樣稍微有點澀澀的滋味，喝起來真的非常舒服，味道最後並沒有轉成苦味，而是一直持續到餘韻。101 proof（50.5 度）的酒精濃度雖然幾乎與當初制定波本酒法時期的濃度相同，不過這款酒給人的印象卻是熟成感遠在刺激、突出感之上。在打算今天來喝杯波本威士忌的日子裡，這支酒的這項特質可能會讓人在選擇時產生猶豫。市售價為 2,100 日圓，品質高於價格；如果和熟成年份相同的蘇格蘭威士忌相比，這個價格也確實比較有良心。

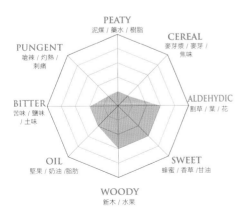

雖然是 101 PROOF，但是極溫和，熟成度極高，非常優質的一款好酒。

和 智		85 分
		100
高 橋		
		85 分

以薩布魯克斯
EZRA BROOKS
[750ml 45%]

BOTTLE IMPRESSION

田納西產的「Jack Daniel's」，那一目瞭然的黑白酒標使人印象深刻；而這支「Ezra Brooks」的瓶身也有著極為相似的風格，感覺就像是在與「Jack Daniel's」互別苗頭。「Black Label」的酒精濃度分成 45 度和 40 度，而我喝的這支是 45 度。這瓶波本威士忌的製造手法雖然和田納西威士忌完全如出一轍，都是將酸麥芽（sour mash）發酵後，接著用糖楓木炭來過濾（mellowing），不過如果直接講結論，一句話，那就是好喝，毫無疑問的美味！雖然離酒體飽滿那種氛圍還差那麼一點點，但是入口的瞬間能感覺到濃郁的檀香與香草味，蜂蜜的甜味帶著木質香，同時還有清楚的苦味，味道的表現非常熱鬧精彩。華麗的甜香並不突出，味道苦中帶澀，甚至還有一點點巧克力味在口中舞動並直通過鼻腔。酒精所帶來的刺激感不到 45 度那樣的強烈；因為玉米使用的比例較高，所以讓味道感覺比較厚重，沒有出現任何暴走，使人能盡情地享受到那絕妙的均衡感所帶來的心曠神怡，然後餘韻也終於在此時登場。這個品牌的知名度雖然不高，但是另一方面卻聽說有一批忠實的 Ezra 鐵粉存在。總之，讓人重新認識到這是個值得受到更多人喜愛的品牌。不過對粉絲來說，或許他們並不希望如此也說不定…此外，這個品牌的原出處與蒸餾廠的背景資料充滿著迷團，而這應該也是它讓人著迷的理由之一吧。除了黑牌 45 度和 40 度，其他還有 40 度的「Green Label」以及「Old Ezra 15 年」、「12 年」、「7 年」。另外還有高達 49.5 度的「Ezra Single Barrel 12 年」，在產品的組成上可說是相當豐富。這瓶威士忌雖然沒有響叮噹的名氣，但是我認為它的味道超一流，讓人喝完後接著還想試再高一等級的「15 年」和「Single Barrel」。市售價為 1,400 日圓。

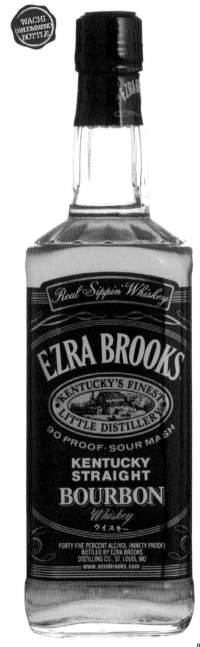

基本上味道相當豐潤，簡直就是場美麗的邂逅，值得試飲一番。

			90分
和 智			
			100
高 橋		85分	

146

老以薩 12 年

OLD EZRA 12

[750ml 50.5%]

BOTTLE IMPRESSION

　　OLD EZRA 12 年現在是屬於位在聖路易斯（密蘇里州）的 LUXCO 公司所有，該公司在性格上比較像是獨立裝瓶廠，專門賣各種烈酒，從龍舌蘭到波本威士忌都有。至於這個「EZRA～」系列的酒，實際的製造以及熟成是委託給海悦公司，只有裝瓶是由該公司獨自處理，接著再以「Ezra Brooks Distilling」這個名義來發售。Ezra Brooks 最初是由霍夫曼蒸餾廠（Hoffman Distilling Co.）所創造的品牌，該酒廠一直以來都專門製造波本威士忌，他們在 1950 年透過「麥德里蒸餾公司（Medley Distilling Co.）」正式對外發售這個酒款，之後再委託芝加哥的行銷公司負責行銷企劃，將「Jack Daniel's」視為主要的挑戰目標，然後在 1960 年重新上市而成為了現在我們所看到的「Ezra Brooks」。由於該品牌在一開始就把「Jack Daniel's」視為假想敵，難怪在酒瓶的設計和概念上都極為相似。Ezra 的發行公司是位在肯塔基州歐文斯伯勒（Owensboro）的麥德里蒸餾廠，這是由麥德里一家所經營的家族企業，創立的時間是在 1901 年。他們手上握有眾多的品牌，而賣的最好的正是這個系列的酒款。1966 年，麥德里蒸餾廠已經是相當知名的酒廠，甚至還受到政府表揚是「肯塔基州最美最小的酒廠」他們收購閉鎖中的「霍夫曼蒸餾廠」，並以「Ezra Brooks」之名將它發展起來。這支 12 年款能夠享受到比 EZRA BROOKS 稍微再更強烈的衝擊與豐潤的滋味。市售價 3,000 日圓，可說相當划算，能讓人充分獲得滿足。那 101 proof 的酒精純度，悠長的餘韻以及苦澀與甘甜所帶來的愉悅，實在使人著迷不已。

讓人知道甚麼叫做奢侈。

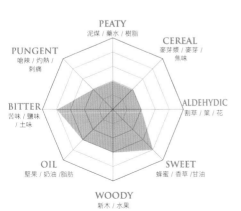

PEATY
泥煤 / 藥水 / 樹脂

CEREAL
麥芽漿 / 麥芽 / 焦味

PUNGENT
嗆辣 / 灼熱 / 刺痛

ALDEHYDIC
割草 / 葉 / 花

BITTER
苦味 / 鹹味 / 土味

OIL
堅果 / 奶油 / 脂肪

SWEET
蜂蜜 / 香草 / 甘油

WOODY
新木 / 水果

	分數
和智	95 分 /100
高橋	87 分

老以薩 7年

OLD EZRA 7

[750ml 50.5%]

能讓人理解甚麼是複雜系酒款。

BOTTLE IMPRESSION

生產 EZRA BROOKS 的麥德里（Medley）家族，在 1812 年的時候就已經在肯塔基州蓋了蒸餾廠；之後霍夫曼（Hoffman）家族雖然靠生產波本威士忌而在第一代就闖出一片天，不過終究未能發展成大品牌。

從肯塔基州的羅倫斯堡（Lawrenceburg）沿著 44 號公路往西走，便會來到當初最先誕生出 EZRA BROOKS 的霍夫曼蒸餾廠之所在地。做為「肯塔基州最美最小的酒廠」，該蒸餾廠一直生產著相當優質的波本威士忌直到在 1970 年代關廠為止。霍夫曼蒸餾廠關閉之後，在肯塔基州歐文斯伯勒經營酒廠的麥德里家族取得了 EZRA BROOKS 的生產權而開始繼續製造這支酒。後來到 1988 年，酒廠改由 Glenmore 接手、之後又被 UD 公司收購，而蒸餾地點也轉移到了路易維爾，現在的經營權則是由 David Sherman，也就是之後改名為 Luxco 的這間公司所有。

1993 年，David Sherman 公司為了製造傳統的那種波本威士忌，特地由位在歐文斯伯勒的麥德里酒廠其首席調和師查爾斯麥德里（Charles Medley）從原本儲放在霍夫曼蒸餾廠熟成的高級橡木桶中，精心挑選出原酒以做成 7 年款和 12 年款，而照片中的這瓶威士忌即是 7 年款。

酒精純度 101 proof 的「OLD EZRA」，是款將經過 4 年熟成的普通版「EZRA BROOKS」再繼續熟成 3 年的波本酒。從市售價只有 2,100 日圓來看，味道絕對是物超所值。酒體飽滿，讓人充分體會到傳統波本威士忌的迷人之處。

PEATY
泥煤 / 藥水 / 樹脂

PUNGENT
嗆辣 / 灼熱 / 刺痛

CEREAL
麥芽漿 / 麥芽 / 焦味

BITTER
苦味 / 鹽味 / 土味

ALDEHYDIC
割草 / 葉 / 花

OIL
堅果 / 奶油 / 脂肪

SWEET
蜂蜜 / 香草 / 甘油

WOODY
新木 / 水果

		85分
和 智		100
高 橋	80分	

錢櫃12年
ELIJAGH CRAIG 12

[750ml 47%]

BOTTLE IMPRESSION

　　這款威士忌是在 1986 年，由金賓公司推出的「ELIJAGH CRAIG」這品牌系列中的其中 1 支，同系列酒款還有「23 年」、「18 年」以及「12 年 Barrel Proof」等。以熟成的年數而言，這款雖然是最年輕；但是它的品質卻相當高級。

　　其實我在這款「12 年」的前 1 個月才剛喝了「18 年」款，因此請容我會不自覺地將彼此的印象拿來互相比較。在酒精濃度方面，年數超過「18 年」的酒款全部都是 40 度，而高 proof（高酒精濃度）的酒款只有「12 年」和「12 年 Barrel Proof」而已（酒精濃度會因橡木桶而有所不同，有的甚至會高達 65 度）；酒精濃度不同，因此彼此所展現出來的個性也天差地遠。

　　12 年款的酒色呈現相當紅的紅茶色，散發出來的香氣有著華麗又充滿果香的氛圍，因而讓人感覺不出酒精濃度竟高達 47 度；在甜味方面，相較於「18 年」有如白蘭地般的沉穩，這款的個性比較銳利、辛辣。不過，其實這些都只是比較出來的結果而已；事實上，在 12 年款的身上還是能充分感覺到甘甜，整體的均衡感更是在 18 年之上。在味道方面，殘留著橡木桶燒烤後的滋味而浮現出辛香味，由於和甜味搭配的非常好，所以給人一種相當舒服的印象。不過當辛香味和酸味通過鼻腔之後，味道則轉變成帶著木質香的苦味，另外同時還會出現類似巧克力的味道。到了此時，香氣當中雖然開始會浮現柔軟的酒精刺激味，不過濃郁的滋味壓過這種感覺，接著便進入圓潤又悠長的餘韻階段。這是款命名最正統、味道最道地，品質相當出色的波本威士忌。在喝這款時，建議可以也試試看 18 年款，然後找出彼此在個性上的差異並定位出 12 年款的正確位置。市售價為 2,500 日圓

純正又優質的一等波本威士忌。

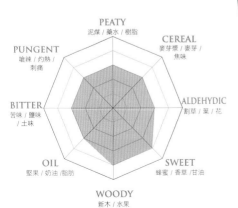

PEATY
泥煤 / 藥水 / 樹脂

CEREAL
麥芽漿 / 麥芽 / 焦味

PUNGENT
嗆辣 / 灼熱 / 刺痛

ALDEHYDIC
割草 / 葉 / 花

BITTER
苦味 / 鹽味 / 土味

OIL
堅果 / 奶油 / 脂肪

SWEET
蜂蜜 / 香草 / 甘油

WOODY
新木 / 水果

和智　　　85分
　　　　　　　　　　100
高橋
　　　　　　85分

I.W. HARPER Gold Medal

[700ml 40%]

BOTTLE IMPRESSION

　　根據資料顯示，這間蒸餾廠（公司）原本是由德裔猶太移民以撒・沃夫・伯漢（Isaac Wolfe Bernheim）和弟弟共同在 1872 年成立的伯漢（Bernhei）蒸餾廠，而他們在 1877 年所販售的酒款則是這支威士忌的原型。關於品牌的命名，有人說這是來自他的一位名叫 Harper 的朋友，這個朋友曾經養育出 Isaac 相當滿意的競賽馬；也有人說這是由於酒廠的創立者「Isaac Wolfe Bernheim」這個猶太名感覺不太像是美國人的名字，因此隨便在後面加上一個愛爾蘭人的名字，至於真正的由來目前不得而知。總之，Isaac 讓最初讓這款威士忌在 1885 年的紐奧良博覽會（the New Orleans Exposition）中公開亮相並獲得金牌（Gold Medal）。以此做為開端，Isaac 接著又去各地所舉辦的博覽會繼續報名參賽，最後總共獲得了 5 面金牌，因而將此酒款命名為「金牌」。

　　這款威士忌用來調和的原酒以 6 年份為主，最長則達 15 年，雖然實際給人的熟成感並不如上述數字所示；但是就質感上則超越價格，完全可稱得上是”高級”酒款。將酒倒入酒杯的瞬間，會散發出明顯來自橡木桶香（香草味）的發酵酒香，因而營造出一種華麗的印象。在味道方面，一開始會有來自酒精的辛辣味並帶著較重的苦味，此外還能充分地感覺到木質味。從中段到餘韻則富含果香，在梨子般清爽的酸味之中，帶著焦味會較晚才出現的焦糖甜味，營造出相當複雜的層次感。這款威士忌的玉米比例達 86%，雖然在原料的使用比例上脫離「波本威士忌」的容許範圍，但是由於使用「內側經燒烤過的全新橡木桶」，因此不算是「玉米威士忌」而可稱為波本威士忌。哈伯金牌除了有來自玉米的輕盈，同時又能感覺到力量與波本威士忌的道地美味，實在是非常出色。市售價為 1,600 日圓。

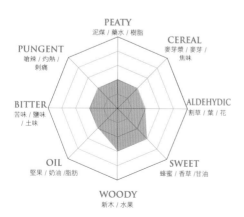

PEATY
泥煤 / 藥水 / 樹脂

PUNGENT
嗆辣 / 灼熱 / 刺痛

CEREAL
麥芽漿 / 麥芽 / 焦味

BITTER
苦味 / 鹹味 / 土味

ALDEHYDIC
割草 / 葉 / 花

OIL
堅果 / 奶油 / 脂肪

SWEET
蜂蜜 / 香草 / 甘油

WOODY
新木 / 水果

超越波本威士忌領域的都會洗鍊感是最大的賣點。

| 和智 | 85分 |
| 高橋 | 80分 |

哈伯12年
I.W. HARPER 12

[750ml 43%]

BOTTLE IMPRESSION

美國的禁酒令雖然在 1933 年廢除,但是 I.W. HARPER 徹底堅持熟成所需的時間,所以到 1938 年為止約 5 年的時間完全沒有出貨上市,此舉使他們所製造出來的威士忌更受好評,進而在市場上成功贏得更多的人氣。

I.W. HARPER 公司使用玉米的比例比其他酒廠高而讓酒的甜味增加;至於在熟成酒窖方面,相對於其他酒廠大多是用金屬薄板來打造,他們則是和蘇格蘭一樣,都是用紮實的磚瓦來搭建,因此能孕育出圓潤而不帶刺的波本威士忌,而此舉應該是促使波本威士忌業界重新思考是否該調整原本認為波本酒並不需要長期熟成的重要原因。

I.W. HARPER 所在 1970 ～ 1980 年代雖然是專門做外銷的酒廠,不過最近由 DIAGIO 公司接手之後,從 2015 年起也開始積極拓展美國國內的銷售市場。

接著讓我們回到最重要、也就是這瓶波本酒的味道身上。首先,這款威士忌和普通的哈伯金牌截然不同,它是裝在正四角型的玻璃酒瓶裡,因此給人一種相當高級的感覺。開瓶之後,雖然華麗感不如從前,但是卻能散發出一股香甜又優雅的氣味。在 25 年前,我曾經坐在新幹線後方的位子打開這瓶酒,我記得當時香氣四溢充滿整個車廂,結果全部的人都轉頭看我。現在這瓶雖然已經沒有當時的感動與強烈的香氣,但是那優雅、中庸、迷人又高尚的口感則依舊不變。至於其他所存留下來的,只剩殘香般的記憶。這就好比是現在是想起從前分手的女友,但是通常印象仍停留在過去一樣。總之,可以確定的是這瓶是我平常喝的波本酒當中最出色的酒款之一。市售價現在是 4,100 日圓。這款威士忌對我來說,是個感覺相當強烈且充滿記憶的酒款,甚至可說價格根本不在討論的範圍之內。重新仔細瞧一瞧這酒瓶,堅實、壯碩,雖然不易攜行且摸起來刺刺的,但是感覺卻非常棒。

過去以「香氣女王」之姿君臨天下,如今則充滿令人懷念的初戀滋味。

		90分
和 智		100
高 橋	80分	

老費茲傑羅 1849
Old Fitzgerald's 1849

[750ml 45%]

BOTTLE IMPRESSION

Old Fitzgerald 這款波本威士忌現在是由海悅蒸餾廠所負責生產。它原本是由「Stitzel-Weller 蒸餾廠」所打造的一個有如傳說中的酒款，至於品牌的由來則不明。這個品牌後來在 1999 年被海悅給買了下來；此外，海悅同時還收購了位在路易維爾在伯漢蒸餾廠（Bernheim Distillery）。海悅之所以如此，那是因為大多數的波本威士忌的酒迷都還記得 Old Fitzgerald 其實從 1992 年開始便改由伯漢蒸餾廠生產，為了維持品質，因此只好同時也將伯漢蒸餾廠給買了下來。有人說：「好喝的波本威士忌，是一種選擇與熟成的結果」，可見確實是如此。

Julian P. Pappy Van Winkle 是個相當沉溺於波本威士忌的民間官員，他很喜歡來自小麥的那種滑順口感，據說還會依照喜歡的味道自己製造波本威士忌。威士忌的酒標上寫著：「我們不計得失，盡力做出最出色的波本威士忌」，這句名言便是來自這位 Julian 先生。

不過，Julian 其實並不是蒸餾廠的負責人，他是位能力很好的業務員，在美國的禁酒令實施以後，他成功地讓「Old Fitzgerald」成為一個知名的旗艦品牌。他以「小麥的私語（whisper of wheat）」做為廣告口號來推廣行銷，遵照「威士忌保稅法（Bottled in bond）」所規定的 100 proof、原桶波本威士忌強度、單年份、由同個蒸餾廠製造並以此做為宣傳，因而得到大批忠實酒迷壓倒性的支持。

老費茲傑羅 1849 的酒色呈現黃褐色，酒瓶雖然看起來胖胖的，但酒體其實相當輕盈。口感柔順易飲，從喝進口中到入喉會感覺非常滑順，接著則有如溶化般地直接下肚，可說是每天喝也不會膩的波本酒。至於酒精純度，其實我更喜歡 100 proof（88 分）。

該酒款於 1992 年後改由伯漢酒廠製造。

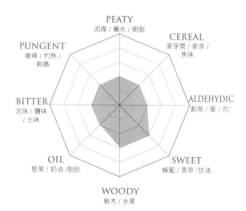

和智		85分
		100
高橋		
	80分	

亨利麥肯納 10 年
HENRY McKENNA 10

[750ml 51.5%]

BOTTLE IMPRESSION

HENRY McKENNA 特地使用老派的手工以及充滿溫度的蒸餾方式，據說 1 天只生產 1 桶原酒。即使後來蓋了新的工廠，但是 1 天最多也還是只生產 3 桶原酒。由於始終堅持好品質，對每個細節都要求做到一絲不苟，所以在市面上這款波本威士忌不太容易找到而使它變得相當知名。該品牌後來被海悅收購。

首先在印象方面，看到酒標上在 10 年熟成單一桶的地方用手寫著 708 桶之第 14 桶，總讓人感到格外珍貴。抱著惶恐的心情將酒杯靠近鼻子聞聞看，一開始會有硫磺味以及火柴劃過的味道，接著再靠近一點則會出現皮革加工以及老橡木桶般的香氣。這些味道混合地非常複雜，不過絕對不是不舒服的感覺，而是有如輕搔鼻子般的舒坦。拿起酒杯輕輕地、慢慢地啜飲著這原酒的酒液，甘甜、苦澀、酸味渾然成為一體，然後在口中慢慢散開。味道相當和諧，充滿一致性，真是好喝。這種感覺不同於其他的波本威士忌，不隨波逐流並強調出自己的主張。和野火雞「Wild Turkey Rare Breed」的那種一瞬間就能立刻理解的美味不同，透過自己一套獨特的方程式，而讓味道符合邏輯又極具層次感與張力。能夠喝到像這樣的波本威士忌，我真的是打從心裡覺得感激。接著，試著將這款波本酒加進 10% ～ 20% 的水。味道感覺會更加深沉，除了有果香、甜味，接著連苦味都會浮現出來。餘韻悠長，甜味一直延續下去，最後再以苦味做為結束。酒體適中。市售價雖然要 4,100 日圓，但是味道極為出色，讓人每天都想喝一杯。啊～真是使人神迷顛倒。

如果有人喝完這瓶還是覺得波本威士忌不合自己口味，那麼我相信該是波本威士忌真的不適合你。至於那些只喝大廠牌、知名酒款的人，有機會的話請務必試試這款威士忌，你將會發現原來幸福就在那裡。

在現代重現老派的製酒方式，夢幻名酒。

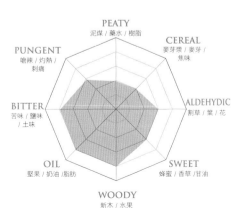

PEATY
泥煤 / 藥水 / 樹脂

CEREAL
麥芽漿 / 麥芽 / 焦味

PUNGENT
嗆辣 / 灼熱 / 刺痛

ALDEHYDIC
割草 / 葉 / 花

BITTER
苦味 / 鹽味 / 土味

OIL
堅果 / 奶油 / 脂肪

SWEET
蜂蜜 / 香草 / 甘油

WOODY
新木 / 水果

AGED 10 YEARS
McKENNA HENRY
SINGLE BARREL
KENTUCKY STRAIGHT
BOTTLED-IN-BOND
BOURBON WHISKEY
BARREL NO. 1181 EST? 1855 BARRELED ON: 4.1.03
50% ALC./VOL. (100 PROOF)
750 ML

和 智	NO DRINK	
高 橋		95 分

153

亨利麥肯納

HENRY McKENNA

[750ml 40%]

BOTTLE IMPRESSION

　　如果提到總部位在肯塔基州巴茲鎮的波本威士忌大廠—海悅蒸餾廠，大家很容易會跟「錢櫃 ELIJAGH CRAIG」或是「伊凡威廉 EVAN WILLIAMS」劃上等號；不過其實「亨利麥肯納（HENRY McKENNA）」也是海悅底下的一個品牌，而且為了避免因放在熟成倉庫的最上層而遭受肯塔基州那炎熱夏暑的燒烤，因此酒廠還會特地將它儲放在第 5 層以下的位置來進行熟成。海悅酒廠雖然是在禁酒令解除之後才成立的，但是卻散發著名門老舖的味道，而且完全不會讓人感到格格不入，不過這其實是有它的道理的。海悅原本是由幾個投資者所共同成立的一間酒廠，裡頭包含蒸餾師 Joseph L. Beam 以及 Shapira 家的 5 個兄弟。後來， Shapira 一家成為海悅最大的股東，而 Joseph Beam 則和他最小的兒子 Henry 一起在海悅當首席蒸餾師並研發出非常多波本威士忌的調和配方。另一方面，Jacob Beam 所創立的 Jim Beam，雖然其血脈自第 6 代之後便從直系轉移到旁系的 Noe 家，但是海悅的首席蒸餾師卻一直是仍由 Beam 家所擔任。波本威士忌的兩大酒廠都是由 Beam 家族來負責傳承，這真的是很不可思議。

　　「亨利麥肯納」在波本威士忌酒迷之間擁有如著魔般的超高人氣，它的香氣是由草葉以及橡木桶等所混合而成的複雜氣味，含在口中能感覺到辛香以及薄荷等味道充滿整個口腔與鼻腔。酒體輕盈，餘韻則伴隨著適量的薄荷、蜂蜜以及苦味然後才舒服地消失，可說是將傳統老派威士忌的風貌表現的淋漓盡致的一款波本酒。HENRY McKENNA 在夏季不進行蒸餾，而且 1 天只製造 3 桶，還沒喝過的人如果在市場上有看到，請一定要買回來喝喝看。

　　市售價在 2,000 日圓左右。

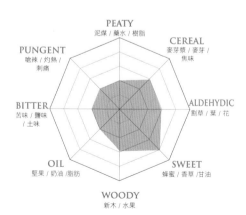

讓人刮目相看的價值。

和智		90分
		100
高橋		88分

154

水牛足跡
BUFFALO TRACE

[750ml 45%]

BOTTLE IMPRESSION

關於 BUFFALO TRACE（水牛經過的道路）的由來，據說從前在蒸餾廠旁的肯塔基河（Kentucky River）的岸邊會有水牛從那裡渡河，而當水牛渡河時會在河堤留下足跡，故以此做為品牌名。除此之外，該酒廠的代表品牌「Ancient Age」以前曾是該酒廠的廠名，不過就像如今將廠名改名為 BUFFALO TRACE 一樣，今後準備要將「BUFFALO TRACE」打造成酒廠核心商品的企圖十分明顯。

這款威士忌的原料比例為玉米 80%、裸麥 10% 以及大麥麥芽 10%，據說它是從放在 BUFFALO TRACE 蒸餾廠的 12 座倉庫熟成的 30 萬桶以上的庫存中，精心挑選出 30 桶左右來加以調和而成。

這瓶威士忌的酒色較深，讓人感覺應該跟橡木桶的燒烤程度有關。針對不同的酒款，究竟要用火烘烤幾秒等，據說酒廠在烤桶時都會嚴格地掌控時間。以這款「BUFFALO TRACE」來說，烤桶時間為 55 秒；雖然不清楚用這樣的時間所烤出來的橡木桶屬於怎樣的等級，不過如果只從使用後而分解完畢的橡木桶內側來看，烤焦的部份（炭層）大約在 1cm 以內，比我想像的還要薄。不過，因為烤的時候溫度似乎較高，因此烤焦後的痕跡有如鱷魚皮一樣，表面呈現凹凸不平。

BUFFALO TRACE 從酒杯所散發出來的香氣以及入口後給人的最初印象，就像是薄荷混著甘甜、香草味以及糖蜜般的多層次感，味道相當複雜；而華麗感以及帶著刺激的酯味則極少，完全沒有那種想要刻意營造波本威士忌特色的感覺。辛香味與酸味互為表裡而成為一體，不久則轉為苦味。接著，在餘韻的部份會出現微微刺激著鼻腔的煙燻味，而這也是這款酒讓人感到複雜的重要因素。超越一般等級的圓潤滋味，讓味道感覺極為高級，同時也直接點出波本威士忌的新方向。

這款波本酒具有決定美國蒸餾酒方向的價值。

和 智		85 分
		100
高 橋		85 分

遠古時代
ANCIENT AGE

[700ml 40%]

BOTTLE IMPRESSION

　因為前兩個字母都是 A，所以通常稱為「2A」的 Ancient Age 是款經 3 年熟成、酒精濃度 40 度的波本威士忌。此系列的酒款當中，除了 2A 之外，還有 45 度的「Ancient Ancient Age 10 Star」（通常稱為 3A 10 Star）、43 度的「Ancient Ancient Age 10 Years」（通常稱為 3A 10 Years）共 3 款；至於其他非純波本威士忌的則有「Ancient Age Preferred」這款調和波本威士忌。

　即使將酒杯倒滿這款 AA 然後靠近嘴巴，也只能感覺到一點點嗆鼻的揮發感。也因此，來自酒精的辛辣味也很少，甜味帶著香草混著巧克力味道般的橡木桶香氣，隱約再帶點苦澀，感覺其實滿舒服的。接著再過一會，還能聞到洋梨般清爽的酸味。餘韻的長度適中，酸味、甜味依序逐漸消失，苦味則持續到最後。簡單來說，華麗的氣味不到中庸的程度，口感也普普通通。雖然稍過溫和，但是卻沒有讓味道出現破綻，也沒有哪裡不足。即使將酒杯倒滿這款 AA 然後靠近嘴巴，也只能感覺到一點點嗆鼻的揮發感，刺激味也很弱。也因此，來自酒精的辛辣味也很淡，甜味帶著香草混著巧克力味道般的橡木桶香氣，隱約再帶點苦澀，其實滿舒服的。接著再過一會，還能聞到洋梨般清爽的酸味。餘韻的長度適中，酸味、甜味依序逐漸消失，苦味則持續到最後。簡單來說，華麗的氣味不到中庸的程度，口感也普普通通。雖然稍過溫和，但是沒有讓味道出現破綻，也沒有哪裡不足，美味的程度超過價格，是款能讓人安心飲用的威士忌。接著開瓶放 3 天後再品嘗看看，原本就很少的酒精的刺激味現在變得更少，口感變得非常柔順。此外，在甜味和苦味之中還會出現澀味而讓味道產生層次，這樣的變化讓我覺得有點感動。總之，我深深地覺得如果要了解一款威士忌的味道，那麼還是要喝完一整瓶才會知道。至於這款威士忌，我的感覺是便宜又好喝的酒果然依然健在。市售價 1,000 日圓。

		80分	
和 智			100
高 橋			85分

156

威廉・羅倫・威勒 特別珍藏

W.L.WELLER Special Reserve

[750ml 45%]

讓人實際體驗到洗練、極致昇華以及中庸之美。

BOTTLE IMPRESSION

「W.L.WELLER」是 BUFFALO TRACE 酒廠（舊名為 ANCIENT AGE）在 Antique Collection 系列中所推出的其中一個品牌；而「特別珍藏版（Special Reserve）」有 107 proof 跟 90 proof 這兩種，我們介紹的則是 90 proof（45 度）這一款。「威勒」這個品牌最大的特色就是他們頑固地一直沿用以前的調配方式，至今從未改變。他們在製造酒汁時，絕不添加裸麥，這也就是說這款波本威士忌的酒汁是只用玉米和小麥（以代替裸麥）所釀造出來的。也因此，這支波本酒感覺不到使用裸麥才會有的那種辛香，在一般認為使用玉米和裸麥是波本威士忌的最大特色與常識之中，不使用裸麥則成為該款酒鮮明的性格之一。此外，不同於「傑克丹尼爾」最大賣點是它的過濾方式，W.L.WELLER 的原酒則不進行過濾，也就是說完全不使用木炭等材料來過濾也是這個酒款的特色之一。然而另一方面，這個酒款喝起來其實相當圓潤滑順，甚至讓人覺得沒過濾也行。順道一提，W.L.WELLER 雖然堅持不加裸麥，但是令人感到諷刺的是，負責生產的 Sazerac 公司卻是家製造裸麥威士忌的老字號。

酒色呈現帶點橘色般的深琥珀色，給人的第一印象是波本威士忌特有的那種華麗的香草香氣極為內斂，對於波本威士忌有著刻板印象的人請務必試看這款威士忌。酒精濃度雖然是標準的 45 度，但是卻沒有酒精所帶來的嗆辣以及粗曠，味道滑順完全不刺激，讓人感覺極為優雅迷人。中庸的酒體帶著柔軟的木頭香與甜太妃糖般的香氣，小麥的甘甜與巧克力般的滋味感覺相當特別；此外，混著纖細的蜂蜜香草味也在此時悄然出現。從反面來看，對於喜歡波本威士忌特有的那種粗曠的嗆辣、酸味以及華麗酒香的人來說，這款威士忌可能無法滿足他們，但是不管怎麼說，它確實直接展現出波本酒的張力與層次，可說是一款相當洗練的威士忌。

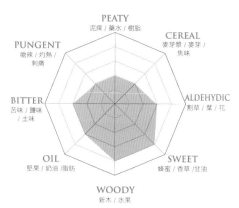

PEATY
泥煤 / 藥水 / 樹脂

CEREAL
麥芽漿 / 麥芽 / 焦味

PUNGENT
嗆辣 / 灼熱 / 刺痛

ALDEHYDIC
割草 / 葉 / 花

BITTER
苦味 / 鹹味 / 土味

OIL
堅果 / 奶油 / 脂肪

SWEET
蜂蜜 / 香草 / 甘油

WOODY
新木 / 水果

		90分
和 智		
高 橋		100
		90分

威勒古典風華

OLD WELLER Antique

[750ml 53.5%]

BOTTLE IMPRESSION

「OLD WELLER」是 BUFFALO TRACE 酒廠所推出的高級波本威士忌酒款，它在波本酒狂熱份子最多的德州賣得非常好。這支酒之所以能夠如此受歡迎，那是因為在 1999 年由 Sazerac 公司的協助下，BUFFALO TRACE 終於製造出酒精濃度比 Old Fitzgerald 這款自 1992 年便由伯漢蒸餾廠所負責製造的波本威士忌還要高的頂級酒款；它的特色是不加裸麥，而是利用小麥來創造出豐厚圓潤的口感。之後，因為這支威士忌推的非常成功，因而讓「OLD WELLER」的訂單爆增，然而面對如此龐大的生產量，BUFFALO TRACE 勢必無法及時提供足夠的熟成桶。所幸後來 Sazerac 公司年輕的負責人在 2009 年靠著自己新研發的調製方式解決了這個問題，而多數 OLD WELLER 的渴求者也都能接受這樣的變更，因此願意繼續購買。

OLD WELLER 的酒色呈現紅褐色，酒精純度雖然達 107 proof，但是口感卻相當輕盈，酒體適中偏飽滿。味道甘甜而富含果味，同時再稍微帶點嗆鼻的辛辣。這是款品質極佳的威士忌，就算不把它當成是波本威士忌，相信也能在國際的烈酒之中獲得很高的評價。在還沒開始寫品飲的感想時，沒想到整瓶就已經被我喝光了，簡直是有如夢幻一般的好酒。

除了這瓶威士忌，另外還有 107.7 proof 的 W.L. WELLER SPECIAL RESERVE KENTUCKY STRAIGHT BOURBON WHISKY 這支聽說味道更讚的酒款（不過可惜我還沒喝過）。

這款波本威士忌的味道非常出色，保證適合每個人的口味，喜歡喝裸麥威士忌的人如果喝完這一瓶，相信也會愛上小麥威士忌。它的售價相當合理，不過比起價格，其實更要擔心的應該是它的庫存量。

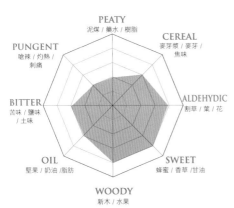

PEATY
泥煤 / 藥水 / 樹脂

CEREAL
麥芽漿 / 麥芽 / 焦味

PUNGENT
嗆辣 / 灼熱 / 刺痛

ALDEHYDIC
刺草 / 葉 / 花

BITTER
苦味 / 鹹味 / 土味

SWEET
蜂蜜 / 香草 / 甘油

OIL
堅果 / 奶油 / 脂肪

WOODY
新木 / 水果

被稱為有如「小麥的私語」的完美蒸餾酒。

和 智　　90分

高 橋　　95分

100

野火雞 8年
Wild Turkey 8

[700ml 50.5%]

BOTTLE IMPRESSION

和野火雞的標準款相比，這瓶 101 proof（50.5 度）的「8 年」是款典型老派的原酒精強度的波本威士忌，至於味道則像是要讓飲者退避三舍一樣。將酒倒滿 8～9 分，從酒杯中所散發出來的氛圍與「標準款」完全不同，甚至感覺就像是兩種不同的品牌一樣。

裝在瓶子裡的酒液呈現深黃褐色，不禁讓人直接想起重度烘烤過的橡木桶。這瓶威士忌在蒸餾時的酒精濃度為 65 度左右，也就是說比原本法定上限的 80% 還要少 15%；再加上過濾以及裝瓶時盡可能減少加水量，因此才能夠釀造出純淨又濃郁的滋味而使人著迷不已。在蒸餾高濃度酒精時盡可能保留住容易流失的雜味成分，用這樣手法來製酒雖然效率很低，但是卻能使酒散發出豐富的香氣、強勁的酒精刺激以及充滿力道和厚度的酒體，使味道更加濃郁並帶來衝擊，讓人感受到那強而有力且相當華麗的老派波本威士忌所帶來的魅力。不過酒精的刺激味雖然強勁，但是除了酒精味之外，溶入在濃郁的華麗香氣中的酸味以及苦味也非常明顯。酸味有點類似青萊姆葡萄的味道，而堅果的油脂味則使整體的風味更加濃郁，同時並相當程度地抑制住甜味還有苦味。接著進入餘韻之後，仍能感覺到強韌的個性主張到最後一刻。

雖然我知道無法這樣比較，但是這款「101 proof」總讓我有種特別熟悉的感覺，因此就我個人來說，雖然不會重複再喝「標準款」，但 101 proof 的 8 年卻可說是好酒中的好酒。此外，反正兩者只差幾百日圓，如果要喝，那麼建議喝「8 年」款，然後偶爾再品嘗一下「13 年」的品質即可。市售價 2,300 日圓。

不知為何，總覺得「男人的酒」很適合用來形容這款酒的風格。

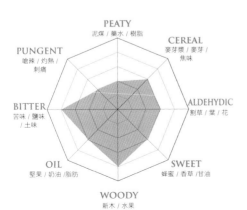

PEATY
泥煤 / 藥水 / 樹脂

CEREAL
麥芽類 / 麥芽 / 焦味

PUNGENT
嗆辣 / 灼熱 / 刺痛

ALDEHYDIC
割草 / 葉 / 花

BITTER
苦味 / 鹽味 / 土味

SWEET
蜂蜜 / 香草 / 甘油

OIL
堅果 / 奶油 / 脂肪

WOODY
新木 / 水果

和 智		95分
高 橋		90分

野火雞 56.4尊釀威士忌

Wild Turkey Rare Breed

[750ml 56.4%]

BOTTLE IMPRESSION

　　野火雞在眾多的波本威士忌當中脫穎而出，它的特色在於玉米的使用比例很低而大麥麥芽以及裸麥的比例很高、口感厚重而辛辣、香氣濃郁。將這個品牌的質量提高並做成商品推出的是奧斯丁·尼可拉斯（Austin Nichols）這間在 1855 年創立，專賣咖啡、紅茶以及酒類的批發商。這個批發商會直接跟酒廠買原酒並自行裝瓶，然後再將這些酒與其他食料放在一起販售，此為這個品牌的起源。至於負責製造這款波本威士忌的蒸餾廠則是 1869 年由湯瑪斯·瑞皮（Thomas Ripy）在勞倫斯堡所成立的瑞皮酒廠。瑞皮酒廠在芝加哥的世界博覽會中，被選為肯塔基州的波本威士忌代表酒款並獲得相當高的評價。以此做為契機，奧斯丁·尼可拉斯以接近壟斷的方式向瑞皮酒廠買下大半的威士忌並且增加該酒廠的進貨率。1920年美國實行禁酒令，奧斯丁·尼可拉斯靠著咖啡、紅茶等批發事業而度過難關，但是瑞皮酒廠卻陷入了困境。禁酒令後來在 1933 年廢除，而奧斯丁·尼可拉斯則在此時決定轉換事業的方向，改成專攻波本威士忌市場。1940 年，奧斯丁·尼可拉斯的老闆湯瑪斯·麥卡錫（Thomas McCarthy）與朋友去參加火雞打獵活動時，招待他們喝這款 101 proof 的威士忌，因為大家的評價都很好，於是決定將它命名為「野火雞」。從此之後，野火雞的酒精純度雖然一直都維持在 101 proof，不過這款波本威士忌卻是以 112.8 proof 來對外販售。

　　這支波本威士忌原本是在 2011 年專門做為外銷而特別企劃的酒款，透過深度烤桶與低酒精濃度蒸餾使原酒幾乎不用再加水稀釋，因此讓這款珍稀波本酒喝起來感覺相當深沉。不論面對多麼艱辛的逆境，不管有多疲憊勞累，只要喝一口，就能讓人嘴角上揚而感到幸福。只要 3,100 日圓就能擁有它，人生就算苦但絕不失敗。對我來說，這款酒就像有魔力一樣，我給它 95 分。

PEATY
泥煤 / 藥水 / 樹脂

CEREAL
麥芽糖 / 麥芽 / 焦味

ALDEHYDIC
割草 / 葉 / 花

SWEET
蜂蜜 / 香草 / 甘油

WOODY
新木 / 水果

OIL
堅果 / 奶油 / 脂肪

BITTER
苦味 / 鹽味 / 土味

PUNGENT
嗆辣 / 灼熱 / 刺痛

傾注全力之作。

和智　90分
100

高橋　95分

野火雞 13 年
WILD TURKEY 13

[700ml　45.5%]

野火雞的巔峰。

BOTTLE IMPRESSION

　　奧斯丁·尼可拉斯的總裁湯瑪斯·麥卡錫去參加火雞打獵活動時，從酒窖取出不加水稀釋的 101 proof 的原酒並招待友人喝，沒想到友人喝了之後讚不絕口，於是他決定將這個酒做成商品對外販售，而其品牌當然也就是這款「野火雞」。之後，該公司以提供所謂拓荒時代的「Traditional Kentucky Shipping Bourbon」風格的波本威士忌為方針，而這樣的概念之後從未改變過，並一直延續到今日。

　　野火雞在 1980 年賣給了法國的保樂力加公司，當時公司在組織上雖然將威士忌部門交由奧斯丁·尼古拉斯來負責營運，不過 2009 年野火雞又賣給了義大利的金巴利集團，接著並一直營運到現在。

　　關於這款 13 年，雖然和 8 年的差別不太，但是它增加了熟成感，同時降低酒精濃度，因此在販售時，主打的風格可說是適合成熟大人飲用的溫和酒款。

　　這款威士忌在我的酒櫃裡佔有重要的一席之地，甚至沒有庫存時，我就會容易感到心神不寧。對於現在不管甚麼前面都會加個「premium」的酒，如果真要說，指的應該正是這款威士忌吧。喝的時候除了會感覺到保有傳統波本威士忌的那種香氣，同時還能嘗到來自橡木桶的木頭香、香草味以及穀物甜味、水果乾和藥草的味道交織，而酒體紮實又飽滿所帶來的重量感則強調出野火雞純正的血統，真不愧是酒廠珍藏版酒款。市售價為 5,100 日圓。

PEATY
泥煤 / 藥水 / 樹脂

PUNGENT
嗆辣 / 灼熱 / 刺痛

CEREAL
麥芽糖 / 麥芽 / 焦味

BITTER
苦味 / 鹽味 / 土味

ALDEHYDIC
割草 / 葉 / 花

OIL
堅果 / 奶油 / 脂肪

SWEET
蜂蜜 / 香草 / 甘油

WOODY
新木 / 水果

		95分
和智		
		100
高橋		95分

渥福 酒廠精選

Woodford Reserve Distiller's Select

[750ml 43.2%]

如寶石般地少量生產，極致滑順。

BOTTLE IMPRESSION

「肯塔基賽馬（Kentucky Derby）」所指定波本威士忌正是這款「Woodford Reserve」。渥福酒廠建於 1812 年，歷史可説相當悠久，1878 年經營者改成 Labrot & Graham Distillery 並逐漸闖出名氣。到了 1941 年，酒廠被現任的所有者「Brown-Forman」公司給買下，但是該公司在 2003 年又重新將它買回，同時還將酒廠名改成現在的「Woodford Reserve」然後一直經營至今。該酒廠所使用的製法雖然是"愛爾蘭威士忌"風格，但是他們在蒸餾時不使用連續蒸餾器，而是先將原料放進絲柏（Cypress）製的發酵槽裡花上 6 天仔細地發酵，接著再用鼓出型的蒸餾器將發酵好的啤酒液（酒汁）實行 3 次蒸餾。所謂的 3 次蒸餾，也就是將一般常見的初餾器（Low Wine Still）和再餾器（Spirit Still）之間再加上一個中餾器（Intermediate Still），透過這個方法，能夠降低雜味並取得純淨的蒸餾液（pot），這是愛爾蘭傳統的蒸餾方式。此外，「Woodford Reserve」用來裝原酒的橡木桶相當獨特，它在烤桶時會連兩側的端板都烘烤；接著，為了降低酒窖內的溫差使熟成能夠均一，他們還會特地將這些橡木桶還放在石灰岩造的酒窖裡熟成以方便管理。這款威士忌的造型相當特別，外觀像是平底燒瓶，酒色則呈現濃郁的蜂蜜色。將鼻子靠近酒杯，會聞到甘甜、充滿果味以及華麗的香氣，此外還隱約會有相當舒服的桃子以及洋梨般的氣味，由於緊接著還會出現混著香草味的木質香，因而會讓人有種實長在樹上的感覺。口中雖然也有辛辣的刺激感，不過那並非來自酒精；不久之後，還會有煙燻味混雜在其中，整體散發著沉穩的熟成感，感覺相當複雜。喝的時候，甜味裡能清楚地感覺到柳橙般的果香，同時還會帶著巧克力以及可可類的木質香。進入餘韻之後，奶油太妃糖的味道也會開始出現，感覺極為綿密滑順。收尾的部分相當舒服，最後才慢慢地消失。售價 4,600 日圓。

PEATY
泥煤 / 藥水 / 樹脂

PUNGENT
嗆辣 / 灼熱 / 刺痛

CEREAL
麥芽漿 / 麥芽 / 焦味

BITTER
苦味 / 鹽味 / 土味

ALDEHYDIC
割草 / 葉 / 花

OIL
堅果 / 奶油 / 脂肪

SWEET
蜂蜜 / 香草 / 甘油

WOODY
新木 / 水果

		分數
和 智		90分
		100
高 橋		85分

162

OLD FORESTER
歐佛斯特

[750ml　43%]

BOTTLE IMPRESSION

OLD FORESTER 的創辦人是喬治蓋文布朗（George Garvin Brown），他是第一個在市場上將製造好的波本威士忌用「密封瓶」來販售的人；此外，在瓶身的酒標上還會有一句手寫的廣告文宣：「市場上最棒的酒！（There is nothing better in the market.）」，接著底下還會劃線，感覺就像是再三為這款威士忌的高品質掛上保證一樣。這段文字，如今在「歐佛斯特」的酒瓶上依然看的到，甚至儼然已成為這個品牌的代表。OLD FORESTER 現在所使用的橡木桶全部都是由子公司 Brown-Forman Cooperage（前 Blue grass Cooperage）所製造，它是唯一一間擁有自家橡木桶的公司（蒸餾廠）。另外，該品牌名中的「FORESTER」，這是來自於南北戰爭（1865 年終戰）時的南軍將領佛斯特（Forrest）將軍，當時肯塔基州內只有一小部分的人支持南軍，不過從這裡也可看得出喬治・蓋文・布朗的立場為何。

酒精濃度 43 度，雖然有揮發性，但是卻沒有嗆鼻的刺激味，給人一種纖細的印象。喝第一口就能感覺到豐富的橡木桶香氣隱約帶著焦味，此外還有一股濃郁的香草味，因而給人一種高級的氛圍。稍微加點水之後，會讓香草味變淡，不過卻同時也會開始出現楓糖帶著薄荷味般的香氣而讓味道變得更加豐富。不久之後，接著會突然出現刺激的辛辣味，唯一只有在這個部分能讓人感覺到酒精的濃度。不過由於裸麥在原料的比例上為 18%，因此這個辛辣味也有可能是來自於裸麥。此外，苦澀味與柑橘系（柳橙類）的圓潤酸味會在辛辣味出現之後越來越濃。全部的味道雖然都帶著發酵酒香，但是感覺不是很突出，而是低調地散發著華麗感，進而讓口感變得更加滑順易飲。餘韻稍長，留下一種乾澀、緊繃同時再帶著穀物甘甜的印象。味道雖然稱不上非常濃郁，但是那如絲綢般的柔順口感卻很難取代，使人對這種反差的性格深感著迷並樂在其中。1,700 日圓。

絲綢般的口感使人驚艷，世界首支瓶裝波本酒。

		85分
和智		100
高橋	80分	

時代
EARLY TIMES

[700ml 40%]

値得推薦的普通版，讓人信賴的「時代」。

BOTTLE IMPRESSION

　　這支酒名為「時代」的威士忌，據說從 1860 年就已開始製造，在波本酒界中歷史算是相當悠久，就連在日本也算是從很久前早就引進的老品牌。在禁酒令時代靠著 "做為醫療用途" 這張王牌度過難關。目前，負責製造這款威士忌的是「百富門（Brown-Forman）」這家在美國蒸餾酒業界中非常少見的純美國資本的製酒公司。除了這個品牌，該公司旗下還有「Jack Daniel's」、「Old Forester」、「Woodford Reserve」以及「Southern Comfort」等老品牌。

　　「EARLY TIMES」在日本有推出日本限定的「BROWN LABEL」酒款，而這次所介紹的「YELLOW LABEL」也同樣是在美國沒辦法買到的酒款。之所以如此，這是因為在純波本威士忌所規定的必須用全新且內側經燒烤過的橡木桶來進行熟成的這項條件當中，"新桶" 的使用率必須超過 80%，而「EARLY TIMES」並沒有達到這個標準，因此在美國國內只能用「肯塔基威士忌（Kentucky Whisky）」這個標示來販售。也因此，百富門在美國國內賣的是肯塔基威士忌，而專門外銷的才是使用 80% 以上的新桶所做成的正統肯塔基純波本威士忌（Kentucky Straight Bourbon Whisky）。

　　EARLY TIMES 首先雖然能感覺到稍微強勁的酒精刺激且伴隨著辛辣味，但是所散發出來的發酵酒香卻非常少。由於這款威士忌裸麥的使用比例只有 11%，從這個數字來看，那麼一開始所感覺到的辛辣味應該是來自酒精；此外，玉米的比例雖然達 79%，但是口感卻不算輕盈。本質上雖然有一股淡淡的甘甜，但是甜味本身比像像是混雜著蜂蜜味道的焦糖，此外再帶著較濃的香草與苦澀味，而餘韻也能感覺到苦味。這款酒可說是現代波本威士忌的代表之一，總之，酒的品質高於它的價格，對其他人來說，相信這也是款能安心享用、值得信賴與推薦的好酒。市售價約 1,300 日圓左右。

和智　80分 / 100
高橋　80分

164

VERY OLD BARTON

老巴頓

[750ml 43%]

BOTTLE IMPRESSION

　　位於肯塔基州巴茲鎮的 Sazerac 公司在 1792 年創立了「巴頓（BARTON）」這個品牌，由於酒的品質極佳而廣受好評，當時的銷售量甚至與傑克丹尼不相上下。1944 年，巴頓公司併購了湯姆摩爾（Tom Moore）等酒廠，同時還買下了這個品牌，進而讓該公司因此日益成長茁壯。順帶一提，當時的社長名叫奧斯卡蓋茲（Oscar Getz），他同時也是奧斯卡蓋茲波本威士忌博物館（Oscar Getz Museum of Whiskey History）的創辦人。根據威士忌保稅法的規定，100 proof 的波本威士忌可以和 86 以及 90 proof 一起販售，因此目前在肯塔基州也能買到這款威士忌。

　　接著，讓我們來品飲看看這支 86 proof 的 6 年酒款。香氣有花香、果香以及硫磺味。入口之後，瞬間會明白這款酒的厲害之處，簡單來說就是好喝。能感覺到類似白蘭地般香醇滿溢的葡萄酒味以及木質香，緊接著還會出現相當內斂的甘甜。味道或許可以用中庸的複雜系來形容，展現出與蘇格蘭威士忌迥異的風格。只熟成 6 年，卻能夠做到如此，真的是很讓人驚豔。那熟成後所帶來的圓潤醇厚，看著酒瓶上印著「6」這個數字，甚至會懷疑是不是寫錯了，說它是款充滿魔力的波本威士忌也不為過，實在是非常了不起。餘韻不會太甜，感覺稍微偏苦，最後則以恰到好處的刺激感收尾。加水太多會讓味道淡而無味，因此建議最多不要超過 10%。酒體適中。總之，請務必親自嘗看看。這是我會想經常買來放在自家酒櫃的酒，基本款的價格，高級款的滋味，真是太棒了。市售價 1,600 日圓，現在就可以立刻去買幾瓶回家。

以此價格來提示出中庸的複雜系口味，令人不容小覷的「波本威士忌」。

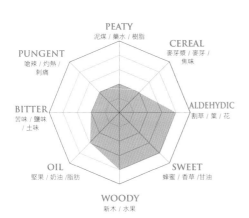

PEATY
泥煤 / 藥水 / 樹脂

PUNGENT
嗆辣 / 灼熱 / 刺痛

CEREAL
麥芽漿 / 麥芽 / 焦味

BITTER
苦味 / 鹽味 / 土味

ALDEHYDIC
割草 / 葉 / 花

OIL
堅果 / 奶油 / 脂肪

SWEET
蜂蜜 / 香草 / 甘油

WOODY
新木 / 水果

		85分	
和 智			
			100
高 橋		90分	

肯塔基酒館
KENTUCKY TAVERN

[750ml 40%]

爽快、俐落，ＣＰ值極高的一款。

BOTTLE IMPRESSION

　　正式上，「Kentucky Tavern」被認為是在 1990 年由歐文斯伯勒的蒸餾師詹姆士湯普森（James Thompson）於 Glenmore 酒廠製造而開始販售的；不過早在更久以前，同樣位在歐文斯伯勒的 Monarch 蒸餾廠其實就已生產並販賣這款威士忌。到了 1896 年，酒廠倒閉，湯普森於是趁機將它買下並將酒廠的名字改成「Glenmore」，然後持續經營下去。而現在我們所喝的 Kentucky Tavern，正是由本部設在紐奧良的 Sazerac 公司所發行、巴茲鎮（肯塔基州）的「巴頓蒸餾廠」負責製造。不過現在雖然是由巴頓酒廠製造，但是酒瓶上印的仍然是以前的「Glenmore 酒廠」，聽起來有點複雜，但是總之，製造確實是「巴頓蒸餾廠」無誤。

　　Kentucky Tavern 的酒色呈現淡紅銅色；至於最重要也就是喝起來口感和味道，雖然酒精濃度只有 40 度，但是依然能感覺到酒精帶來的刺激味從酒杯中散發出來，同時還能聞到波本酒特有的發酵酒香，氣味十分華麗。而來自橡木桶的香草味則被包覆在這個華麗的香氣之中，在口中感覺相當辛辣。苦味緊貼著酸味並主宰著整體的滋味，接著卻又伴隨著類似奶油糖的甜味然後轉換成澀味。這個時候雖然多少能感到味道的層次，但是整體來說，口感還是相當爽快、俐落。最後，餘韻會出現類似香草與桂花的味道。這瓶威士忌是典型不能只用價格來判斷好壞的代表，如果以 CP 值來看，它絕對是最佳選擇，就和蘇格蘭調和威士忌中的「WHITE HORSE」一樣，表現得相當出色。此外，巴頓酒廠還有另外出一款風格幾乎相同的姊妹款名叫「Kentucky Gentleman」，有興趣的話也可以試試。市售價 950 日圓。

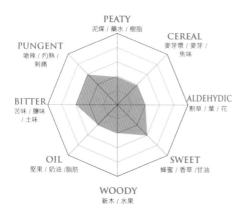

和 智		80分
		100
高 橋	NO DRINK	

166

酩帝 小批次
Michter's Small Batch

[700ml 45.7%] 708batch-14

BOTTLE IMPRESSION

　　1753 年，來自瑞士的農夫 John Shenk 在賓州的 Schaefferstown 蓋了間蒸餾廠，然後用裸麥來製造威士忌，他是美國第一位將酒廠以企業化經營的知名人物，而當時所蓋的蒸餾廠現在則被美國指定為歷史建築。在這 200 多年間，Michter's 因為生產優質的威士忌而成為相當知名的酒廠，不過這個品牌後來在 1800 年代中期，被德國人 Abraham Bomberger 給買了下來。順道一提，當初賓州的這間酒廠所生產的知名純波本威士忌（Straight Bourbon Whiskey），其實它就是現在由加州的 Preiss Imports 所發行的 A.H.Hirsch Reserves 16 年酒款。當初為了要讓酒不要繼續熟下去，酒廠暫時將原酒儲存在不銹鋼槽裡，直到 2003 年才將大約 2,000 ～ 3,000 桶的酒裝瓶上市。如果酒迷有看到這支威士忌，最好立刻把它買下來。

　　1990 年，在耶魯大學研究紅酒與蒸餾學的 Joseph J. Magliocco 和 Newman 將酒廠買下，據說當時他們還曾經供應酒給美國的海軍陸戰隊。2000 年代初期，在 Beam Global 公司開始投入生產時，原本在 Booker Noe 酒廠擔任的經理 Pam Heilmann 卻跳槽成為 Michter's 的首席蒸餾師，此外，在 Michter's 負責發酵的 Andrea Wilson 同樣也是名女性，至於蒸餾則是由 Dan McKee 負責。

　　Michter's Small Batch 的酒體適中，算是款口感很有層次又相當立體且味道非常深沉的威士忌。甘甜、苦澀、酸味巧妙地融為一體又適切地層層堆積，帶領飲者進入那令人陶醉的桃花源裡。加水也無損的風采，展現出這款酒的高完成度。市售價 6,300 日圓雖然很傷荷包，但是如果了解這款威士忌的製法並品嘗過它的滋味之後，你將會明白這樣的價格是有其道理的…。

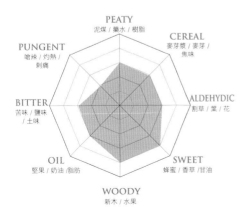

PEATY
泥煤 / 藥水 / 樹脂

CEREAL
麥芽漿 / 麥芽 / 焦味

PUNGENT
嗆辣 / 灼熱 / 刺痛

ALDEHYDIC
割草 / 葉 / 花

BITTER
苦味 / 鹽味 / 土味

SWEET
蜂蜜 / 香草 / 甘油

OIL
堅果 / 奶油 / 脂肪

WOODY
新木 / 水果

能享受到絕妙的層次感，完成度極高的酒款。

| 和 智 | NO DRINK | | 100 |
| 高 橋 | | | **95** 分 |

傑克丹尼 紳士傑克

JACK DANIEL'S Gentleman Jack

[750ml 40%]

BOTTLE IMPRESSION

這款似乎是 Old#7 的升級版（至少對我來說是如此⋯）。香氣、口感與 Old#7 都是屬於同一種風格，但是這款的雜味明顯有經過整理，因此在特色上給人一種更加爽快、俐落又柔順的印象。味道完全沒有美國威士忌特有的那種華麗又帶勁的氛圍，因此也沒有明顯出現由酒精所帶來的辛辣刺激感，餘韻會有比Old#7 還要再更多的木質香與香草味，殘留的時間也較久，但是沒有轉換成苦味。整體上來說，那木質調又相當高雅的香氣與甜味，巧妙地將傑克丹尼的特色給發揮的淋漓盡致。

傑克丹尼的酒廠裡有石灰岩洞穴會流出湧泉，該酒廠在製酒時所用的水源即是來自那裡的泉水，而這也讓原本就充滿許多傳說的傑克丹尼再增添更多的傳奇色彩，雖然用同樣的水、同樣的原料以及放在同一個倉庫所熟成的原酒喝起來應該都相同⋯。總之，同樣的原酒卻能巧妙地營造出不同且出色的性格，這是其他酒廠所沒有的。紳士傑克 和 Old#7 在製法上的差異在於「糖楓木炭過濾（Charcoal Mellowing）」的次數不同，相較於 Old#7 在裝桶（filling）時會過濾 1 次，「紳士傑克」則是在熟成完畢待裝瓶時還會重新再過濾 1 次。用雙層過濾所收到的效果不言可喻，但是因為喝威士忌就要享受它的個性，所以喜歡喝 Old#7 的人應該也不少才對⋯。總之，先姑且不論這是不是紳士在喝的酒，紳士傑克的味道極佳且風格高雅，確實是款好酒。

市售價 3,000 日圓。

充滿特色又複雜的口感蜂擁而來，雜味經處理過的高級酒款。

PEATY
泥煤 / 藥水 / 樹脂

PUNGENT
嗆辣 / 灼熱 / 刺痛

CEREAL
麥芽漿 / 麥芽 / 焦味

BITTER
苦味 / 鹽味 / 土味

ALDEHYDIC
割草 / 葉 / 花

OIL
堅果 / 奶油 / 脂肪

SWEET
蜂蜜 / 香草 / 甘油

WOODY
新木 / 水果

和智		80分
		100
高橋		85分

168

傑克丹尼 OLD NO.7
JACK DANIEL'S OLD NO.7

[700ml 40%]

BOTTLE IMPRESSION

　　Old#7 通常被叫做黑牌，它是款只要是威士忌酒迷一定都知道的美國威士忌之王。對專門研究威士忌的人來說，他們把 Old#7 視為是「田納西威士忌」，認為它與「波本威士忌」還是有些不同。由於並非來自肯塔基州，所以很難說是波本威士忌，而「傑克丹尼」產自田納西，因此的確也可稱為「田納西威士忌」；不過從威士忌的分類來看，傑克丹尼則毫無疑問確實是屬於波本威士忌的一種。那麼，如果要說田納西威士忌與波本威士忌哪裡不同，除了產地不一樣之外，田納西威士忌會將獨特的糖楓木（sugar maple）燒成木炭，接著讓新酒（剛蒸餾出來的蒸餾酒液）像點滴一樣一滴一滴通過糖楓木炭以進行過濾。這樣的過濾方法稱為「mellowing」，透過這道工序，能夠讓田納西所生產的威士忌有著讓人所引以為傲的柔順口感，進而成為田納西威士忌的特色之一。不過另一方面，肯塔基威士忌其實也有像海悅那樣會將酒過濾的名酒，因此這也不算是田納西威士忌才有的過濾方法。雖然這瓶酒我已經喝過很多次了，但是這次再重新開瓶之後，首先，從酒杯中所散發出來的發酵酒香非常明顯，雖然也能聞到酒精的揮發味；不過含在口中之後，比較感覺不到一般波本威士忌經常會出現的那種酒精勁道，刺激感也比較少。此外，由於玉米的使用量達 80%，因此辛香味也比較淡。雖然味道給人一種清新又帶着花香與果味的印象，但是卻又同時展現出強韌的性格，而非只是讓人覺得纖細與溫和。獨特的蘋果以及黑莓等富含果香的酸味使人印象深刻，而在酸味之中還會同時出現焦味稍淡的焦糖以及楓糖漿的甜味，味道非常華麗豐富。表現極為出色，就算是理直氣壯地主張自己來自田納西，而非是波本威士忌也完全無損自身的美味。市售價 1,700 日圓。

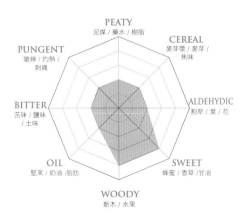

最有名的田納西威士忌，傑克丹尼#7。

	80分
和智	
	100
高橋	
	75分

傑克丹尼 精選單桶
JACK DANIEL'S Single Barrel Select

[750ml 47%]

BOTTLE IMPRESSION

　　和外型簡單的基本款相比，傑克丹尼這款「Single Barrel Select」的玻璃瓶瓶身看起來非常氣派，上面還蓋著似乎相當厚重的瓶蓋。田納西的夏天非常炎熱，據說放在酒窖最上層的橡木桶會因為高溫的關係，導致裝在裡頭的酒的熟成速度比放在下層的橡木桶還要快。因此經過這段炎熱的時期之後，酒廠的工作人員會親手將這些橡木桶一個又一個地進行篩選，接著把它們從酒窖上面搬下來，然後再拿來裝瓶以做成這款「Single Barrel Select」。而 47 度的高酒精濃度與深褐的酒色，正好適合搭配這漂亮的酒瓶。

　　接著讓我們將酒倒進杯子裡。首先，會散發出來自橡木桶相當濃郁的味道。94 proof 的複雜滋味，玉米所帶來的圓潤感、甜膩、木質香、辛香味，可說是傑克丹尼威士忌當中表現的最出色的一款。市售價 5,750 日圓，如果從一個橡木桶能裝瓶的數量有限來看，這樣的價格其實也是沒辦法的事。

　　順道一提，在傑克丹尼酒廠裡，如果有遇到自己喜歡的威士忌口味，那麼也可以直接把整桶都買下來。選擇喜歡的熟成年份，裝成 250 瓶，而且由於該熟成桶是私人桶，因此聽說還可以刻上自己的名字。能夠在味道都不相同的酒桶中選擇自己喜歡的口味，這是多麼幸福的一件事；而能夠獨自擁有這世上唯一的味道，這更是相當難能可貴。

傑克丹尼的最巔峰，
熟透的黑酒。

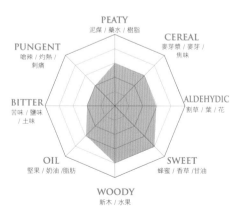

PEATY
泥煤 / 藥水 / 樹脂

PUNGENT
嗆辣 / 灼熱 / 刺痛

CEREAL
麥芽漿 / 麥芽 / 焦味

BITTER
苦味 / 鹽味 / 土味

ALDEHYDIC
割草 / 葉 / 花

OIL
堅果 / 奶油 / 脂肪

SWEET
蜂蜜 / 香草 / 甘油

WOODY
新木 / 水果

和 智　NO DRINK

高 橋　　　　　　　　　　　　100

95 分

170

科沃 四重奏

KOVAL Single Barrel Four Grain

[750ml 47%]

BOTTLE IMPRESSION

只在酒標上用不同的標示來表示裡頭是甚麼酒，KOVAL 的酒瓶設計深具時尚感，看起來非常簡約。酒的顏色是枯葉黃，將酒倒進杯中並靠近一聞，會感覺到水果乾、堅果、白胡椒的香氣。慢慢地含在口中之後，則能享受到辛香味所帶來的複雜口感。酒體適中。雖然價格似乎偏高，但是由於他們使用的是有機穀物，再加上是以手工蒸餾等小批生產的方式來生產製造，因此這似乎也是沒辦法的事。

KOVAL 酒廠的主要品牌是「Lion's Pride」，走的是有機路線，推出的酒款有 DARK MILLET、DARK OAT、DARK RYE、DARK WHEAT；他們使用大麥以及玉米等種子較小、澱粉較難取得的穀物來製造出這4 種酒精濃度度 80 proof 的威士忌。相較於一般美國的蒸餾廠所追求的是大量生產，KOVAL 以如此獨特的方式來製造威士忌，這幾乎是件讓人難以想像的事。企業規模小，每次使用的糖化槽、發酵槽以及蒸餾器也很小，但是卻反而因此能夠靈活地調整生產線，而這也是 KOVAL 酒廠與其他品牌所不同的地方。將小規模轉化成一種優勢，在製酒時以小批次的方式來生產，他們的經營理念確實是與眾不同。今後，KOVAL 酒廠那創新的製酒方式將會如何展開，十分令人期待。

酒體適中，能讓人享受到何為複雜系口感。

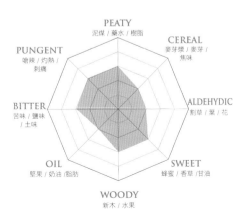

和 智	NO DRINK	
高 橋		95分

科沃 單桶燕麥
KOVAL Single Barrel Oat

[750ml 40%]

BOTTLE IMPRESSION

　　科沃蒸餾廠是一間相當新穎的手工酒廠，它在
2008 年創立於芝加哥。酒廠的創辦人是 Robert
Birnecker，他相當重視生產量少但卻相當靈活的手工
製造感，因此他用這種方式陸續推出波本威士忌、琴
酒、利口酒等充滿創意的酒款。這種生產方式與原料
相同、一起製造、大量生產等概念完全相反，不過在
大規模生產的蒸餾廠環伺的現況之下，這應該也是衝
破突圍的唯一方法吧。我們去拜訪科沃酒廠時，所看
到的設備有 5,800 公升的糖化槽與 300 公升的琴酒蒸
餾器，容量可說相當小。至於容量 5,000 公升的設備
則是每個月使用 5 次，使用時則 1 天 2 次。新酒蒸餾
出來之後，接著會裝進在明尼蘇達州的橡木桶工廠所
製造出來的 30 加侖新桶裡以進行熟成。此外，位於芝
加哥的酒廠底下現在則是他們的酒窖。像科沃這樣的
手工酒廠，成功地打破了由 10 家大型酒廠獨佔市場的
狀態，為飲者提供了更多的選擇，這真的是件很令人
高興的事。

　　目前，科沃推出的酒款除了主打「有機
（organic）」，另外還強調只萃取「酒心（heart
cut）」，試圖營造出更高級的氛圍，而這些舉動在在
也都讓人預期對市場應該會產新的變化。

　　科沃的單桶燕麥以野燕麥這種特殊的穀物為主原料
來製造出這款充滿創新嘗試的威士忌，實在是非常吸
引人。味道喝起平易近人，非常辛辣，雜味少，直接
表達出這支威士忌本身的特色。這款也是無熟成年份
酒，80 proof。

用相當少見的野燕麥來製造出與眾不同的滋味。

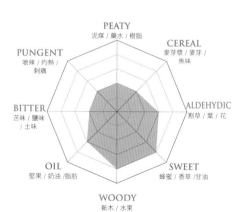

| 和 智 | NO DRINK | | 100 |
| 高 橋 | | 85 分 | 100 |

亞伯達裸麥 DARK BATCH

ALBERTA RYE DARK BATCH

[750ml 45%]

特殊混合裸麥威士忌。

加了1%雪莉酒的

BOTTLE IMPRESSION

這支是「Alberta Premium」的"花式"升級版酒款。如果是一般的裸麥威士忌，通常會用連續蒸餾器來蒸餾出裸麥原酒；而這款「DARK BATCH」卻是用單式蒸餾器（pot still）來進行蒸餾。接著，除了蒸餾好的91%的裸麥原酒之外，另外還會用8%裸麥比例較高的波本威士忌，以及1%的雪莉酒來調和以做成這款混合型的裸麥威士忌。

不用雪莉桶這種間接熟成的方式，而是直接混入雪莉酒（雖然只有1%）來進行調和，用這種獨門訣竅而讓雪莉酒味成為這支裸麥威士忌的主要特色；而原本幾乎全是裸麥原酒的威士忌卻藉由波本酒那恰到好處的雜味而使這款酒變得超有個性。雪莉酒在此發揮了相當大的作用，甚至讓人覺得比例應該不只1%。酒色呈現相當深的紅褐色，將酒杯對著光光則會變成類似紅寶石的顏色，彷彿一靠近就會聞到雪莉酒香。味道最初是由加起來共9%的波本威士忌與雪莉酒的性格所主導，不過裡面並不會出現雪莉酒"桶"經常會有的那種橡膠臭以及苦味。此外，酒精濃度雖然45%，但是喝起來口感卻相當溫和。轉成香氣時，會覺得口中的味道變的非常華麗。香氣雖然是以穀物再混著香草味為基調，但是同時也能感覺到焦糖、果實的酸甜滋味所帶來的圓潤感；一瞬之間，甚至還會有類似煙草般的香氣通過。裸麥所帶來的辛香味被苦味給包裹住而成為味道的核心，接著再覆蓋上每果類的酸味、甜味與堅果（種類不明）的油脂味。餘韻稍長，能感覺到帶著苦味的香草味，最後還會出現澀味！

整體來說，給人的印象是甘甜之中帶著辛香味，不過稍微加點水則會出現澀味，甚至最後澀味還會再增加。加拿大的酒款（印象中）大多口感俐落、簡單，而這款威士忌的個性卻相當與眾不同，感覺非常適合在漫漫的長夜裡細細品嘗。

市售價2,400日圓左右。

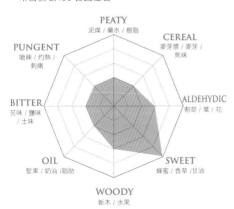

| 和智 | 90分 |
| 高橋 | 88分 |

173

金賓裸麥

JIM BEAM Jim Beam Rye

[750ml 40%]

BOTTLE IMPRESSION

　　關於金賓酒廠所推出的裸麥威士忌，總共有「Old
Overholt Straight Rye」（40度）、該酒廠的手工酒
款系列中最高級的裸麥威士忌「Knob Creek Straight
Rye」（50度），以及「Jim Beam」這個品牌的金賓
裸麥威士忌；而最經典、全世界最多人喝的當屬這款
「Jim Beam Rye」。從第一口開始就能感覺到辣辣的
辛香味，不過這種味道明顯與來自酒精的刺激感不同，
是屬於另一種辛香味，不會讓人覺得刺刺的。總之，
可以把它當作是裸麥才有的辛香味。這款或許可說是
種味道舒服、口感輕盈的現代風裸麥威士忌，不過和
同樣是裸麥威士忌的「Old Overholt」那雜味經過處理
過的洗練感相比，金賓的這款裸麥威士忌喝起來感覺
比較複雜，非常充滿創意。如果從味道來看，大概介
於「Knob Creek Straight Rye」 和「Old Overholt」
之間。市售價 1,400 日圓。

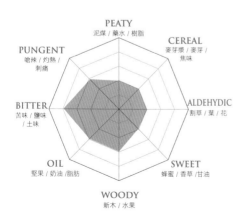

		85分
和　智		
		100
高　橋		
	80分	

174

留名溪 純裸麥
KNOB CREEK Straight Rye

[750ml 50%]

經過9年長期熟成的上等、濃郁的裸麥威士忌。

BOTTLE IMPRESSION

　　在金賓公司所推出的高級酒款「手工波本威士忌」系列之中，「KNOB CREEK」而佔有一席之地，而在2013年加入該品牌的新成員正是這款「Knob Creek Straight Rye」。如果講的比較細一點，這支酒算是「裸麥威士忌」的升級版。以美國威士忌大致的輪廓的來說，裸麥威士忌的歷史其實比波本威士忌還要更古老，在新大陸用裸麥來製造威士忌，這在過去有很長的一段時間是蔚為主流；不過除此之外，我認為金賓會推出這一款裸麥威士忌，多少應該也是出於想要恢復美國威士忌過去傳統的企圖心。瓶身如實驗用的燒瓶，瓶蓋則和「Knob Creek」波本威士忌一樣都有封上一層蠟（雖然其實是橡膠類的塑料材質）。酒色呈現有點燒焦感覺的暗紅褐色，這彷彿提醒著我們酒精濃度高達50%。金賓酒廠所推出的「手工波本威士忌」系列，每支都至少會經過6年的熟成，而這款裸麥更是經過9年如此長時間的熟成，酒標上甚至還刻意強調 Patiently Aged（經過漫長等待才熟成完畢）。從酒杯中會散發出酸味所形成的香氣；入口之後，首先能感覺到辛香味相當明顯，接著會隱約出現來自橡木桶的香草氣味與風味，同時還混合著草本氣息，讓人享受到濃郁的滋味與酒精的刺激感所帶來的樂趣。酸味經過仔細地品嘗之後，會還出現柑橘風味的香氣；就裸麥威士忌而言，味道算很豐富且富含果香。香草味不久會變成苦味，而進入餘韻之後，刺刺的辛香味與苦味融合之後，會產生相當舒服的澀味，且複雜度也十足。關於這點，「Old Overholt」雖然是由同一個蒸餾廠所生產，而且同樣也都是裸麥威士忌；但是它的味道卻相對清爽簡單，兩者甚至可以拿來做對照。KNOB CREEK 的這款純裸麥威士忌有著美國威士忌從前的那種強勁味道與豐富口感，清楚地重現老時代的美好氛圍。市售價 4,200 日圓。

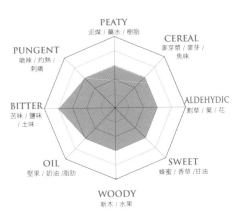

PEATY
泥煤 / 藥水 / 樹脂

CEREAL
麥芽漿 / 麥芽 / 焦味

PUNGENT
嗆辣 / 灼熱 / 刺痛

ALDEHYDIC
割草 / 葉 / 花

BITTER
苦味 / 鹽味 / 土味

OIL
堅果 / 奶油 / 脂肪

SWEET
蜂蜜 / 香草 / 甘油

WOODY
新木 / 水果

		95分
和 智		100
高 橋		90分

老歐沃特 純裸麥威士忌

OLD OVERHOLT Straight Rye Whiskey

[750ml 40%]

BOTTLE IMPRESSION

　創立於1810年的「歐沃特蒸餾廠（Overholt Distillery）」，它的起源來自德國移民第三代亞伯拉罕 · 歐沃特（Abraham Overholt）在賓州Bradford所蓋的一間蒸餾廠。亞伯拉罕在這間酒廠生產裸麥威士忌，並且將一條流經當地、名叫Monongahela（莫農加希拉）的河做為酒名。而現在名為「Old Overholt Straight Rye」的這支威士忌，則是亞伯拉罕的孫子，同時也是位農場經營者、實業家、蒸餾師的亨利 · 克萊 · 弗里克（Henry Clay Frick）所取的，他將酒名從Monongahela改成了自己祖父的名字。在生產方面，目前則是由金賓旗下的Clermont酒廠負責。這款威士忌非常有來歷，在二次大戰時，曾被美國海軍拿來當做藥用酒精飲料。此外，據說那位Doc Holiday（西部拓荒時期的著名槍手）最常喝的也是這款「Old Overholt」。順帶一提，這支酒的裝瓶地址雖然是金賓酒廠，但是上面寫的卻是「Overholt Co.」，畢竟對金賓來說，Old Overholt的來歷與傳說也是它的一大賣點。此外，酒標給人的感覺與美鈔的顏色、圖案非常相似，感覺十分有趣。在調配上，裸麥的比例應該和以前一樣是59%，這遠比裸麥威士忌的法定含有量51%還要多很多。不過，這款威士忌的辛香味其實沒有那麼重，感覺相當單純、乾澀以及銳利。味道的基調是來自橡木桶、木質感相當明顯的香草香、滋味還有甜味，對於平常就有在喝波本威士忌的人來說，會特別感覺這款威士忌的味道相當洗練、簡約。此外，由於它的特色在於喝起來清爽、溫和，給人一種不甜的高級酒印象，這也難怪為什麼經常會被拿來當做調尾酒的基酒使用。曼哈頓這款雞尾酒通常會指定用它來做為基酒，對酒迷來說，這是款必要而無法欠缺的威士忌。至於如果是我，我覺得這款威士忌非常適合搭配味道辛辣的美國南方Cajun料理，將它冰過之後直接飲用，感覺一定很棒。總之，這是款我會想放一瓶在自家酒櫃的好酒。2,000日圓左右。

PEATY
泥煤 / 藥水 / 樹脂

CEREAL
麥芽漿 / 麥芽 / 焦味

PUNGENT
嗆辣 / 灼熱 / 刺痛

BITTER
苦味 / 鹽味 / 土味

ALDEHYDIC
割草 / 葉 / 花

OIL
堅果 / 奶油 / 脂肪

SWEET
蜂蜜 / 香草 / 甘油

WOODY
新木 / 水果

口感緊繃、俐落，酒標有如美鈔。

和 智	85分
高 橋	100
	80分

野火雞裸麥
WILD TURKEY RYE

[750ml 40.5%]

BOTTLE IMPRESSION

從肯塔基州安德孫郡勞倫斯堡國道上的鐵橋往下看,就會看到蓋在一片廣大丘陵地上的野火雞蒸餾廠。巨大倉庫群的四周則是一大片的草地,不知道這是否是為了避免火災所引起的燃燒,因此一棟又一棟彼此距離相當遠,看起來非常突兀。

瓶裝的野火雞裸麥威士忌,酒色呈現淡淡的金黃色,加水稀釋到 40.5 度,這樣的濃度與波本威士忌相比,感覺更加順口、易飲。聞起來雖然似乎沒有那麼芳醇,但是甜味沉穩,味道辛香又柔順,真不愧是野火雞威士忌,即使是裸麥威士忌,卻一點也不馬虎。好喝。

通常,野火雞並不會公開它的調製方式;不過由於這是按照傳統美國南部酒所製造出來酒體飽滿的威士忌,因此可想而知應該是將原料發酵成低酒精度數的啤酒汁後,再蒸餾成 56 ~ 57.5 度的酒液,接著新酒不加水,直接裝進經過重度烘烤過的新橡木桶裡以進行熟成,也因此才能誕生出如此強烈的氣味與辛辣的口感。

對於裸麥威士忌有偏見的人,真應該找個機會試試這一款,保證一定會毫不猶豫地喜歡上裸麥威士忌。

市售價 2,500 日圓,這樣的價格讓人平時就能輕而易舉地進入微醺的樂園裡,真是感恩。

裸麥威士忌的樂園就在這裡。

		90分
和智		100
高橋		88分

177

酩帝 純裸麥

MICHTER'S STRAIGHT Rye

[700ml 42.5%]

BOTTLE IMPRESSION

在年輕時經常看的美國以前的冷硬派偵探小説、推理小説，甚至海明威的原稿裡，都會有裸麥威士忌的壞話，説味道有多難喝，甚至還會出現「彷彿要把小舌拔掉…」這樣的描述。讓人感覺這種酒的品質好像非常差。由於對裸麥威士忌一直抱持著這種「難喝」的刻板印象，因此在我的青年歲月當中，只有裸麥威士忌是我絕對不會喝的酒。之後，因為一直想知道到底有多難喝，於是有次找個機會試喝看看，結果，沒想到原來竟出奇的好喝。沒喝過就説討厭，指的應該就像是我這種情形吧。在美國以前的小説中，男主角、女主角喜歡喝的都是蘇格蘭威士忌；這就跟英國人喜歡喝白蘭地一樣，沒有的東西特別想要，這應該也算一種崇拜舶來品的心理作祟吧。

無熟成年份顯示，市售價 5,800 日圓。MICHTER'S 的這款裸麥威士忌看起來雖然相當簡約，但是喝起來卻熟成感十足。複雜的滋味讓人覺的層次相當立體，一直喝味道也不會變，使人非常滿足。酒體飽滿，能夠享受到薄荷、苦澀、油脂、辛香味以及其他反覆出現的滋味。此外，這款酒也能讓人重新認識到裸麥威士忌的魅力，如果有點喝膩甜味、苦味過剩的波本威士忌，那麼請務必試試看裸麥威士忌那辛辣又簡單的滋味，你將會有種海闊天空的感覺。不過把這款威士忌拿來做成「Old Fashioned」、「Manhattan」雞尾酒會太浪費，直接喝喝看它的味道吧。

至於如果想要再更深入了解裸麥威士忌的話，不妨也可以喝喝看「Van Winkle 13 年」、「Sazerac 18 年」。

出類拔萃，讓人重新認識到裸麥威士忌的魅力。

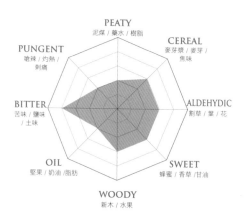

	PEATY 泥煤 / 藥水 / 樹脂	
PUNGENT 嗆辣 / 灼熱 刺痛		CEREAL 麥芽漿 / 麥芽 焦味
BITTER 苦味 / 鹽味 / 土味		ALDEHYDIC 割草 / 葉 / 花
OIL 堅果 / 奶油 /脂肪		SWEET 蜂蜜 / 香草 / 甘油
	WOODY 新木 / 水果	

| 和 智 | | 90分 |
| 高 橋 | | 100
95分 |

178

科沃 單桶裸麥
KOVAL Single Barrel Rye

[750ml 40%]

BOTTLE IMPRESSION

在美國獨立前後時，德國移民開始在賓州以及馬里蘭州生產愛國烈酒；不過這些酒不是以玉米為主原料的波本威士忌，而是裸麥威士忌。這應該是德國移民將裸麥做成裸麥麵包的方法，以及生產 schnaps 烈酒的經驗用來製造蒸餾酒所得到的結果。此外，德國師傅非常擅長金屬加工技術，也因此才能自行製做蒸餾器，並蒸餾出好喝的裸麥威士忌。總之，裸麥威士忌充滿著順應那時代的力量，風格洗練且味道辛香，而最大功臣應該是這群德國移民。

KOVAL 酒廠的執行長是 Robert，他的妻子 Sonat Birnecker 的曾祖父出身於德語圈的奧地利維也納，他在芝加哥歷經千辛萬苦並終於闖出一片天。「Koval」是這位曾祖父的小名，這個字據說有異類、脫離日常的意思，他們夫妻倆後來將這間讓他們相當引以為傲的蒸餾廠也取名為 KOVAL。

打開這款外型矮胖，相當具有特色的威士忌之後，靠近鼻腔會立刻聞到非常新鮮的辛香味綻放開來。含一點在口中，雖然不出所料會有辛香、薑味、微微的苦味以及薄荷等強烈的刺激，但是口感卻相當洗練。這款在芝加哥製造的威士忌給人一種充滿現代感、輕快、清涼又純淨的印象，真的非常特別。此外，酒體也意外地相當飽滿。無顯示熟成年數。80 proof。

清涼暢快，
充滿現代感的裸麥威士忌。

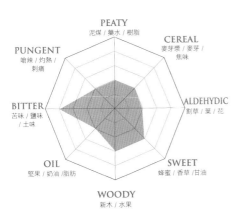

和 智　　　80分　　　100
高 橋　　　85 分

179

Canadian Whisky

加拿大威士忌

和美國一樣，加拿大有來自愛爾蘭、蘇格蘭、
英國、法國等各地的移民大量移入。
考量到與其從國外進口所需的威士忌，倒不如在自己國內生產會更有效率，
因此在1800年代，蒸餾廠加起來據說總共高達200多間，且全都聚集在鄰近五大湖的渥太華附近。
此外，加拿大還計畫將威士忌銷往擁有廣大消費市場的美國，接著還把酒廠設在接近國境的地區
因此據說在禁酒令時代，加拿大的威士忌產業反而一片欣欣向榮。
不過當然，這也是因為從1920年到1933年為止實施了禁酒令，
使得美國自己不能製造酒精，因此才讓加拿大的威士忌成為了搶手貨。
當時，由於加拿大用北美生產剩餘的穀物蒸餾成新酒，而且沒經過熟成就直接裝桶、出貨，
這使得當時大家對這些酒的品質評價極差。
不過到了現代，關於威士忌製法的相關法律規定已經修改如下，
而飲者也終於能夠放心地享受到好喝的威士忌了。
加拿大威士忌的規定如下：
必須在加拿大國內，且只能用玉米、大麥、小麥等穀物來蒸餾。
必須用180公升以下的木桶來熟成，且至少需經過3年以上的熟成。
只要違反上述定義，那麼就不能稱為加拿大威士忌。
事實上，加拿大威士忌會用新桶、雪莉桶、波本桶、白蘭地桶等來進行熟成，
然後通常會經過8年左右的熟成，接著才出貨上市。
整體酒體飽滿，口感乾澀。

亞伯達 PREMIUM
ALBERTA PREMIUM

[750ml 43%]

BOTTLE IMPRESSION

　　這是由（金賓三得利旗下）「亞伯達蒸餾廠」所生產的典型加拿大裸麥威士忌。因為名字稱為「裸麥威士忌」，所以主原料是北美產的裸麥，而該裸麥的調和比例最低必須達到法律所規定的 51% 以上，在原料比例上一定要超過玉米。雖然不論是加拿大或是美國，裸麥威士忌的標準數字都是 51%；但是這款「ALBERTA PREMIU」裡頭的原料卻幾乎全都是裸麥，像這樣可稱得上是"純裸麥威士忌"的酒，就我自己的經驗來說，這是唯一的一瓶。

　　這款威士忌將 1 次蒸餾、酒精濃度為 130 proof（65%）的新酒製造出來之後，基本上最少都會經過 5 年的熟成；不過調和師為了調出好喝的味道，據說很多時候還會加入 5 年以上的原酒來進行調和。

　　酒色呈現金黃色，前味在一開始會有乾裸麥般的穀物香氣以及種類不明的花香，酒精所帶來的刺激感雖然有效地被抑制住，但是多少還是能感覺到揮發味。在香氣方面，整個味道以來自裸麥的酸味與辛香味為底，柳橙皮般的苦味出現之後，接著隱約能感覺到香草味浮現。至於在味道方面，則是以柳橙以及其他種類不明的果實和香草為底，彼此分離各顯魅力，接著味道的核心再依序逐漸改變。餘韻純淨清爽，酸味之中能感覺到多少有些穀物氣味的橡木桶香氣，接著所出現的柳橙皮般的苦味非常突出。稍微加點水之後，雖然酒的溫度下降而讓味道變得甘甜，但是如此一來卻破壞了裸麥的辛香味，混淆了味道應有的本色。再多加一點水之後，雖然會出現橡木桶的香氣，但是其他的味道和香氣卻因此消失殆盡，由此可知全部味道的要素是堆疊在橡木桶的香氣之下。這款威士忌有著裸麥的簡單滋味與純粹，感覺只加冰塊喝應該也很不錯。

　　市售價 1,500 日圓左右。

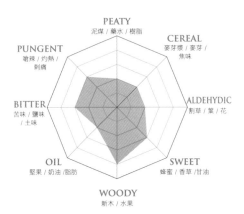

PEATY
泥煤 / 藥水 / 樹脂

CEREAL
麥芽漿 / 麥芽 / 焦味

PUNGENT
嗆辣 / 灼熱 / 刺痛

ALDEHYDIC
割草 / 葉 / 花

BITTER
苦味 / 鹽味 / 土味

SWEET
蜂蜜 / 香草 / 甘油

OIL
堅果 / 奶油 /脂肪

WOODY
新木 / 水果

100％裸麥所帶來的辛香與苦澀口味。

		80分
和智		
		100
高橋		80分

加拿大會所 小批次（雪莉桶）

CANADIAN CLUB Small Batch

[750ml 41.3%]

BOTTLE IMPRESSION

這款是 C.C.（CANADIAN CLUB）的高級酒款，他們將「調味威士忌（flavoring whisky）」、「基礎威士忌（base whisky）」這兩種威士忌（原酒）分別裝在不同的橡木桶裡熟成，途中再用雪莉桶進行第二次熟成（maturation）。雖然沒有顯示年數，但是上頭的批次寫著「Batch C12-014」，因此總讓人感覺年數有可能是 12 年（？）。

酒色呈現極深的土紅色，色調非常接近「12 年」。光從這個色調也能感覺到個性中應該帶著雪莉酒風格。而從酒杯中所散發出來的橡木桶香氣，也確實有雪莉酒那特有的香甜華麗與（類似橡膠的）硫磺味混雜在其中。在酒精濃度方面，和「12 年」相比雖然增加了 1.3% 的酒精，但是第一口所喝到的酒質刺激味和揮發感卻相當收斂。不過另一方面，味道的深度雖然只多了 1.3%，且與「12 年」是來自於同個酒廠、同個品牌，以及（大概是）相同年數，但是這款威士忌呈現在飲者面前的卻是完全不同的氛圍，真的相當不可思議。

如果用一句話來形容這款威士忌，那麼會是味道豐富、富含果味與辛香味；不過除此之外，其實也能明顯地感覺到那調和的非常精采、來自裸麥、只有加拿大威士忌才有的那種淡淡的辛辣。此外，還有葡萄乾以及桃子等水果乾再混合著類似焦糖的燒焦味以及淡淡的椰子香。餘韻會出現辛香味還有燒焦的焦糖所產生的澀味，另外再帶點來自酒精的厚重感，感覺相當悠長。

市售價 3,200 日圓左右。

用雪莉桶、小批次生產的芳醇。

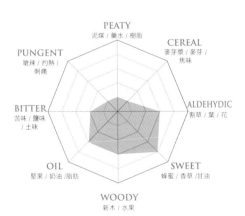

| 和 智 | 85分 |
| 高 橋 | 85分 |
100

加拿大會所 經典12年

CANADIAN CLUB Class 12

[700ml 40%]

BOTTLE IMPRESSION

　　1856 年，海勒・沃克公司在加拿大安大略省的溫莎（與美國的底特律隔海相望）成立了「海勒・沃克蒸餾廠（Hiram Walker distillery）」，而標準款的「Canadian Club」就是在這裡製造的，至於最初上市的時間則是在 1858 年。

　　所謂的加拿大調和威士忌，是一種將主原料是裸麥的原酒以及主原料是玉米的原酒所互相調和而成的威士忌。粗略地來說，這種威士忌算是一種穀物威士忌，但是由於熟成方式與製造方法相當不同，因此雖然同樣都是穀物威士忌，鄰國美國的波本威士忌給人的印象是華麗地綻放出橡木桶香與甜味；但是加拿大的調和威士忌卻沒有那樣明確的特色，只是給人一種清爽、俐落的感覺。而這款「Classic 12 年」，從外觀也可以明顯看出這應該是標準款的升級版。

　　在使用橡木桶熟成方面，這款威士忌在經過 6 年的基本熟成之後，為了讓酒產生木質香，因此還會再繼續熟成 6 年，也就是總共會經歷 12 年的熟成。在這段繼續熟成時期，威士忌會開始出現獨特的色調，同時也會讓標準款 C.C. 的傳統性格感覺更豐富、香氣更濃而成為這瓶酒的主要特色。

　　酒色感覺就像是用雪莉桶熟成那樣，呈現出紅色調較濃的土色，不過因為是用普通的橡木桶來熟成，所以推測這個顏色應該是烤桶的關係。在味道上，理所當然沒有泥煤味，麥芽香氣也很少。酒精的刺激感與揮發味也是遠不如標準款的 C.C.，感覺較舒服柔軟，此外也感受不到酒精所帶來的辛辣（辛香味）。喝起來有著應該是來自橡木的燒焦的砂糖味，混著太妃糖（英國的奶油糖）、牛奶糖的甜味以一點點檸檬檬酸味。味道的核心是辛香味，表現出裸麥原酒調較濃的性格。餘韻雖然也會隱約感覺到類似波本酒的香草味，不過隨即又會被豐富且酒體飽滿的橡木桶香給取代。最後的最後，還會出現溫和的澀味。

　　市售價 1,600 日圓左右。

最適合初學者、非常物超所值的 1 款。

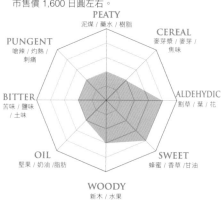

PEATY
泥煤 / 藥水 / 樹脂

PUNGENT
嗆辣 / 灼熱 / 刺痛

CEREAL
麥芽糖 / 麥芽 / 焦味

BITTER
苦味 / 鹽味 / 土味

ALDEHYDIC
割草 / 葉 / 花

OIL
堅果 / 奶油 /脂肪

SWEET
蜂蜜 / 香草 / 甘油

WOODY
新木 / 水果

		80分
和　智		
		100
高　橋		85分

噶瑪蘭 經典單一純麥威士忌

KAVALAN CLASSIC SINGLE MALT

[700ml 40%]

BOTTLE IMPRESSION

　　台灣屬於亞熱帶氣候。記得才十幾年前，當時一般都還認為「威士忌是在涼爽氣候下所造出來的酒」；不過台灣的這支威士忌，卻充分證明了亞熱帶氣候其實非常有利於熟成。雖然熟成只有短短的 4 年，但是這款威士忌的味道卻能夠與在蘇格蘭以相同年份的 3 倍、甚至 4 倍所得到的熟成感不相上下，表現出在冰涼氣候下總之應該很難實現的那種熱帶風情。

　　酒色呈現美麗的金黃色，從酒杯中所散發出來的，首先是濃郁的花香與熱帶水果加熱後的氣味，此外再帶點香草味。酒精的揮發味稍弱。

　　出現香氣之後，那熱帶風情的氛圍會更加強烈，雖然聽起來好像是廣告宣傳，但是味道竟散發著的芒果風味，這讓我有點驚訝。然後，不知道是否哪裡搞錯了，好像還有海水鹹味（briny），再喝一口感覺也一樣。雖然完全不知道這味道的由來，但確實能感覺到鹹味。在口中綻放開來的味道也是以芒果為核心，接著還會有帶著非常新鮮的柑橘果實與辛香味的木質香，再混合著巧克力味，甚至還會出現蜂蜜、奶油味，味道多彩多姿，表現相當豐富。餘韻能感覺到辛香味，芒果氣味則轉換成梨子香，迷人而悠長。

　　噶瑪蘭另外還有推出用其他酒桶熟成的「獨奏（Solist）」系列，品嘗完這款好喝的威士忌之後，雖然也想試試這個系列的各酒款，但是價格實在是不便宜⋯。

　　市售價約 8,500 日圓左右。

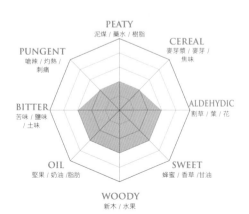

充滿熱帶風情的麥芽威士忌。

		95分
和智		100
高橋	80分	

金雞 綠牌 12年

GOLD COCK GREEN 12

[700ml 43%]

BOTTLE IMPRESSION

生產「Gold Cock」威士忌的蒸餾廠創立於 1877 年，歷史可說相當悠久。當地雖然盛產著可做為原料的麥，但是蒸餾廠不斷地歷經運轉、休廠，這中間的歷史過程雖然沒有公開，但總之，最後是改由「Tesetice Distillery」接手製造這款威士忌。不過最近這幾年，這家公司其實也呈現休眠狀態，而正當該酒廠的歷史似乎也即將畫上句點時；捷克生產高級白蘭地的大廠魯道夫 · 耶林內克（Rudolf Jelínek）卻將它買了下來，然後又開始製造起威士忌。酒廠被收購之後，改名為「金雞（Gold Cock）蒸餾廠」，並以手工威士忌的規模重新展開生產。

Gold Cock 用兩台尺寸極小、容量只有 500 公升的單式蒸餾器來製造威士忌，種類有單一麥芽威士忌和調和威士忌這 2 種。6 年的單一麥芽威士忌叫「Black」，12 年是「Green」，至於很年輕、年份只有 3 年的調和威士忌酒款則是「Red」。而我們這次所品嘗的即是這款 12 年的單一麥芽威士忌。

酒色呈現較深的琥珀色；即使將鼻子靠近酒杯，也完全沒有泥煤味；能感覺到的是微弱的酒精揮發帶著華麗的刺激氣味。香氣方面有強烈的柳橙果肉、果皮與香草味，另外也混雜著淡淡的辛香味和橡木桶香，感覺相當濃郁。從香氣轉到口中與舌頭所嘗到的味道之中，還是能持續感覺到這份濃郁。柳橙般的甜味與酸味非常紮實，與帶著苦澀的香草味主宰著整體的味道，喝起來感覺相當厚實。而這個時候，特別還能感覺到酒精濃度所帶來的刺激感。

進入餘韻之後，那持續地非常久的帶著柳橙皮的苦味會再次甦醒，不過最後的最後竟出現有如蜂蜜般的淡淡甜味…。這款威士忌口感紮實綿密，且充滿驚奇，表現得相當精彩。

市售價 2,000 日圓左右。

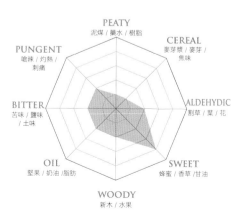

紮實的綿密感。

和 智 **90**分
高 橋 NO DRINK

187

Japanese
Whisky

日本威士忌

竹鶴政孝當年獨自前往蘇格蘭的格拉斯哥大學研習蒸餾相關技術，
另外也曾在斯貝河畔的朗摩酒廠與坎培鎮的赫佐本酒廠
學習如何製造威士忌。
後來，壽屋（現三得利）出資，在山崎這地方蓋蒸餾廠，並開始生產真正的威士忌。
之後，竹鶴政孝又在北海道余市這個與蘇格蘭的地理環境十分相似的地方，
投入心血建立NIKKA蒸餾廠，實現了自身所一直渴求的願望。
這兩間蒸餾廠都是非常值得紀念的地方，因為它們正是日本威士忌的起源地。
接著，為了因應日本國內對於威士忌的需求增加，
在白州、宮城峽、輕井澤、御殿場以及知多也都蓋起了蒸餾廠。
後來進入21世紀，本坊酒造Mars信州蒸餾廠、Venture Whisky秩父蒸餾廠、
江井鳩酒造明石蒸餾廠、木內酒造額田蒸餾廠、Gaiaflow靜岡蒸餾廠、
本坊酒造Mars津貫蒸餾廠、堅展實業厚岸蒸餾廠等手工蒸餾廠相繼設置裝備，
然後開始進行蒸餾工序，進而讓人感覺到新時代已經來臨而對未來充滿期待。
從那時開始約100年，日本威士忌是否終於已經抵達所應該追求的境界呢？
接下來要往哪裡去，準備要讓我們喝到怎麼樣口味的威士忌呢？
這是酒迷們所高度引領期盼的事。

白州
THE HAKUSHU

[700ml 43%]

BOTTLE IMPRESSION

　近年來，酒廠陸續停止販售「12 年」以及「17 年」等有顯示年份的酒款，而繼這些酒款之後所推出的，即是這瓶無年份威士忌。既有年份的酒款想買也已經買不到，我倒是還滿坦然接受的。到酒館喝酒，不喝上個兩三杯就不算喝酒，為了換換口味嘗鮮，於是我打開了這瓶酒

　酒色呈現明亮的淡黃色，比「白州蒸餾所」這款酒廠限定酒的顏色還要淡。把酒倒進酒杯時，

　色調雖然淡到有點讓人不安，但是其實也還滿清爽的。總之，我告訴自己這是從原木酒桶直接取出來的顏色，接著便開始品嘗。在香氣方面，雖然有酒精的揮發味，但是不會感到刺激，嗆鼻的氣味也很弱。不過，這個揮發感其實還帶著蘋果、梨子、"巨峰" 葡萄乾般的果香撲鼻而來，因此相當舒服。此外，還有一種有點清爽暢快的氛圍，雖然我不清楚根源來自哪裡。味道中雖然多少也混合著薄荷味，但是卻被強勁的苦味給包裹住而無法清楚地顯現出來。此外，還能感覺到木質香。

　味道的核心是穀物般的甜膩帶著焦糖的甘甜與焦味，另外還有微微的辛香味帶著苦味，感覺相當複雜。接著，在餘韻的階段則會出現泥煤味。雖然在整個味道的底下都能感覺到泥煤味在潛伏流動，但是在餘韻的時候才會有全部突然一擁而上的感覺。苦味、泥煤香、澀味、餘韻相當複雜。

　參考價格為 4,536 日圓，市售價則約 3,900 日圓左右。

口感清爽，味道複雜的二律相悖。

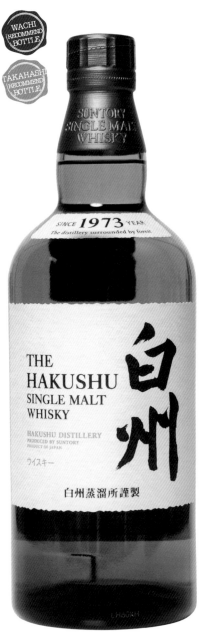

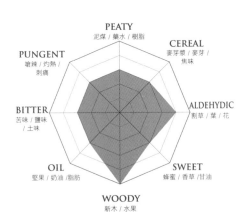

| | PEATY 泥煤／藥水／樹脂 |
| CEREAL 麥芽糖／麥芽／焦味 |
| PUNGENT 嗆辣／灼熱／刺痛 |
| ALDEHYDIC 割草／葉／花 |
| BITTER 苦味／鹽味／土味 |
| SWEET 蜂蜜／香草／甘油 |
| OIL 堅果／奶油／脂肪 |
| WOODY 新木／水果 |

和智		90分
		100
高橋		93分

山崎12年
THE YAMAZAKI 12

[700ml 43%]

BOTTLE IMPRESSION

　關於日本的「YAMAZAKI」，現在已經是連海外的威士忌酒迷大家都知道、在全世界的酒吧裡都能經常看到的品牌；不過在市場上，其實已經不太容易能找到他們家有顯示熟成年月份的酒款。12年款1瓶9,180日圓，但是由於數量極為稀少，因此有些店家的售價甚至會拉到12,000～13,000日圓左右。總之，切開那蘇格蘭式的鉛封，然後將1小杯（one shot）的量倒進我在山崎蒸餾廠買的品酒杯裡。咕嚕咕嚕…，這個能夠讓酒鬼們心興奮不已的聲音實在是太美妙了，害我不小心倒成3杯的量…，不過算了，也罷。不用把鼻子靠近，就能夠聞到非常優雅的白蘭地香，還有那彷彿在南法度過寒冬的貴腐酒、逐漸熟透腐爛的石榴、熟成後的楓糖漿以及市田柿的香氣。緊接著，慢慢地用舌頭來體驗這12年款的迷人之處。首先，幾乎感覺不到酒精的刺激，以日本的威士忌來說，這樣的做法相當適切且感覺很高級，可說是人人都喜歡，大家都會說「好喝」的味道。和清楚能夠享受到白蘇翁香氣的白州12年相比，這款味道中的苦味、酸味更重，口感更加複雜。不過這沒有好壞，純粹只看自己喜不喜歡。如果想要舒暢的感覺，那麼就喝白州；想要在夜裡享受到有點複雜的味道，那麼就喝山崎，大概類似這樣。華麗而迷人，很棒的威士忌。

　參考價格為9,180日圓，市售價則約13,000日圓左右。

讓濃郁的滋味更有張力的單一麥芽威士忌。

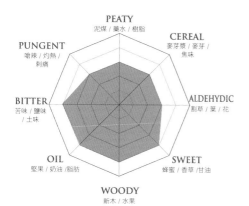

PEATY
泥煤／藥水／樹脂

CEREAL
麥芽漿／麥芽／焦味

PUNGENT
嗆辣／灼熱／刺痛

ALDEHYDIC
割草／葉／花

BITTER
苦味／鹽味／土味

SWEET
蜂蜜／香草／甘油

OIL
堅果／奶油／脂肪

WOODY
新木／水果

和　智	NO DRINK		
			100
高　橋			

94分

竹鶴純麥 17 年
TAKETSURU PURE MALT 17

[700ml 43%]

以酒廠創立者為名的必勝酒款。

BOTTLE IMPRESSION

　　在專供飲食店、飯店等地方使用的量販市場逐漸冷卻之中，Nikka 抱著「用創立者的名字做為酒名，這已無退路」的認知，並以破釜沉舟的決心開發出「竹鶴 12 年」，而這款威士忌目前已賣出超過 52 萬瓶。關於從 2000 年開始販賣的「竹鶴 12 年」，現在推出的「無熟成年份顯示」、「17 年」、「21 年」、「25 年」這 4 種酒款。「竹鶴」是一種調和威士忌，它特別選用能分別代表余市與宮城峽特色的優質原酒並將兩者完美地調和在一起。誠如各位所知，由於日本威士忌的人氣突然急遽上昇以及這款威士忌獲獎無數的關係，使得需求過熱而導致熟成桶不足，最後甚至連裝瓶都成了問題。因此，現在有顯示年份的酒款其數量都有限，在市場上不太容易找到。至於價格方面，從開放價格到價格調高都有

　　緊接著讓我們來品嘗這款威士忌的味道看看。在香氣方面，不需要貼近鼻子，也能聞到餅乾、葡萄乾、花香以及葡萄還有柑橘類果香，非常舒服的氣味。以常溫將這款 43% 的純麥含在口中，會有一股華麗的甘甜被淡淡的泥煤味包裹住的感覺。這種煙燻味，在日本其他威士忌之中不太容易喝到。餘韻悠長，能夠享受到優質的蜂蜜與苦味。酒體飽滿。讓人實實在在地體認到這是款好喝的酒。這瓶威士忌比無顯示熟成年份的酒款還要貴很多，因此建議可以先喝喝看無顯示熟成年份。

　　參考售價（販售時）為 7,500 日圓，市售價則是16,000 日圓起跳。

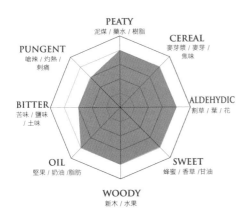

和　智　NO DRINK

100

高　橋

91分

PEATY
泥煤 / 藥水 / 樹脂

CEREAL
麥芽漿 / 麥芽 / 焦味

PUNGENT
嗆辣 / 灼熱 / 刺痛

ALDEHYDIC
割草 / 葉 / 花

BITTER
苦味 / 鹽味 / 土味

SWEET
蜂蜜 / 香草 / 甘油

OIL
堅果 / 奶油 /脂肪

WOODY
新木 / 水果

桶出原酒
FROM THE BARREL

[500ml 51.4%]

強烈的複雜口感，使人陶醉不已。

BOTTLE IMPRESSION

這款威士忌是將原酒（多種麥芽原酒以及多種穀物原酒）混合並調整酒精濃度之後，不立刻裝瓶，而是將調和完畢的成品再裝進橡木桶裡再次熟成，也就是以所謂的 MARRIAGE（調和）工序所製造而成的調和威士忌。至於 MARRIAGE 後的裝瓶，因為是將酒桶裡的酒直接裝瓶，所以酒精濃度保持在 MARRIAGE 時的 51.4%。因此以結果來說，味道能反映出直接被封進酒瓶裡的橡木桶性格中的香氣與滋味。

酒精濃度雖然 51.4%，但是酒精卻沒有那麼強烈，揮發與刺激感也很少，簡單說就是溫和。不過一旦入口之後，那舌頭在燒的感覺就能確實地感覺出酒精濃度進而使人不禁莞爾一笑。味道像是被濃縮起來，就跟酒瓶的外型給人的印象一樣。喝的時候，會有一股經過熟成的香草與焦糖的濃郁滋味，另外再混合著日本的老蘋果種—紅玉（こうぎょく）蘋果的清爽酸味，味道相當深沉；同時，還會有非常明顯的苦味。橡木桶的香氣也拿捏的恰到好處，感覺非常舒服。在悠長的餘韻之後，也同樣能隱約感覺到酸味與苦味殘留在口中。加水之後，雖然熟成感會被削弱，味道變得有點遲鈍；但是均衡感卻沒有因此崩解，苦味和甜味則似乎更加明顯。就我個人而言，我認為加水最好不要超過 20%。如果加冰塊喝，雖然會因為酒溫下降而導致香氣消失，但是由於高酒精濃度發揮了效果，所以依然能保留住味道的本質。加水會稍微有損酒的美味。至於加蘇打水，如果比例沒有太高，因為有香草殘留，並且能使（碳酸所帶來的）甜味增加，所以還算能接受；不過如果是對於純飲不太能接受的人，那麼建議可以加水 5〜10%，像這樣的稀釋程度，既能享受到原本的香氣，且無損味道的均衡感，在飲用上，或許可說是最佳的折衷方式。市售價 2,100 日圓左右。

NIKKA WHISKY
FROM
THE BARREL
alc.51.4°

ウイスキー
原材料 モルト、グレーン
●容量 500ml ●アルコール分 51%
製造者 ニッカウキスキー株式会社6
東京都港区南青山5-4-31

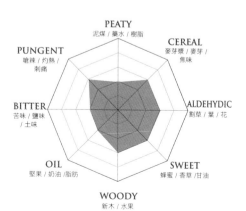

PEATY
泥煤 / 藥水 / 樹脂

CEREAL
麥芽糖 / 麥芽 / 焦味

PUNGENT
嗆辣 / 灼熱 / 刺痛

ALDEHYDIC
割草 / 葉 / 花

BITTER
苦味 / 鹽味 / 土味

SWEET
蜂蜜 / 香草 / 甘油

OIL
堅果 / 奶油 /脂肪

WOODY
新木 / 水果

和 智	85分
	100
高 橋	86分

ALL MALT

[700ml 40%]

絶對溫柔，100%全麥威士忌。

BOTTLE IMPRESSION

這款威士忌非常與眾不同，它是將使用壺式蒸餾器所製造的麥芽酒與使用連續蒸餾器所製造出麥芽酒兩者互相調和而成的威士忌。連續蒸餾器雖然會蒸餾出純度更高的酒精，但是同時也會把大部分原料本身的雜味成分給去除掉，因此麥芽（大麥麥芽）酒汁在進行蒸餾時，通常不會使用連續蒸餾器。然而，Nikka的宮城峽蒸餾廠設有連續蒸餾器設備，除了穀物威士忌以外，他們也會用它來蒸餾出麥芽威士忌。用連續蒸餾器所蒸餾出來的麥芽原酒，味道與用壺式蒸餾器這種單式蒸餾器所製造出來的原酒不同，由於裡頭的雜味成分會被處理過，因此感覺會更加純淨（pure），不但可做成單一麥芽威士忌，也可以用來當做調和用的基酒，甚至像這款威士忌一樣用來當成單一麥芽調和威士忌也很適合，可說是用途非常廣泛的一種原酒。

將 2 份 shot 杯的酒倒進平常使用的酒杯之中，然後直接品飲看看。首先，雖然有酒精的氣味與酒精所帶來的辛辣（spicy），但是刺激感給人的印象卻是相當溫和與柔順。緊接著，除了有華麗的果香之外，還會有煙燻味融入在香草味之中，因而讓味道的多了高低起伏，營造出迷人的層次感，氣氛非常棒。味道的核心是萊姆葡萄帶著焦味較濃的焦糖甜味，另外還會感覺熟爛的果實酸味混雜在裡面，味道非常濃郁。餘韻則是苦味殘留較久。

加冰塊飲用會讓原本的濃郁滋味變淡，而香氣中的華麗感也會隨著冰塊融化的程度而逐漸降低。如果想要享受味道變化所帶來的樂趣，那麼加冰塊也 OK；但是如果想要細細品嘗這酒的簡中滋味，那麼我會比較推薦加水喝。這是款如果在市面上有看到，那麼絕對會讓人想再買來喝的威士忌；不過很遺憾，酒廠現在已經停止販售了。

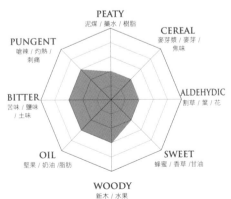

		85 分
和 智		100
高 橋	80 分	

竹鶴 純麥
TAKETSURU PURE MALT

[700ml 43%]

BOTTLE IMPRESSION

由於異常的威士忌狂熱潮席捲而來，各酒廠擔心一些特定年份的熟成桶因此枯竭，所以都紛紛加速停止販售有顯示年份的酒款。這些有年份的酒款在停售之後，取而代之的是無年份的同名酒款，而這款純麥芽「竹鶴」也是其中的一支。我記得曾經有人請我喝過「竹鶴17年」，因為品嘗完之後印象極為深刻，內心覺得非常感動，所以我自己也想辦法買了一支，然後好好地享受一番。因為有這樣的經驗，在打開瓶蓋之前，我猜這支的年份最多不會超過12年，主要應該是8～9年。

從酒杯中所散發出的前味之中，酒精味微弱，刺激感和揮發味較明顯，裡頭雖然還有類似 CEMEDINE（一種接著劑）般的有機溶劑氣味以及松樹皮的香氣，但是這當中卻感覺不到泥煤味。接著出現香氣時，雖然味道很淡，但是終於能聞到泥煤味。在來自橡木桶的木質香氣之中，有著香草味伴隨著焦糖般的甘甜，不過卻沒有焦味，而是混雜著酸味，然後再混雜著酒精的揮發味與辛香味。加水稀釋之後揮發味會變淡，口感則變得更加溫和，雖然同時還會有泥煤香混在裡面，但是味道中的均衡感並沒有發生很大的變化，喝起來卻感覺相當穩定。餘韻雖然有殘留苦味以及澀味，但是倒了2個 shot 杯的酒，然後喝掉2/3左右時，會發現到香氣幾乎都消失了，這讓人感到非常驚訝。如果趕緊喝完那不成問題，但是由於這款威士忌在香氣和味道下了很多工夫，所以不自覺會讓人想放慢腳步細細品嘗。總的來說，味道雖然華麗，但是不夠強勁，"余市"的影子較稀薄，就 TAKETSURU 而言，有些地方似乎有點稍嫌不足。看來，在我的心中果然已經形成有余市才有竹鶴的這個印象，而且似乎根深蒂固。

參考價為3,240日圓，市售價則約2,800日圓左右。

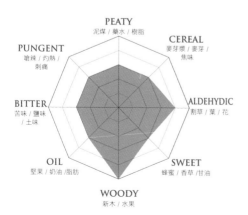

PEATY
泥煤 / 藥水 / 樹脂

PUNGENT
嗆辣 / 灼熱 / 刺痛

CEREAL
麥芽漿 / 麥芽 / 焦味

BITTER
苦味 / 鹽味 / 土味

ALDEHYDIC
割草 / 葉 / 花

OIL
堅果 / 奶油 / 脂肪

SWEET
蜂蜜 / 香草 / 甘油

WOODY
新木 / 水果

有自我主張，苦澀與甘甜交織的饗宴。

和智　90分
高橋　90分

單一麥芽 余市

SINGLE MALT YOICHI

[700ml 45%]

BOTTLE IMPRESSION

　　這款威士忌直接以北海道余市蒸餾廠的名字為酒名，想必應該是非常有自信地認為它最能代表該酒廠原本的特色吧。酒廠的創立者竹鶴政孝從日本各地的風土環境之中選擇在余市蓋了這間余市蒸餾廠，那裡整年都有來自日本海的海風吹拂，即使夏天最高溫也才 28℃，冬天則積雪很深且天寒地凍，簡直就跟蘇格蘭的地理條件一樣。在這樣的自然環境中熟成的「單一麥芽威士忌 余市 12 年」，從 293 款酒中脫穎而出被 WWA（World Whiskies Award 世界威士忌競賽）選為世界最佳威士忌；「單一麥芽威士忌 余市 1978」則被選為最佳日本單一麥芽威士忌。那麼，繼這些名酒之後所推出「余市」味道究竟如何呢？圓筒狀的瓶身看起來相當有架勢，打開酒瓶將酒倒進杯中，首先會散發出特別是來自穀物的甘甜與帶著酒精嗆鼻的刺激味的苦澀。味道的中心是苦味帶著果香，接著還有澀味、肥皂以及葡萄熟透的味道。一款麥芽威士忌竟然能夠包含如此多的味道元素，這實在是相當了不起，不，簡直是非常驚人，而且在這些元素之中，不但沒有任何一個味道損及這份美味，反而確實地讓這款威士忌展現出應有的特色以及主張，使味道充滿日本威士忌的自信與堅持。加水之後，會綻放出果香、甜香、苦味以及泥煤香，微微地刺激著舌尖，感覺非常舒服，讓人不一會兒就飲盡，可說相當滿足。

　　參考價為 4,536 日圓，市售價則約 3,300 日圓左右。

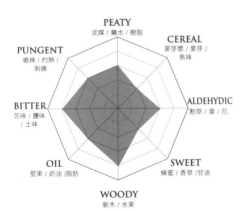

PEATY
泥煤 / 藥水 / 樹脂

CEREAL
麥芽類 / 麥芽 / 焦味

PUNGENT
嗆辣 / 灼熱 / 刺痛

ALDEHYDIC
割草 / 葉 / 花

BITTER
苦味 / 鹽味 / 土味

SWEET
蜂蜜 / 香草 / 甘油

OIL
堅果 / 奶油 / 脂肪

WOODY
新木 / 水果

和智		90分
		100
高橋		94分

單一麥芽 宮城峽
SINGLE MALT MIYAGIKYO

[500ml 45%]

BOTTLE IMPRESSION

竹鶴政孝在北海道余市蒸餾廠成功製造出具有坎培城風格的威士忌之後，為了調配出更好的調和威士忌並做出類似斯貝河畔風格的威士忌，於是又在仙台蓋了宮城峽蒸餾廠。而冠上酒廠名的「單一麥芽威士忌宮城峽 15 年」更是在 2007 年於瑞典所舉辦的單一麥芽威士忌競賽中獲得最高的榮譽。之後，雖然陸續推出「宮城峽 10 年」、「宮城峽 12 年」以及「宮城峽 15 年」，但是目前由於熟成桶嚴重不足，因此現在只推出無年份的酒款。宮城峽的特色是富含果香的味道之中內藏著沉穩的苦味與酸味，這和余市蒸餾廠的麥芽威士忌那豪邁粗曠的泥煤味可說是逕渭分明，不過這兩種味道其實很難說孰優孰劣。總之，這款威士忌的味道實際嘗起來如何呢？首先，香氣中充滿著果香與麥芽味。試喝一口看看，會感覺到美味伴隨著刺激感整個綻放開來，那種滋味真的會讓人覺得很幸福。杜鵑花冠的花蜜、煉乳、葡萄乾與石榴、較濃的紅茶、澀柿、芋薯等味道同時竄出。味道充滿特色，且極致複雜。直接純飲能帶來相當大的滿足感，甚至讓人一點都不想加水稀釋喝。餘韻能感覺到相當複雜的甜味與苦澀，但是卻意外地很快就結束了。其實先撇開品飲，因為這款的容量只有相當於試飲程度的 500ml，因此沒多久就見底了，由此可見，就算無年份也一樣好喝！

參考價格為 4,536 日圓，市售價則約 3,300 日圓左右。

※700ml「宮城峽 15 年」：市售價為 33,000 日圓～

苦味與澀味所形成的複雜滋味。

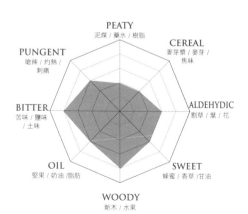

PEATY
泥煤 / 藥水 / 樹脂

CEREAL
麥芽麩 / 麥芽 / 焦味

PUNGENT
嗆辣 / 灼熱 / 刺痛

ALDEHYDIC
割草 / 葉 / 花

BITTER
苦味 / 鹽味 / 土味

OIL
堅果 / 奶油 / 脂肪

SWEET
蜂蜜 / 香草 / 甘油

WOODY
新木 / 水果

	分
和智	90分
高橋	93分

197

仙台國分町的
代表酒款。

伊達
DATE

[700ml 43%]

BOTTLE IMPRESSION

　　伊達是在 2009 年所推出、只限宮城縣發售的當地威士忌，而我當初是在宮城峽蒸餾廠內的 Nikka 服務中心的商店裡買到的。那時候，我還同時買了聽說只有在這個酒廠內才能買到的該蒸餾廠所生產的主要調和基酒系列，以及「樽出 51 度」、「宮城峽 2000年」等這些我第一次看到的酒款。來到宮城峽蒸餾廠，除了讓我對 Nikka 所推出的商品種類之豐富感到驚訝之外，當我知道這些酒款是專門為前來酒廠參觀的客人所提供的服務之後，心中更是充滿感動。「伊達」這個酒名來自於仙台藩的藩主伊達家族；酒標上英文字母 A 的設計看起來就像是伊達政宗頭盔上的立物（TATEMONO，日本武士頭盔上的裝飾物），這明確地表達出酒名的由來，同時也展現出 "當地的特色" 而使人印象深刻。在喝之前，我大概能想像這款酒的特性應該是將宮城峽蒸餾廠所推出的壺式麥芽威士忌、柱式麥芽威士忌以及柱式穀物威士忌調和之後所得到純宮城峽產的那種味道。而實際打開酒瓶之後，甜味比想像中的還要更少，整體散發出木質香與泥煤味。接著，在焦糖般的甘甜與焦味之上，會出現一股蘋果的酸味並成為整個味道的主體，而這個酸味則讓人印象十分深刻。進入餘韻之後，味道雖然改由苦味以及香草味主導，但是味道從頭到尾都非常豐富、極為精彩，令人陶醉不已。味道中的酸味比甜味更具特色，滋味相當濃郁。雖然是調和威士忌，但是穀物威士忌的風味在這裡卻不是很明顯。這款威士忌充滿個性，如果是地區限定酒款，真希望都能像它這麼有個性…。總之，真的很棒，我非常喜歡。

　　參考價為 3,780 日圓。

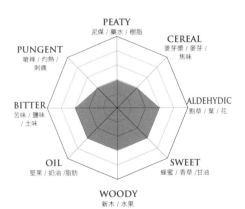

PEATY
泥煤 / 藥水 / 樹脂

CEREAL
麥芽糖 / 麥芽 / 焦味

PUNGENT
嗆辣 / 灼熱 / 刺痛

ALDEHYDIC
割草 / 葉 / 花

BITTER
苦味 / 鹹味 / 土味

SWEET
蜂蜜 / 香草 / 甘油

OIL
堅果 / 奶油 / 脂肪

WOODY
新木 / 水果

		85分
和智		100
高橋		85分

鶴

NIKKA WHISKY TSURU

[700ml 43%]

味道豐富的出色酒款。

BOTTLE IMPRESSION

　　這款是在 1976 年，竹鶴政孝以 83 歲的調和師之姿所完成的最後的作品。酒瓶早期是採用尾形光琳的畫作—「竹林遊鶴」並以浮雕的方式來做為設計；尾形光琳是江戶中期的代表畫家，他很擅長畫出能讓人感受到典雅、細緻的日本古典傳統的圖案。至於現在的酒瓶設計，在瓶頸的部分印有貼紙來做為裝飾，瓶蓋的表面則是透明的竹林與鶴的圖案。這支調和威士忌相當奢侈地使用余市和宮城峽所珍藏的 15 ～ 20 年熟成的麥芽威士忌來進行調配並出貨上市，堪稱是竹鶴的嘔心瀝血之作。在香氣方面，雖然味道的主角是淡淡的甜香與麥芽味，不過另外也能感覺到砂糖、水果以及紅茶的香味挑逗著嗅覺。稍微含一口在嘴裡，則會出現圓潤舒服又恰到好處的蜂蜜滋味征服著味蕾。除此之外，味道的背後還潛藏著淡淡的泥煤香，另外還充滿著 Nikka 相當自豪的柱式蒸餾穀物威士忌所帶來的特色風味。所謂人人都會喜歡的優質威士忌，簡直就是在指這瓶酒的味道。放鬆心情，然後將這款口感極佳的「鶴」以純飲的方式啜一小口，會有苦澀、酸味與甘甜的滋味在口中散開；接著喝第二口時，則會感覺到靜謐與滿足充滿全身。這是「鶴」的幸福世界，洋溢著高級感的最佳調和威士忌，充分證明了使用好的麥芽原酒就能做出好喝的威士忌。有顯示熟成年份的「鶴 17 年」目前已經停售，而這款雖然在余市蒸餾廠和宮城峽蒸餾廠能夠買到，但是數量相當有限。

　　參考價為 8,000 日圓。

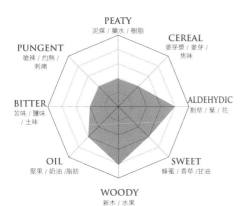

| 和 智 | NO DRINK | | 100 |
| 高 橋 | | | **90 分** |

日果 12 年

THE NIKKA 12

[700ml 43%]

BOTTLE IMPRESSION

2014 年 9 月開始發售、酒名為 THE NIKKA 12 YEARS 的這款威士忌，當初上市時所訂的價格是 5,000 日圓；不過 40 YEARS 卻要價高達 500,000 日圓，價格是 12 年的 100 倍，令人咋舌。而同年同月，NHK 開始播放晨間小説連續劇「阿政與愛莉（マッサン）」。

準備打開 THE NIKKA 12 年時，不知道他們是不是把 40 年的瓶身設計直接套用上去，12 年用的軟木塞瓶蓋大到看起來非常突兀，充份展現出酒名中「THE」這個字那獨一無二的風采。酒色呈現非常淡的金黃色。至於如果是 40 年款，因為熟成的年份不同，所以顏色會變成像是色調更深的白蘭地。將鼻子靠近酒瓶時，能聞到淡淡的果香與少量的淡泥煤香，感覺非常享受。此外，慢慢地還會出現熟成感十足的穀物與黑蜜的香氣。拿起方便好握的方型酒瓶，將酒倒進杯中約兩指高，然後用舌尖品嘗看看。這款號稱是高級的調和威士忌，如果與相同價格帶的蘇格蘭威士忌試飲比較，雖然在煙燻味的表現略顯不足；但是它的複雜度與熟成感則一點都不遜色，真不愧是所謂的高級酒款。用純飲的方式喝喝看，會湧出一股苦味與酸味，同時還能感覺到淡淡的果香與甜味在口中散開。無尖銳的揮發類酒精刺激，甚至讓人誤以為酒精濃度沒有到 43 度；沉穩內斂為其特色，複雜系調和威士忌「THE NIKKA 12 年」的味道能夠讓全日本人都接受，實力確實不容小覷。不知道是柱式蒸餾穀物威士忌的 DNA 太好的緣故，亦或是調配技術相當高明的關係，這款如果每天喝應該一點都不會膩。加水 20%，味道會變得溫和、圓潤又甘甜。真是一瓶喝起來美味，價格又讓人滿意的好酒。12 年的味道就如此出色，還沒體驗過的 40 年不知道喝起來感覺如何，越想越讓人期待。不過，因為價格實在高到無法想像而讓人買不下手，因此只好憑空想像那箇中滋味即可。

PEATY
泥煤 / 藥水 / 樹脂

CEREAL
麥芽漿 / 麥芽 / 焦味

PUNGENT
嗆辣 / 灼熱 / 刺痛

ALDEHYDIC
割草 / 葉 / 花

BITTER
苦味 / 鹽味 / 土味

OIL
堅果 / 奶油 / 脂肪

SWEET
蜂蜜 / 香草 / 甘油

WOODY
新木 / 水果

THE NIKKA
PREMIUM BLENDED WHISKY

THE NIKKA

PREMIUM BLENDED WHISKY

12
YEARS OLD
The emblem of Nikka Whisky
The art of blending and craftsmanship
NIKKA WHISKY
ウイスキー

以溫和易飲為優先考量的 12 年熟成款。

和智		85 分
		100
高橋		
	80 分	

秩父ICHIRO'S MALT 雙廠調和

Ichiro's Malt DD

[700ml 46%]

BOTTLE IMPRESSION

2000 年停產的羽生酒廠與 2008 年開始生產的秩父酒廠是爺孫關係，而這次所品飲的 Ichiro's Malt DD，即是將這兩家的麥芽原酒合體所調配而成的酒款。由於這次買到的是標準瓶的 700ml 而非 200ml 的小瓶裝，因此決定重新品飲看看。價格上雖然感覺貴了些，但是調配出來的味道和其他日本產的威士忌完全不同，散發出熟成感十足、宛如葡萄酒般的香氣與頂級的麥芽滋味。味道芳香醇厚，十分迷人，讓人迫不及待地想趕快拿起酒杯將酒往嘴裡送。入口極為滑順、雙廠調和（Double Distilleries）喝起來非常舒服，那味道之複雜，很難簡單地只用「苦澀」、「酸味」、「甘甜」等這些字眼來表達，進而使人立刻了解到原來這就是它的最大特色，然後不加思索地脫口說出「真好喝！」。而且跟以前喝過的 Double Distilleries 相比，這瓶明顯更加進化、出色。喝了奢侈的好酒所得到的滿足感與幸福感，感覺就跟這瓶 Ichiro's Malt 讓人不停地一杯接著一杯，怎麼樣都喝不膩的味道一樣。以前覺得這款威士忌的等級比同樣也是 Ichiro's Malt 的 MWR（Mizunara Wood Reserve）還要再後面，當時的印象是味道以甘甜、辛香為主，口感清涼、變化不大有如平地。不過現在重喝之後，卻覺得它一點也不輸 MWR，樣貌多變，就像是延綿起伏的山群。威士忌是活的東西，這瓶雖然不太容易買到，但是當有機會再次品嘗時，果然不能以為味道會跟以前一樣，它們其實是會不斷地變化、蛻變的。真的很神奇，讓我內心充滿感謝。而且當然，這款威士忌同樣也沒有經過冷凝過濾以及著色。

今夜的品飲就以這支表現非常完美的酒款做為結束吧，感覺等下終於可以好好地睡個好覺。

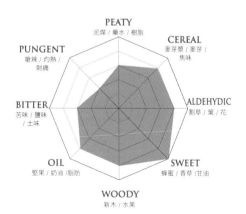

PEATY
泥煤 / 藥水 / 樹脂

CEREAL
麥芽類 / 麥芽 / 焦味

PUNGENT
嗆辣 / 灼熱 / 刺痛

ALDEHYDIC
割草 / 葉 / 花

BITTER
苦味 / 鹽味 / 土味

OIL
堅果 / 奶油 /脂肪

SWEET
蜂蜜 / 香草 /甘油

WOODY
新木 / 水果

奢侈的幸福。

和 智	NO DRINK		
			100
高 橋			**95分**

火星 越百MALTAGE "COSMO"

MARS MALTAGE "COSMO"

[700ml 43%]

BOTTLE IMPRESSION

關於 MARS，他們的單一麥芽威士忌「駒之岳」雖然在鐵粉之間擁有很高的人氣，不過目前已經很難買到；目前供貨量穩定且能買到的麥芽威士忌是無年份的「越百 Cosmo」這款威士忌。「越百 Cosmo」這個酒名源自於日本的中央阿爾卑斯（中央 アルプス）山群中的 "越百山"，而越百山的越百其日語發音 Kosumo（こすも）與拉丁語中意思為「宇宙」的 Cosmo 發音相同（英語為 Cosmos），由此也能讓人感覺到酒廠似乎想將這款酒推向國際的企圖。酒標裡描繪著星空下聳立的山群，雖然同時也主打著信州產，但是因為這是調和威士忌，因此總讓人覺得這款酒應該有和 MARS 鹿兒島蒸餾廠所產的麥芽威士忌互相混合…。

酒色為土黃色再帶點褐色。在香氣方面，酒精味溫和，刺激感以及揮發味也很柔順，圓潤滑順的口感之中帶著熟成味，讓人忘記這是無年份的酒款。喝的時候能感覺到淡淡的泥煤味，在雪莉酒桶般的華麗香氣背後，似乎有一股淡淡的橡膠味，此外還有香草味混雜著微微的苦味與澀味。清爽的葡萄、洋梨等果香十足的酸味。蜂蜜之中帶著穀物以及焦糖的甜味，滋味相當精彩豐富。餘韻悠長，苦澀味相當持久。這款威士忌的價格大約是 4,500 日圓左右，與另外兩家大廠的麥芽威士忌差不多，但是味道卻完全不輸他們，充滿自信地展現出自我特色。唯一可挑剔的地方大概就是有點難買到！事實上，這瓶也是我去酒廠參觀時才拿到手的。

深沉、滑順的熟成感，就像甘甜的葡萄液一般。

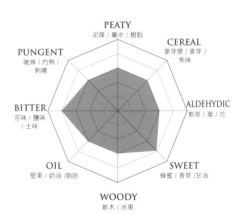

PEATY
泥煤 / 藥水 / 樹脂

PUNGENT
嗆辣 / 灼熱 / 刺痛

CEREAL
麥芽穀 / 麥芽 / 焦味

BITTER
苦味 / 鹽味 / 土味

ALDEHYDIC
割草 / 葉 / 花

OIL
堅果 / 奶油 / 脂肪

SWEET
蜂蜜 / 香草 / 甘油

WOODY
新木 / 水果

		85分
和 智		
		100
高 橋		
	88分	

富士山麓 樽熟原酒50°

FUJI-SANROKU

[700ml 50%]

酒精濃度高達50度所帶來的強烈衝擊力。

WACHI RECOMMEND BOTTLE.

BOTTLE IMPRESSION

　　這款威士忌的酒精濃度比其他酒廠同等級的酒還要再高出 10 度。原酒裝桶（filling）時，酒精濃度就是 50 度，因此（理應！）更能保留原酒本來的滋味。此外，由於它還採取非冷凝過濾而非低溫過濾（Chill filtering），因此香氣也會更加複雜。一邊對這些部分感到著迷不已，一邊開始試著品飲看看。首先，先從純飲（straight）的方式喝起。除了能感覺散發出酒精刺激的揮發味與濃郁又華麗的橡木桶香，另外隱隱約約還有類似波本威士忌的氛圍，而讓人有些期待。酒精本身的刺激味非常強勁，給人重重的一擊之後，接著會出現非常明顯的香草與太妃糖的甜味並同時伴隨著濃郁的木質感。緊接著，還會有焦味與清新又富果香的酸味；酸味消失之後，則會立刻嘗到苦澀與辛香味。雖然煙燻味只是若有似無的程度；但是在悠長的餘韻之中，苦味卻能夠殘留在舌尖直到最後一刻，整體味道的表現非常豐富出色。接下來，試著加冰塊（on the rock）飲用。冰塊開始融化時，酒的溫度也會跟著下降，這時雖然感覺到像橡木桶香以及木質味似乎稍微變淡，但原本稀釋程度就很低的濃郁感以及 50% 的高酒精濃度所帶來的滋味卻沒有改變太多。味道中的苦味比純飲時還要重，不過卻沒有澀味，給人一種極為純淨的印象。此外，還會出現比想像中更富含果香的酸味，味道非常熱鬧精彩。雖然加了冰塊，但是餘韻卻依然悠長，苦味也是和純飲時一樣能殘留到最後。接著加水 20% 左右，帶著焦味的太妃糖甜味多少感覺變淡，而口感則相當爽快又俐落。由於到目前為止味道給人的感覺極佳，因此不再加水或小蘇打水稀釋飲用。以最讓人驚豔的濃郁感而言，基本上似乎沒有太大的崩塌，不論是純飲、加冰塊或是加水 30% 左右都非常好喝，真不愧是道地的強勁類型酒款。最後，從充滿個性的角度來看，富士山麓的樽熟原酒 50 度可說是日本威士忌中表現最出色的一瓶。

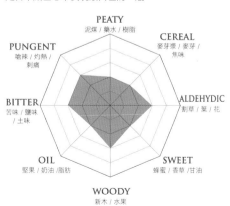

PEATY
泥煤 / 藥水 / 樹脂

CEREAL
麥芽糖 / 麥芽 / 焦味

PUNGENT
嗆辣 / 灼熱 / 刺痛

ALDEHYDIC
割草 / 葉 / 花

BITTER
苦味 / 鹹味 / 土味

OIL
堅果 / 奶油 / 脂肪

SWEET
蜂蜜 / 香草 / 甘油

WOODY
新木 / 水果

和智	90分
高橋	100
	87分

知多
THE CHITA

[700ml 43%]

BOTTLE IMPRESSION

用來蒸餾穀物威士忌的連續蒸餾器，通常都會備有數台高達 30 公尺的巨型柱式蒸餾器（Column Still），而知多酒廠的體系則是擁有 4 台這種柱式蒸餾器；透過這些最新型的巨大裝置，將發酵好的酒醪連續送進蒸餾器裡，最後製造出 3 種純度極高的蒸餾酒。所謂蒸餾的純度很高，指的是能夠萃取出雜味少、相當純淨（接近純酒精）的蒸餾液；不過在知多酒廠，他們會調整這些蒸餾器的組合方式，透過不同的組合製造出 3 種類型不同的穀物威士忌。他們用兩組蒸餾器製造出重型穀物威士忌（能殘留較多香氣與雜味），用三組蒸餾器製造出中型穀物威士忌（重視整體的均衡感），接著用四組蒸餾器製造出輕型穀物威士忌（味道更純淨），而這款「知多」就是用這三種的威士忌所調和出來的。雖然三得利老是推薦做成 Highball 來喝，不過首先先直接以純飲的方式品嘗看看。一開始雖然能感覺到酒精濃度 43% 所帶來的嗆辣（純粹的辛香味）與刺激感；但是當這些感覺收縮之後，味道的核心會轉變成帶著苦味的香草、穀物甘甜以及像梨子般清爽的酸味。不過值得一提的是，並非全部的滋味都很深沉，用一種很矛盾的說法來形容，那就是雖然也能感覺到濃郁，但是味道給人的印象卻很淡薄。勉強來說，其實只有穀物的甜味夠深沉，因而讓人誤以為其他部分好像也很濃郁。加了冰塊之後，味道的核心會產生變化。穀物的甜味變成只剩一點點，然後伴隨著酒精的刺激感一起出現，香氣雖然也變得更加單純，但是如果慢慢享受，這樣的氛圍其實也足夠了。其實我在喝這瓶酒時，大概有一半也都是加冰塊來飲用的。接著，試試之前一直宣傳的「加蘇打水很好喝」，也就是把它做成 Highball 來喝喝看。不過如果是單純想要享受飲酒本身的樂趣，這樣的喝法是否還適合？總之，就我個人而言，我覺得可以專門把它當成一種必要的餐中酒來享用即可。

市售價為 3,098 日圓。

迎風吹拂般的爽快。

| 和智 | | 80分 |
| 高橋 | | 76分 |

204

日果 柯菲穀物

NIKKA COFFEY GRAIN

[700ml 45%]

BOTTLE IMPRESSION

　　麥芽威士忌與穀物威士忌是構成調和威士忌的 2 大
支柱；在這當中，以裸麥以及玉米等雜穀作物為主要
原料的穀物威士忌通常是用連續蒸餾器所製造出來的；
而 Nikka 所用的連續蒸餾器則是與最初的原型非常相
近的柯菲連續蒸餾器（Coffey Still）。這種舊款的連
續蒸餾器雖然在細部會各有差異，但是它能夠讓新酒
保留住相當多的雜味香氣，因此即使到現在，仍然是
種很受歡迎的連續蒸餾器，就連在美國也是經常以它
做為生產波本威士忌的主要設備（以原料來分類，波
本威士忌也是屬於穀物威士忌）。至於宮城峽蒸餾廠
所生產的這款「柯菲穀物」，它正是徹底發揮這項特
色的穀物威士忌。打開瓶蓋，只是將瓶子靠近鼻子，
就能立刻感覺到極為華麗的甜香與酒精的揮發味整個
散發開來。將 2 個 shot 杯的酒倒進杯中，首先雖然能
感覺到酒精的揮發味，但是卻沒有像揮發味那樣的刺
激感與酒精味，來自酒精的辛香味（辛辣味）反而還
比較明顯。聞到香氣之後，在口中能感覺到與波本威
士忌一脈相通的發酵酒香與澀味，帶著焦感的焦糖甜
味、熟爛的熱帶水果酸味以及巧克力的苦味溶化而渾
然成為一體；此外，還能感覺到酒精的辛香味從頭到
尾跟在旁邊。加水稀釋後，焦糖的甜味雖然會變少；
但是同時卻會出現穀物的甘甜。香草味中帶著較濃的
苦味，此外還有澀味，而非單單只是感覺到甜味，我
想這應該就是以穀物為主體所表現出來的性格吧。在
餘韻的部份，會有辛香味中還帶著苦味、香草味以及
澀味，殘留在舌尖的時間相當長，緩慢而舒服，相當
迷人。

　　除了這款，還有另 1 款應該是同時企畫的柯菲蒸餾
酒，同時品飲這 2 款威士忌之後，只會讓人對於商品
企劃的的獨特創意與發想，以及所製造出來酒款能各
自擁有明確的個性感到佩服不已。參考價格為 6,480
日圓，市售價則約 4,600 日圓左右。

令人驚艷的柯菲穀物威士忌。

		95分
和 智		100
高 橋		85分

日果 柯菲麥芽

NIKKA COFFEY MALT

[700ml 45%]

BOTTLE IMPRESSION

調和威士忌是由多種麥芽威士忌與多種穀物威士忌所構成。而穀物威士忌能夠開始大量生產，則是在愛爾蘭的蒸餾師同時也是名發明家、設計者的伊尼亞・柯菲（Aeneas Coffey）在 1830 年製造出連續蒸餾器並普及於業界之後的事。這台蒸餾器被冠上設計者的名字，一般稱之為「柯菲蒸餾器」，和最新的系統相比，其實算是效率相當差的舊式裝置。至於最新的連續蒸餾系統，在 1 次蒸餾時就可連續製造出純度 90% 以上、相當接近於純酒精的蒸餾液（新酒）。不過，Nikka 在使用了在 1999 年從西宮蒸餾廠轉移到宮城峽蒸餾廠的”柯菲蒸餾器”之後，便輕而易舉地將這個大家原本的認知給打破了，而他們所製造出來酒的即是這款「Coffey Malt」。Nikka 將這款威士忌取名為「柯菲 麥芽」，然後做成商品出售；從這支充滿個性的威士忌身上，能清楚地感覺到許多舊式柯菲蒸餾器的特色。才剛把酒倒進杯中，就立刻會有木質味相當濃的橡木桶香散發出來，雖然這裡頭也包含著來自雪莉桶的硫磺以及類似橡膠的硫磺氣味，但是同時也感受一股有如熱帶水果般的華麗、香甜的氛圍。每個人對於這種氣味的感受都不一樣，有些人可能會覺得「很棒」，有些人則可能感覺「很廉價」，而我認為這是柯菲連續蒸餾器才有的獨特個性，因此完全可以接受。香氣出現之後，接著會更清楚地感覺到苦澀混雜著辛香味、帶著香草味的焦糖甜味以及非常濃郁的發酵酒香。加水稀釋之後，會出現木質香，甜味裡會有穀物的甘甜，苦味則變得更加複雜。此外，還有緊貼在甜味背後的酸味而讓整個味道更加豐富，不過與其說是讓味道更深沉，或許說是努力使味道不至於流於單調可能更貼切，總之，我覺得很了不起。

參考價格為 6,480 日圓，市售價則約 4,600 日圓左右。

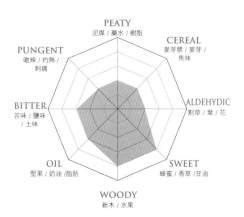

NIKKA COFFEY MALT WHISKY

PRODUCED BY THE NIKKA WHISKY DISTILLING CO., LTD., JAPAN

カフェモルト

alc.45%　　NIKKA WHISKY　ウイスキー

和 智　90分 / 100
高 橋　85分

羅曼德湖 單一穀物

LOCH LOMOND Single Grain

[700ml 46%]

BOTTLE IMPRESSION

　　2014 年，Exponent 這家私人投資公司買下了羅曼湖蒸餾廠，並請來前帝亞吉歐集團的幹部來擔任 CEO 並一直營運到現在。該酒廠原本只生產麥芽威士忌，不過在 1993 年引進柯菲蒸餾器之後，也開始製造起穀物威士忌，將它與同個酒廠內所生產的麥芽威士忌進行調和，然後做成商品賣出。目前這間蒸餾廠位於格拉斯哥的西南方，由於地點就在羅曼湖畔，因此直接將酒廠取名為羅曼湖。1965 年，小磨坊蒸餾廠（Littlemill Distillery）為羅曼湖蓋了新的酒廠，然後隔年開始進行蒸餾。在生產能力方面，羅曼湖酒廠擁有 6 對柯菲蒸餾器，可生產 400 萬公升的麥芽原酒與 1,800 公升的穀物原酒。

　　接著，讓我們來嚐嚐看這款穀物威士忌的味道如何。在香氣方面，能感覺到深色的水果乾帶著淡淡的發酵酒香與來自有機法國橡木桶所形成的香草味。含在口中之後，在玉米所帶來的甜味與穀物的麥芽味裡，竟然也會出現刺激的揮發性酒精味而使人陶醉於其中。味道雖然偏甜，但是完成度之高，與 Nikka 的柯菲穀物威士忌不相上下，這真的很讓人驚訝。此外，價格 2,600 日圓也只有 Nikka 的 6 成左右，拿它與蘇格蘭的單一麥芽威士忌混著喝喝看，感覺應該也會滿有趣的。熟成年份雖然不明，但是這款威士忌能讓人感受到威士忌世界之深奧。飲用時，適合當做餐後威士忌來享受。

以甘甜為基調的穀物威士忌。

PEATY
泥煤 / 藥水 / 樹脂

CEREAL
麥芽漿 / 麥芽 / 焦味

PUNGENT
嗆辣 / 灼熱 / 刺痛

ALDEHYDIC
割草 / 葉 / 花

BITTER
苦味 / 鹽味 / 土味

SWEET
蜂蜜 / 香草 / 甘油

OIL
堅果 / 奶油 / 脂肪

WOODY
新木 / 水果

和 智	NO DRINK	
		100
高 橋		
	80分	

在夜深人靜中一邊啜飲波本威士忌，
一邊聽著老式鄉村音樂

OLD BOURBON, CLASSIC COUNTRY, & THE DRINKING SONGS

和智英樹（攝影師）

攝影協力＝十年、ANKI、呂仁

波本威士忌與鄉村音樂

　　這是個波本威士忌以最有力量、充滿無數傳奇色彩、"男人的酒"這樣的形象滲透到美國的威士忌界並深植於人心的時代。從 1950 年代初期到 80 年代初期，在美國的音樂界，與波本威士忌完全同時發展的「鄉村音樂」文化正處於最繽紛燦爛的時期。那時候（以現在來看），波本威士忌的「Old Bottle」百花齊放，而音樂則是屬於「經典鄉村音樂」的黃金時期。

　　不過就當時而言，那些當然都是極為普通的酒，很普通的音樂，並不是甚麼多特別的東西。然而，在目前意志極為消沉的波本威士忌酒界裡，那個年代的酒現在則搖身一變成為了個性豐富的「Old Bottle」，波本酒迷們將其視為珍寶；比起酒的味道，他們更深深滿足於擁有那些酒款以及與自己散盡家財等值的虛榮感。

　　另一方面，提到鄉村音樂的話，純粹的鄉村音樂衍生出山區鄉村搖滾樂（Rockabilly）鄉村搖滾樂（Country rock）搖滾樂（Rock 'n' roll）流行音樂（Pops），在一連串新的音樂風格演變中，鄉村音樂也慢慢地失去光彩。在 1980 年代雖然只是一時的，但是當時除了田納西等南部各州（以全美來看），其他地方幾乎已經沒有甚麼人在聽鄉村音樂了。至於現在，鄉村音樂正順應時代潮流改變風格，並試圖恢復昔日的地位與風采當中。

　　整體來說，在尚未完全脫離戰後色彩的 1950 ～ 60 年代，鄉村音樂正是當時美國音樂風格的代表，只要是熱門歌曲就一定是鄉村音樂。甚至說得極端點，那個時候的美國

唱片業，除了鄉村歌曲、爵士、古典樂以外，就再也沒有其他類型的音樂。

　　至於鄉村音樂在日本發展的情況，除了 1960 年代曾紅極一時以外，在其他時期幾乎是默默無名…，現在聽起來或許會感到難以置信，但是當時在西方（在日本會這樣稱呼）世界裡，其實也誕生了不少日本明星。

　　鄉村音樂在美國這個大本營曾經出現一時衰退的現象，而這就跟西部電影衰退的情況一樣，其實都是由同一種原因所造成的。

　　簡單來說，西部片的明星（演員）所處的拍片現場如亞利桑那州、內華達州、猶他州等地區都離核子實驗場不算太遠，當時那裡進行許多地面上或地底下的實驗，結果沒想到發生輻射污染，使得那些演員遭受到核能傷害，最後接連都死於癌症；充滿魅力的西部片明星一個個消逝，這是造成西部片沒落的主要原因。

　　而鄉村音樂就跟上述的情形一樣，當時即使是人氣歌手，卻也都紛紛將工作活動轉換到其他比較有賺頭的地方，最後導致鄉村音樂不再出現閃亮的明星。

　　最典型的例子就是，當時鄉村音樂的當紅炸子雞是 Ray Price，原本在他所屬的樂團擔任第二主唱的 Elvis Presley（艾維斯・普里斯萊）後來跑去改唱搖滾歌曲。進軍搖滾樂，將歌迷擴大到年紀更輕的族群，讓更多的人願意掏錢買唱片，結果使得唱片業成為非常賺錢的行業。

少數族群的秘密樂趣

　　總之，把這些灰暗的事情當成事實接受之後，我才發覺原來自己是那（鄉村樂迷）少數族群當中的一員；而另一方面，在進入1980年代之後，則開始出現了一群樂於當這個少數族群（雖然也有人稱之為鄉村音樂的“御宅族”）的忠實鐵粉。

　　這些人與爵士歌迷有著相同的特質，因為過度偏好鄉村歌曲或爵士音樂，所以瞧不起那些盲目崇拜搖滾樂或流行樂等其他音樂類型的人，然後自己還會悄悄地聽著所偏愛的樂手或歌手的樂曲不讓任何人知道並因此感到相當愉悅。

　　「反正那些盲目的追星族聽了也不會懂！」，將這樣的排他意識與偏頗的想法、偏好任意曲解成這是種高尚的興趣且深信不疑，進入到一種由天真無知的人那特有的精神構造所創造出來愉悅狀態。然而，再仔細分析便會發現，那些人一直沉浸在充滿那些音樂類型的年代，以鄉村音樂來說就是1960年代到70年代，且至今仍無法脫離，這不禁讓人覺得他們其實是一群無法無法融入於現代這個社會的可憐人。

　　就我來說，因為那些是陪我一起成長的音樂所以我才會喜歡它們，但是有些人則是突然變成很愛聽那些年代相當久遠的歌曲的粉絲。事實上，愈是這種人愈容易瞧不起流行樂或搖滾樂，甚至一點都不會想碰。不管什麼時候，無論是哪種音樂類型都會有狂熱的“愛好者”，而這也讓我體認到這世上確實是有所謂的“御宅族”存在。

　　如果是音樂，只要有唱片、錄音帶或是CD等任何可以放來聽的東西，馬上就能重回到那個年代。

　　但是如果是很愛喝波本威士忌的酒徒忽然迷上“Old Bottle，”那可就慘了。為什麼這麼說呢，這是因為如果是酒，儘管運氣好而讓你拿到手，但是喝光就結束了。曲中人散，剩下的只能望著空瓶徒傷悲。

　　不過面對這個時候，其實也可以考慮一邊啜飲著現今時興的那種有點使不上勁的波本威士忌，然後一邊用經典的鄉村音樂來填滿這空虛的心靈。畢竟那些歌曲與波本威士忌偏好者所喜愛的Old Bottle誕生於同個時代，可說是“男人的歌”…。

　　聆聽Alan Jackson經過千錘百鍊的鄉村音樂愛好的終極歌曲『Don't Rock The Jukebox』，在歌曲的一開始就呼喊著「在點唱機播放搖滾歌曲是最差勁的！」，今晚，我的波本時間才正要開始呢。

鄉村西部樂（C&W）的種類

鄉村西部樂（Country & Western），從名稱來看可能會誤以為這是與"西部片"有關的西部音樂，但實際上它是發源自美國南部，而且大概有一半都是在描述失戀心痛感受的"情歌"。這類的歌曲也可以說是一種"怨歌"，講的是男人的悲傷苦痛。不過當然，也有以"女性"為立場的版本。

此外，還有就是對於人生的警示或信仰的真摯感受，以及對神的讚頌、讚美歌曲等富含宗教意味的歌曲。總之，像這種要大家"抱持一顆虔誠的心"之類的"神聖歌曲"（也稱為聖歌，但近年也有人稱為福音），也是一流的 C&W 歌手都要會唱的歌。這種類的歌曲非常重要，甚至可說如果發行將近五張專輯，那麼其中必定會有一張是聖歌專輯。換句話說，在右翼社會的美國藝能界，特別是 C&W 的領域裡，保持一種"認真嚴肅"的形象，是他們非常重視的事。

然而，任何東西一定都有例外，有不少超級巨星的生活其實過得相當糜爛。在這當中，幾乎被當成神看待的 Hank Williams、Johnny Cash、George Jones 雖然可說是這樂界的三大天王，不過他們每個都過世了。而在他們所遺留下來的歌曲當中，有很多迄今仍然是 C&W 不朽的經典歌曲，即使不是 C&W 歌迷，或者不知道那就是鄉村音樂的人，也應該都聽過不少這些歌曲。

「工作歌（Work Song）」是一種以牧場、農場、伐木的林木業或是礦工等艱苦工作每天所遇到的酸甜苦辣為題材的歌曲；而在這當中，像是「牛仔歌曲」、唱出長距離的卡車司機或是需要四處奔波的各種職業（被稱為 highwayman 的那群人）悲歡的「Road Song」，以及唱出晚上在酒吧或妓院賺錢的女性她們享樂的人生觀與悲喜的「Honky Tonk Song」等，這些也全都是鄉村音樂非常重要的主題。

所謂的「牛仔歌曲」，有很多都是在牛仔間傳唱、並以當地的民謠為基礎所做出來的歌曲；雖然現在已經都沒有了，但是到 1960 年代前半為止，確實是有被稱為"牛仔歌手"這種原本真的是牛仔的歌手存在；雖然與劇情毫無關係，但是總能看到他們出現在西部片當中，通常在一半的 B 級西部片裡都一定會看到他們高歌一曲。像那樣的電影如果給人感覺很悠閒，那麼不管是看電影的人或是時代，在那時候也都全都度過了悠閒如夢般的時光。

在日本雖然不太熟悉，但是在美國中西部稍具規模的鄉鎮裡一定都會有跳舞的俱樂部，跳團體舞時所放的音樂，以及為了能一手拿著啤酒以好好享受悠閒片刻的鄉村音樂如「西部搖擺音樂 Western swing」等，這也是 C&W 主要的音樂型態。

另外，嚴格來說不算是鄉村音樂，但唱片業卻不分青紅皂白地將使用土裡土氣的原聲樂器來伴奏的「藍草音樂（Bluegrass music）」也視為是與 C&W 相同類型的音樂，而有些人則認為現代的藍草音樂本身就是一種鄉村音樂。但如果從出現的時間來看，鄉村音樂與藍草音樂根本就完全不同的東西；總之，在此希望大家能先明白這兩者很明顯是不同的音樂。不過另一方面，藍草音樂的樂手其實有時會試著加入一些鄉村音樂的元素，而鄉村音樂的歌手有時則會唱藍草音樂的樂曲，演奏的方式雖然不同，但是曲風卻逐漸混在一起這倒是不爭的事實。

新皮囊裝陳酒　經典歌曲是名曲

假設鄉村音樂的歌手演唱藍草音樂的名曲，或是演奏藍草音樂的樂團反過來將鄉村音樂的元素加進自己的歌曲裡，像這樣的事情在 C&W 的世界裡可說是家常便飯，反倒是只演唱自己所創作的歌曲才算是少見。

A 歌手的歌曲由 B 來唱，近年來不僅是日本、連美國都稱之為翻唱（cover）；但在鄉村音樂的世界裡，不管是以前還是現在直接以"復活（revival）"一詞來表示。

會這樣是因為有很多歌曲最初的版本已不可考，一開始就只說這是"鄉村老歌"的歌實在是太多了。創作出來之後再次被演唱的歌曲，不管從時間還是空間來看都是一種"復活"，雖然在其他音樂風格裡已經幾乎不再使用這個詞，但在鄉村音樂的世界裡永遠都會將老歌新唱稱之為"復活"。

不過話雖如此，在 1980 年代 C&W 衰退時期，因為有不少也兼唱 C&W 以外的音樂，也就是那些「新的世代：對事情的始末不了解」非 C&W 專業歌手的人進到這個世界，因此事實上像這種屬於 C&W 的獨特說法也就漸漸衰退了。對於像我這種重度的鄉村音樂狂熱者（即使被稱為御宅族一點也不在意）來說，即使是這種沒甚麼大不了的小事，但是聽到時還是會覺得極為掃興。

至於過去產生如此多的名曲，C&W 的音樂家自己非常清楚，把這些歌當成名曲繼續傳唱下去，這是他們最大的資產。因此，不管是什麼年代，有好幾首不朽的鄉村經典歌曲總能深植在美國人的心中。將老歌以新的風格持續傳唱下去，這就是所謂的「新皮囊裝陳酒」。

熱門翻唱的超級名曲「田納西華爾滋」

　　在那些經典名曲當中，如果要列舉幾首連日本人都耳熟能詳的歌曲的話，在日本最暢銷且最知名的當屬江利智惠美所演唱的『田納西華爾滋』吧。日本人對這首歌非常熟悉，甚至還有人誤以為這本來就是日本歌，據說它在美國熱賣 800 萬張、甚至是 1000 萬張，可說是 C&W 中的傳奇熱門歌曲。

　　讓這首歌竄紅的是女性歌手帕蒂佩姬（Patti Page）。雖然她的版本是在 1950 年發行，不過這首單曲最初其實是收錄在西部搖擺音樂的樂團、Pee Wee King & Golden West Cowboys 的專輯裡。作曲是樂團團長佩偉金（Pee Wee King），有自唱版與樂團團員歌手 Cowboy Copas 演唱版，而這兩個版本在 1947 年同時入選美國 Billboard 暢銷單曲前 4 名，因此也可說是打破先例的一首歌。至於帕蒂佩姬所唱的，其實是三年後重新翻唱的版本。

　　日本江利智惠美的版本則是在 2 年後的 1952 年所發行的，當時賣了 40 萬張；不過在美國，包括江利智惠美在內已經有 8 位歌手翻唱過這首『田納西華爾滋』（有發行專輯的）。才短短 5 年就已經有 8 個人唱過，這個數字有點驚人。之後，唱過這首『田納西華爾滋』的歌手多達到 50 幾人，日本人也算知曉的流行樂歌手則有 Connie Francis、Elvis Presley、Pat Boone 等人唱過。此外，這所謂的 50 人並不是指上台演唱的數字，而是僅計算錄製並發行專輯的數字。順道一提，這首歌曲現在已經是美國田納西州的州歌（State Song）。

215

成為州歌的鄉村歌曲，以及「You Are My Sunshine」

在美國各州（紐澤西除外）一定都有像是『田納西華爾滋』那樣的州歌，為州民所熟知並成為他們的驕傲。而在這當中，其實也參雜了很多鄉村歌曲或是藍草音樂，以下列舉幾首有名的歌曲。

「Take Me Home, Country Roads」（鄉村小路引我回家）/ 西維吉尼亞州（鄉村歌曲）
鄉村音樂歌手 John Denver 的版本在日本也很暢銷，但藍草音樂版本也很多。

「Home On The Range」（山腰上的家）/ 堪薩斯州（牛仔歌曲）
連在日本小學裡也有教的知名牛仔歌曲。有很多藍草音樂版本。

「My Old Kentucky Home」（肯塔基老家鄉）/ 肯塔基州（民謠）
由 Stephen Foster 製作的老民謠。在肯塔基州以藍草音樂風格重新演繹。

「Blue Moon of Kentucky」（肯塔基的藍月亮）/ 肯塔基州（藍草音樂）
這是 Bill Monroe & Bluegrass Boys 所唱的不朽藍草音樂熱門單曲。

「Rocky Mountain High」（高高的洛基山）/ 科羅拉多州（藍草音樂）
這是首極為知名的經典藍草歌曲，甚至可說只要是藍草音樂樂團一定都唱過。
至於在鄉村音樂領域裡，John Denver 的版本非常受歡迎。

「You Are My Sunshine」（你是我的陽光）/ 路易斯安納州 鄉村歌曲）

這首歌非常有名，甚至我想全世界應該不會有人沒聽過吧？這首相當古老的鄉村歌曲，最初的版本是由 1940 ～ 60 年代活躍於路易斯安納的鄉村音樂人氣歌手 Jimmie Davis，在 1939 年這個當時還是黑膠唱片（美國稱為 78 轉唱片）的年代所演唱的。

作詞是唱者也就是 Jimmie Davis 本人，作曲是 Charles Mitchell，至於曲調則是以相當黯淡的失戀為題材的情歌。說這是首灰暗的民謠風格歌曲，可能會有很多人覺得不太對勁；但是原來的版本確實是感覺非常黑暗的失戀歌曲。

而將這首歌變得輕快活潑的，其實也是 Jimmie Davis 本人，至於轉變的契機則是 1944 年路易斯安納州的州長選舉。Jimmie Davis 當時以州長候選人的身份參與了這場選舉，為了當成自己的競選歌曲，於是他將「You Are My Sunshine」重新改編成風格明亮的歌曲。這就是同樣都是這首歌，但是旋律卻從 "灰暗" 轉成 "明亮" 的始末。這首競選歌曲的歌名叫做「Davis is Sunshine」（Davis 是陽光）。也就是說，在競選活動的集會裡，每當 Jimmie Davis 要開始演說前，他自己總會完全不害躁地領著大家一起唱：「Davis 是明亮的太陽，是你的太陽 ...」，然後華麗地展開競選活動。

最終，不知道是否是受這首競選歌曲的庇護，Jimmie Davis 順利地登上第 47 屆美國路易斯安納州州長的寶座，在 1948 年卸任之前，他一直以州長的身份度過整個 4 年任期。

他就任路易斯安納州州長時的 1944 年正值第二次世界大戰末期，而當時也是灰暗的社會大眾從確信可以打贏戰爭進而希望逐漸恢復光明的時期，因此這首值得慶祝的歌曲也不可能擺著不用，後來到了戰後，這首歌突然改變形象，當「You Are My Sunshine」重新發行時，旋律變得快樂又充滿節奏，而這首歌的形象也因此固定下來。

1959 年，原唱 Jimmie Davis 在重新製作的專輯裡，他以充滿路易斯安納本土色彩的迪克西蘭爵士樂曲風做為一開始的前奏，接著又逐漸將旋律轉變成鄉村樂。至於副歌（歌曲中會不斷重複的部分）則是加入合唱，使整首歌的感覺與原本的民謠風格完全不同。從這些地方，也讓人感受到擅於掌握時代變遷的 Jimmie Davis 其過人的處世之道。

然而，在我的收藏當中實際上沒有比這個 '59 年專輯更早的版本，我沒有 Jimmie 最初演唱「You Are My Sunshine」的那個版本。真正能感受到當時版本的氛圍是 Elizabeth Mitchell 在 2002 年唱的版本，而這是 21 世紀所發行的「You Are My Sunshine」。

Elizabeth Mitchel 是位將早期的鄉村音樂或民謠以原曲風格忠實翻唱而聞名的歌手。她實際邊彈吉他邊唱，沉平的嗓音、灰暗的曲調以及民謠般的節奏，整個氛圍能讓人充分地想像出當時最初的版本應該是怎麼樣的感覺，這對我來說是相當珍貴的一曲。

除了這首歌之外，許多人也都知道 Jimmie Davis 是「Green, Green Grass of Home」這首名曲的作者；在唱歌時加入 "獨白（說話）" 的這種 C&W 風格，也可說是從這首歌才開始確立出來的。重新翻唱這首歌的歌手不勝枚舉，但是如果連 "獨白" 也能夠表現很好倒是相當難得，從這個意義義來看，這也是首很會挑人唱的知名歌曲。

稍微偏離主題一下，Jimmie Davis 除了是人氣歌手以外，他同時也在路易斯安納州州立大學當史學教授，真是位多才多藝的人。對了，之前忘記提到，「You Are My Sunshine」被選為州歌是在 1977 年。

嗯，也差不多是該將藏在我的威士忌酒櫃後方的裸麥威士忌珍品「Sazerac Rye」拿出來品嘗的時候了！

威士忌的定義

高橋矩彥

酒象徵著該發源地的文明。

在美索不達米亞平原所誕生的蒸餾技術，從土耳其傳到希臘、埃及，再橫跨直布羅陀海峽到達西班牙，接著從英格蘭來到愛爾蘭。這種稱為威士忌的蒸餾酒，一般認為應該是在英國佔領期間同時傳到蘇格蘭地區的。蘇格蘭威士忌，那充滿特色的複雜滋味是從蘇格蘭的氣候、地形與土壤之中所昇華而成的。蘇格蘭雖然與日本北海道的面積差不多大，但從南邊的低地區到北邊的赫布里底群島的距離縱長達 450 公里。位於面海、山、島的蒸餾廠所製作出來的單一麥芽威士忌，在過去是蘇格蘭最常見的地方酒。地方酒，透過在當地採收的大麥、用來烘烤麥芽的泥煤，以及發芽、糖化、蟲桶冷卻所使用的水源、

再加上熟成所必須的大地、風土等地理環境所釀造出來的味道使它化身成為一種非常了不起的酒。

日本人竹鶴政孝在格拉斯哥大學留學，並曾在蘇格蘭的斯貝河畔與金泰爾半島的蒸餾廠實際學習威士忌的製作方式。回到日本後，在壽屋（現在的三得利）的山崎蒸餾廠採用與蘇格蘭威士忌相同的製作方式來蒸餾出蒸餾酒。從那之後百年的時光過去了，最初從模仿蘇格蘭威士忌開始的日本威士忌製造，現在究竟變得如何？這個從日本風土環境所做出來的地方酒，是否已經昇華成能夠向世界誇耀的日本威士忌呢？很遺憾地，當成日本威士忌而被人大量飲用且容易取得的威士忌，這其實不是用日本的原料所做出來的。以目前來看，手工威士忌釀造廠現在才剛開

始以實驗性質的方式請日本的農家契製純日本所生產大麥原料。而三得利、日果、麒麟這三大蒸餾廠，穀物威士忌的原料如玉米、小麥不用說，連原料最多的日本產的大麥麥芽也都未能使用，100% 全部都是仰賴國外進口。此外，在稅制上只要有 10% 的麥芽威士忌，就可當成威士忌來販售，也因此有很多會混入用廢糖蜜所做成的中性酒精。

另外，日本中小型的手工威士忌酒廠為了做出調和威士忌，但是由於沒有製造穀物威士忌的工廠，因此不得已只好從國外的酒廠大量進口。

除此之外，威士忌酒廠所使用原料目前並不提供產銷履歷，像這樣的酒是否可稱為日本威士忌？這實在讓人充滿疑慮。而且在 1962 年所修改的日本酒稅法裡，即使新酒沒有放進酒桶裡熟成，也能當成威士忌來販售。由此來看，要如何定義日本威士忌將會變得非常困難。為什麼很難稱它為威士忌呢？這是因為蘇格蘭威士忌、愛爾蘭威士忌、加拿大威士忌以及波本威士忌等這 4 大威士忌所用的全部原料都是只來自穀物。

中性酒精是將非穀物如甘蔗等精煉成砂糖後的廢糖蜜（molasses）發酵所萃取而成的，而酒裡頭有 90% 都是這種東西，這樣的酒是否可以稱為威士忌，這個問題至今仍無法解決。將含有巴西、東南亞產的糖分所變成的廢糖蜜發酵成酒醪以產生酒精，接著用蒸餾器萃取出粗製的酒精之後再輸往日本。

然後寶酒造、合同酒精、第一酒精等公司再將這些東西買下，利用連續式蒸餾器製造出無不純物的高濃度乙醇（食用酒精），接著再將它當成「製酒原料用的酒精」賣給各家酒廠。順到一提，因為這是屬於原料用的酒精，所以還不用課稅。就這樣，這些製酒原料用的酒精被當成原料而廣泛地使用，從燒酎、日本酒、第三類啤酒（啤酒風味的發泡酒）、酎 high、純正味醂到威士忌等都有。

　　舉個比較容易理解的例子，日本製的啤酒是「啤酒花＋大麥＋水＝啤酒」、「發泡酒＝利口酒」、「第三類啤酒＝利口酒」等，因為在稅法上有很明確的區分，所以廠商會老實地將原料標示在罐子上。不過，之後啤酒稅法要變了，全部都改成相同的稅率。如此一來，雖然知道「發泡酒」、「第三類啤酒」並不是 100％ 的純啤酒，但因為價格便宜所以還是選擇購買的民眾將會感到非常錯愕。也就是說，針對酒稅佔 50％ 的重要啤酒系飲料，國稅局連廠商製造類啤酒的努力與民眾令人同情的節稅對策都不允許。2018 年以後酒廠在酒瓶或酒罐上的標示非常值得一看；啤酒如果像威士忌那樣也改變稅制，那麼業者很可能會不顧消費者的權益，將全部會起泡的飲料都稱為成〇〇啤酒。

　　那麼，如果對照啤酒上的標示，威士忌該如何標示才適合呢？若是進口 100％ 穀物來源的威士忌的話，就應該標示為「威士忌」吧。我認為從穀物以外的東西所蒸餾並調和出來的酒，就只能標示為「蒸餾酒」或「酒類」，不可以用威士忌這樣的名稱來標示。此外，4 大威士忌產地還規定必須要裝進木製酒桶並放在自己國內熟成才行，美國 2 年，愛爾蘭、蘇格蘭以及加拿大則需要 3 年。廠商不要說「在日本的酒稅法裡無明文規定」，而是應該將在日本國內用木製酒桶所熟成的年數標示清楚好讓我們這些消費者了解吧。日本國內的威士忌酒廠會將單一麥芽原酒裝進橡木桶熟成的年數做成廣告資料，接著再透過電視或雜誌等方式來宣傳，不過我認為應該要清楚地告知他們賣的威士忌是全都如此，還是這只是針對有標示年份的極少量高價單一麥芽威士忌。現在已不是發生糧荒的戰後時期，且日本國內的蒸餾設備也都一應俱全，是否也該讓消費者擁有權利知道自己所購買的威士忌是從什麼原料所做成的，如何蒸餾出來的，花了幾年，在哪裡的酒窖進行熟成等資訊？如果無法將社會體系中的食品產銷履歷全部都標示在酒標上，那麼就該將情報公開在網站上，這樣一來，我想酒廠將會贏得很多威士忌狂熱者的信賴。在全部的來源都知道之後，像是「3 年熟成的威士忌」、「蒸餾酒」、「烈酒」等，購買各種酒類時，該考慮的就只剩下消費者自己要怎麼選擇罷了。在清楚所有資訊，然後跟自己的錢包商量後再做決定就行了。

　　順帶一提，蘇格蘭威士忌在 1969 年的財政法第七條第一項中，規定禁止將穀物以外的東西作為原料使用。此外，為增加香氣的添加物也一律不准使用。

　　日本的威士忌也有標示熟成 12 年、17 年、25 年等酒款，因為酒廠的努力與廣告的效果，這些少量發行的酒款在一片好評之中馬上銷售一空。單一麥芽威士忌主打 100% 麥芽釀造、調和威士忌則是使用自家生產的穀物威士忌，把這些沒有按照酒稅法規定的酒廠其獨特的透明度當成唯一的希望，會這樣想的應該不只有我而已。

　　今後，有標示穀物來源、熟成期間的瓶裝威士忌與非穀物來源且無標示熟成期間的瓶裝酒如果無法明確做區分，以日本國內的威士忌需求來看，我覺得市場會流向價格便宜且遵循法規生產的 100% 穀物來源的 4 大威士忌。這是因為價格公道且風味種類繁多的全球威士忌瓶裝酒，現在不僅是量販店，甚至透過網路也已經都能輕鬆買到。

　　我們這些喝威士忌的人知識不足且沒仔細研究，其實自己也該反省一下。威士忌是一種需要歷經長時間淬鍊的慢食（slow food）。事實上，至少需要花 2 ～ 3 年用木桶來讓它們熟成。若想要喝到純正又美味的威士忌，那麼就必須要知道威士忌是如何製造出來的。這不是今天蒸餾然後明天就能喝的酒。老實說，我在全世界許多 bar、pub、小酒館裡都喝過威士忌，但放有日本威士忌的酒吧卻非常稀少。即使有，頂多也只是 1、2 瓶有標示年份且價格高昂的「山崎 12 年」或是「竹鶴 17 年」罷了，而在日本被大量飲用的 Black Nikka 或角瓶、達磨（Daruma）、Torys 則幾乎沒有看過。日本威士忌雖然號稱是「國際品牌」，但會不會當地人民不覺得這種威士忌好喝；每年在日本國內都會打著廣告說我們在全球最高峰的威士忌大會上獲獎，但世界各地的酒吧卻都沒有擺日本製的威士忌，這真是令人扼腕。飲者如果只知道日本的情況，那麼就會搞錯、誤以為日本國內三大酒廠所製造出來的威士忌全都是世界最高等級的酒，於是把一般普通貨買回家。至於偶爾去酒吧，想要點杯有年份的高價威士忌並只加冰塊來喝，但是卻因為麥芽原酒不足而無法裝瓶所以沒有庫存，因此不得已只好改喝無熟成年份的酒款然後加蘇打水喝。結果，我們這些日本人即使想品嘗美味的日本威士忌，最後卻落得不得不改喝適合加水或加蘇打水的那些無法追溯原料來源的一般威士忌的命運。我想用合理的價格喝到好喝又純正的日本威士忌。不過我卻只能暗自祈求「多蓋些酒窖，多增加一些的熟成桶，然後推出有標示年份跟充滿個性的日本威士忌」…。

日本的酒稅

1962 年修法並與世界的常識大相逕庭的日本的威士忌製法究竟為何？在日本的稅法上，「啤酒」以外的酒類是可以混入中性酒精的。這種酒精不是透過蒸餾、熟成萃取，而是甘蔗做成砂糖後，將剩餘糖漿狀的廢糖蜜提煉出酒精，然後從菲律賓、印尼等地的工廠進口到日本。最盛時期用在酒類的使用量高達 67 萬噸，後來因為排水汙染等法規的限制，平成 7 年日本用廢糖蜜發酵以提煉出酒精的生產作業全面停止，生產據點紛紛轉移到海外，改成從國外將替代原料中的廢糖蜜、穀物所發酵而成的粗製酒精進口到日本，接著經過精餾之後，和以前一樣混入威士忌的原料、日本酒、燒酎來使用，同時也可當成工業用酒精使用。此外，如果是添加從蘇格蘭等海外地區所進口原酒則沒有任何限制。

如果上日本國稅廳的網站就會看到 ---------
所謂的威士忌是指「**以發芽的穀物及水作為原料，糖化並發酵後蒸餾出含有酒精成分的液體**」。

至於熟成期間的長短、酒桶的種類等記載則完全沒有。

「關於熟成期，是指蒸餾完成或是混合原料時」，這意思即是說「蒸餾完成後，日本國產威士忌無須費事地存放到高價的酒桶內使其熟成，與其他東西混合之後要稱為威士忌也可以」，這是日本國稅局替威士忌業者的一種背書保證。而蘇格蘭的稅法則是規定「必須裝在酒桶，並存放在蘇格蘭國內 3 年以上」，這是兩者最大的差異。日本的法規是多麼地草率、多麼地寬大啊。日本國稅局在這個時間點，完全沒有把我們這些購買威士忌的消費者放在心上。說的極端點，將蒸餾完畢、從單式蒸餾器或連續蒸餾器滴下來的新酒塗上琥珀色的著色劑，接著攪拌一下然後裝瓶，這樣也可以稱為是威士忌。反過來看看美國的酒稅法，沒有經過橡木桶熟成的酒，是不准貼上威士忌的標籤來進行販售的，只能是以「（合法的）私釀酒（moonshine）」、「美國烈酒（American spirit）」的名稱來銷售，而消費者是在知道這些情況下自願選擇購買飲用的。

法規第 3 條第 15 號八規定
「**威士忌原酒酒精成分的總量，於酒精、烈酒、香料、色素、水等加總後，在總量 100% 裡占有 10% 以上得稱為威士忌**」

國稅廳的意思是說「只要混有用穀物所做成的原酒 10% 以上，其他的 90% 是從廢糖蜜發酵蒸餾而成的酒精、從蘇格蘭大量進口的原酒、短時間熟成的烈酒等，依什麼比例混合而成都沒關係。在日本國內請當成威士忌來賣」。這是多麼驚人的內容…。對於稍略懂威士忌本質的人來說，這段敘述真的很

可怕。日本愛喝酒的人是否知道這件事呢？「麥芽原酒只要 10% 即可」，這不是酒廠，而是國稅廳光明正大地如此表示。他們與造酒業者究竟是怎麼樣交涉溝通的呢？

不僅是威士忌，連日本酒、燒酎同樣都是混合了由廢糖蜜所做成的中性酒精來販售。可以想成這是打著威士忌的旗號，讓日本人被迫飲用中性酒精。關於威士忌的蒸餾，不論是酒廠或是日本國稅廳都未將正確的數字等情報公開。關於詳細內容，建議可自行前往國稅廳的官方網站窺探一二，包準原本微醺的酒意一定會馬上醒來。

「未稅移出時，因為所移入的製造業者必須清楚掌握符合該款酒類所規定的威士忌酒精總量，所以該移出的製造業者需明確告知該款酒類的製造方式」有這樣規定。簡單來說，這意思是「酒廠在生產威士忌時，務必向國稅廳明確說明解釋酒精總量與生產方式，並確實繳納稅金。只要有做到以上的要求，要從 A 工廠移到 B 工廠時、原酒裡混合了外國生產的大批麥芽酒、外國生產的穀物威士忌、中性酒精等關於日本國產威士忌的標示或製造方法，國稅廳都不會再囉嗦」。看到這裡，就可以知道日本的國稅廳想的只是怎樣才能更有效率地課徵酒稅，他們並不在乎如何能讓日本所製造的威士忌成為國際級的品牌。他們在此並沒有像啤酒稅那樣，

完全沒有「要讓日本國民喝到真正的威士忌」之類的同理心。他們思考的只是如何能替權力支配者管理好製酒廠並正確無誤地收取到稅金；在觀念上則是不管所混合的原料其原產地、國籍為何，就算賣的只是很像威士忌的酒，只要有繳稅就沒關係。

1516 年德國的巴伐利亞之所以頒布「啤酒純釀法令：啤酒只能以大麥、啤酒花、水為原料」，這是因為當時從國外參雜其他成份的啤酒在德國橫行，雖然稅收當然重要，但是他們也沒忘記要維護德國人民健康這件事也很重要。

先姑且不論戰後日本物資缺乏的時代，如果國稅廳沒有修改酒稅法，那麼現在日本應該早就已經進入由日本國內威士忌酒廠率先站在保護消費者的立場，訂定出威士忌所混合的原料、熟成年月等可追溯制度的時代了…。甚至搞不好連出貨量都沒那麼多的小型獨立瓶裝廠在販售時，也都會在酒標上載明蒸餾廠、酒桶編號、裝瓶年月與裝瓶數量等資訊，我想這些事日本國產的威士忌不可能辦不到。

　　既然日本的威士忌酒廠也能製造出像是「山崎」、「白州」、「竹鶴」、「宮城峽」、「柯菲穀物」、「柯菲麥芽」、「富士御殿場蒸餾廠單一穀物」、「富士御殿場蒸餾廠純麥芽」、「Ichiro's Malt」等讓我們這些酒徒認同並滿足的正統威士忌，因此我非常希望他們能再加多把勁，努力做出最好的威士忌，然後驕傲地說出：「日本威士忌就在這裡！」。會這樣說，那是因為在世界各地的酒吧、酒館裡很少會有日本的威士忌品牌與酒款，這真的很讓人失望。明明每年在世界競賽中，都會宣傳「日本的威士忌榮獲世界第一」；不過像這樣稱霸世界的景象，除了日本酒吧的酒櫃，在其他地方卻幾乎看不到，這真的非常奇妙。

　　接著，讓我們順便看看日本以外的威士忌生產國所制定的法規吧。由於所生產的威士忌毫無章法且品質低劣，所以被進口國評價很差，基於過去的這些經驗，因而將生產的各項規定寫的鉅細靡遺。這除了可以保護消費者、穩定出口外銷，更重要的是還可預期能確實收到稅金。

蘇格蘭威士忌（UK）

＊熟成法：裝在新舊不拘的橡木桶裡的麥芽威士忌、穀物威士忌，全部都必須在蘇格蘭國內經過 3 年以上的熟成。不過因為優質的雪莉桶彌足珍貴，所以幾乎都用二手波本桶來儲存。

■麥芽威士忌（在高地區、低地區、艾拉島等 100 間蒸餾廠內生產）：將泥煤麥芽、大麥麥芽以單式蒸餾器進行 2 次蒸餾、或罕有的 3 次蒸餾，如格蘭菲迪、拉佛格、麥卡倫等。

■穀物威士忌（沒有泥煤香，以高濃度蒸餾）：將玉米、大麥麥芽以連續式蒸餾器進行蒸餾。像是羅曼德湖等。

■調和威士忌（把屬於地方酒的麥芽威士忌與口感溫和的穀物威士忌混合成舒服易飲的味道）：將多種麥芽威士忌與穀物威士忌進行調和後再次進行儲藏。像是約翰走路、起瓦士、白馬等。

◎愛爾蘭威士忌（愛爾蘭）

＊裝在新舊不拘的酒桶裡，並必須在愛爾蘭國內經過 3 年以上的熟成。

■麥芽威士忌（庫利、密爾頓、波希米爾）：使用大麥、大麥麥芽、燕麥釀造。

◎波本威士忌（美國）

＊必須在美國生產。

＊熟成必須使用內側經過碳化皮膜處理的全新橡木桶。

＊蒸餾出的酒精濃度不得超過 80%。

＊熟成時的酒精濃度不得超過 62.5%。

＊熟成期未滿 4 年者，有義務標示於酒標上。

■熟成達 2 年以上稱為「Straight Bourbon」、不跟其他酒桶的原酒進行混合的稱為「Single Barrel Bourbon」、由 5 ～ 10 種原酒調和而成的稱為「Small Batch Bourbon」。

日本式的威士忌製法

　　將剛蒸餾完成的新酒裝進酒桶，努力熟成到變身成好喝的酒，這至少需要 3 ～ 8 年的時間。精準地預測出幾年後的需求量，然後在幾年前就開始進行蒸餾、熟成，這是相當不容易的事，甚至該說根本就不可能。

　　自從日本在 1971 年開放讓蘇格蘭威士忌自由進口後，該年度從蘇格蘭購買大宗原酒的進口量高達 5,209,629 公升，1973 年倍增到 11,677,201 公升。隔年 1974 年則是 20,336,378 公升，膨脹了大約有 4 倍。之所以如此，這應該是因為日本國產威士忌從 1970 年起開始瘋狂銷售，而為了滿足它們在裝瓶上的需求，所以才會進口這麼多的原酒。這也就是說，日本威士忌其實是從蘇格蘭進口大宗原酒（沒有裝瓶，直接大量購買），然後再摻雜原料用的酒精來販售。日本的威士忌最大的問題在於酒廠所販售的原酒並沒有清楚地提供產銷履歷；而國稅廳在威士忌製作方式的相關法條上也漏洞百出，寫得非常模糊不清。先姑且不論物資缺乏的戰後時期，在經過 70 多年後，在這全球的物資現在都能以合理的價格取得的時代，這樣的稅法是不是太不合時宜了？如果試著再次思考威士忌的製造過程，塞爾特民族反抗盎格魯 - 撒克遜人所在的英格蘭，而當時由塞爾特民族所做出來的地方酒就是威士忌。對世界各國來說，酒是最好課稅的品項；當時為了躲避蘇格蘭威士忌稅吏的查緝，塞爾特人於是將蒸餾好的原酒裝進雪莉酒桶，然後藏到邊境地區。原本透明無色的新酒於是在不知不覺中轉變成琥珀色的液體，且味道變的更香、更好喝。從前，竹鶴政孝曾親自到現場仔細地學習正確的威士忌製法。或許在物資缺乏的戰前、戰中、戰後也是不得已的事，但當時連清酒裡都會加麥芽糖與中性酒精。在那時候，日本人還不曉得蘇格蘭威士忌真正的美味之處。然而，時代已經改變了。以往在酒類量販店或是超市裡不會有 10 年的單一麥芽蘇格蘭威士忌，但是現在卻可以看到各種酒款井然有序地擺在那裡販售。這些酒雖然在 2017 年有稍微上漲；但與日本國產威士忌相比，價格依然算相對合理。

　　就像在 NHK 小說連續劇「阿政與愛莉」裡也有提到的一樣，把仿冒品稱為「調和酒」然後持續賣給不是很清楚威士忌味道的日本人，像這樣的做法是否也該到此為止了？自山崎蒸餾廠師法蘇格蘭威士忌以製造出日本威士忌以來，至今已過了將近 100 年。我們是否應該重新回到當初在蘇格蘭學習如何製造威士忌的原點，然後再一次認真思考威士忌究竟是甚麼呢？「調和威士忌」原本應該是由麥芽威士忌與穀物威士忌所調和而成，但是卻有人進口大量的威士忌並且混入中性酒精，然後辯稱這是「調和酒」，老實說我並不想喝這種酒。再次強調，正統的威士忌應該是用穀物所做成的酒。而且沒有用木製

酒桶並經過 3 年以上的熟成（美國的波本威士忌則是 2 年），那麼就無法稱為威士忌。因此，日本國內的酒廠不應該為了太捨不得每年都會蒸發掉 3% 的「Angels' share」，所以就任意地妄想可以用不銹鋼桶來進行熟成。用橡木桶熟成 3 年，這是製造威士忌時非常重要的步驟。如果國稅廳沒有動作，那麼我認為日本國內的威士忌酒廠也必須以身作則開始對飲者提供詳細的威士忌生產原料來源、橡木桶的熟成場地與年月份等資料才行。此外，日本的飲者當中，應該也有些朋友是抱著「不是用穀物做成也沒關係，只要相對還算好喝，那麼便宜就好」這樣的想法。從比較價格，然後讓自己可以有更多選擇的意義來看，這倒也無可厚非。不過像這種情形，就應該遵循「啤酒」這個範例，像改稱為「發泡酒」那樣，不能讓那些酒稱為「威士忌」，而是應該給它們新的稱呼如「烈酒（Liquor）」等。請容我不厭其煩地再說一次，威士忌是用穀物所做成的蒸餾酒，如果想宣稱這是日本國產，那麼就應該裝進橡木桶並放在日本國內經過 3 年以上的熟成才行。絕對不可以違反這些不成文規定，將仿冒品當成真正的威士忌

熟成

加拿大威士忌至少要 3 年以上，蘇格蘭威士忌的規定是則是 3 年，但通常是 10 年、16 年，經過了這些熟成期，然後才能打開瓶蓋並好好品嘗這琥珀色的瓊漿玉液。

原來，威士忌是酒世界裡的慢食（slow food）。從蒸餾、裝桶、到熟成，至少需要 3 年的時間。不能只用 15 ～ 30ml 左右的少量試飲就輕率地判斷酒的好壞。至少也要購買一整瓶，試過各種喝法並仔細地咀嚼玩味，等到確實地喝完了之後，再來說說看品飲後的感想。這本書中的試飲筆記是由和智英樹與高橋矩彥從早到晚把整瓶酒都喝光後的真實感想，對酒廠沒有任何顧慮所寫下的品飲心得。因為這些酒在試飲記錄時平均分數都達 80 分以上，所以我們只挑選這些買了絕不後悔的酒款來做介紹。也就是說，這些全部都是我們所推薦的威士忌。

另外，還有一點很重要，那就是關於酒款的購買價格。在很多的威士忌特集雜誌、書刊裡，推薦給讀者的酒款幾乎都是脫離現實價格。雜誌畢竟也需要賺錢，因此在文章裡極力推薦出錢下廣告的客戶他們家的酒款，這也是很理所當然的事。至於如果書刊的執筆者是業者的人，那麼當然也不會寫出以前曾照顧過自己的業者的負面消息。然而，一般愛喝酒的人他們的購買預算並非無上限，當然是有一定限度的。在本書裡，我們所限定的平均花費大約在 2,000 ～ 5,000 日圓之間，最高則是 10,000 日圓左右。「該說什麼呢，對於威士忌這個興趣，購買金額是沒有上限的！」對於此類預算豐厚的人士，很可惜本書可能無法令你滿意。對於「想要多了解好喝的威士忌、熟成年份較高的威士忌等相關知識」的人士來說，因為有不少前輩已經發表過非常多這類的出版書籍，不妨可參考參考那些書籍。我雖然也知道高價威士忌或陳酒很好喝；但是出版此書的用意，主要想說的是：沒先試過威士忌基本酒款就直接跑去買高價酒來喝，這是「非常浪費的事」。世界上所有東西的價格都是由供給和需求所決定的。很多的價格設定，其實都是由於供應量少，所以賺取利潤的空間就很大，而不是因為有 10 倍的美味所以有 10 倍的價格。

陳年等於好喝，這是天大的誤會。基本上，年份較久的酒款都賣得很貴。雖然當然也跟它們是貴重品有關，不過主要還是因為這些酒在酒桶裡沉睡了有 21 年、25 年、30 年之久，所流失的 Angel's Share 非常驚人，再加上倉儲費用又很龐大，所以售價才會這麼高，而這也是無可奈何的事，醉漢們應該都能理解。然而，貴重品也不是昂貴就等於好喝，所以情況會更加複雜。我總覺得只要有辦法掌握好酒桶熟成的時間，應該就能讓「美味恰如其分」。8 年、10 年熟成的拉佛格有著堅毅不撓的「青年主張」；而 30 年款雖然會出現非常驚人的熟成感，但是在那堅定的

主張之下卻隱約顯露出「青春已不復返」的老態。我個人認為拉佛格的「10年款」才是最能保留住這間蒸餾廠的DNA且又很好喝的酒款。就算很多人討厭那樣的味道，但是只要有覺得「這味道真棒！」的忠實鐵粉存在就夠了，拉佛格像這樣所推出的10年款，其堅定不移的自我主張確實是冰潔玉清。反過來看，「Select Cask」、「Quarter Cask」、「Triple Wood」、「Lore」等這些因熟成桶不足，所以無法標示熟成年月而推出的酒款，這是為了應付突然暴增的拉佛格酒迷所裝的酒的嗎？亦或是因為10年前蒸餾好的原酒不足，為了保護這些快要枯竭的酒桶，所以才不得已出此下策呢？總之，如果想追求無限的熟成感，那麼改喝由葡萄所釀造出來的白蘭或是干邑白蘭地或許才是明智的選擇。

另外，有個令人驚訝的事，那就是拉加維林16年只要6,000日圓，最近發售的拉加維林8年則是8,280日圓，但是12年款卻要價11,380日圓這種價格發生逆轉的現象。雖然

說8年款是為了紀念蒸餾廠建立200周年所推出的酒款，但是價格竟然是16年的兩倍，一般來說這是不太可能的事，不知道這是否是以16年款在市場上已經買不到為前提所設定的價格。總之，這也是非常令人在意的蘇格蘭威士忌訂價的現況之一。

我曾相當喜愛的史加伯16年目前已經停售，現在所販賣的是無顯示熟成年份的史加伯Skiren，售價5,298日圓。不知道他們的庫存是否只剩年份明顯不足的酒桶？而同樣也是無顯示熟成年份的雅柏Uigeadail與雅柏Corryvreckan，這兩款之所以有辦法讓價格居高不下，則是因為它們依舊能成功地建構出自我獨特的世界，像這樣的例子也是有的。

全球威士忌的人氣激升，而這個現象似乎連蒸餾廠裝瓶出貨的進度都給打亂了。真不希望看到一直供應我愛喝的酒款的酒廠，為了眼前短暫的利益而驚慌失措的模樣。

調和威士忌

世界上以「威士忌」進行販售的酒，有高達90%都是「調和威士忌」，這是把數種到60多種的麥芽蒸餾原酒與穀物威士忌適當地混和所製成的。從以前所喝並認為「這就是蘇格蘭威士忌」的品牌，其實大多數都只是販賣這種調和威士忌的瓶裝廠。不過當然，有些業者有自己的蒸餾廠，也有推出單一麥芽威士忌，但是基本上銷售量有一大半其實都是調和威士忌，因此調和威士忌的製造、批發才是它們的主要戰場。

例如「起瓦士兄弟」、「約翰走路」、「百齡罈」、「威雀」、「白馬」等，這些都是聞名於世界的調和威士忌大廠。

曾經，蘇格蘭的私釀酒業者（smuggler）為了逃避英國所課的重稅，因此躲藏到海岸、溪谷、森林等偏僻地區進行秘密釀酒，等到1824年訂定出可接受的酒稅法後，持有酒類販售許可證的食品雜貨店或飯店等都可以堂正正地販售威士忌。持有酒類販售許可證的販售店家，因為每年蒸餾原酒的產量與狀態都不相同，將多種不同的麥芽威士忌互相混合，用自己獨自的配方創造出獨特風味，貼上自家的酒標後進行販售。之後，柯菲發明了效率更佳的連續式蒸餾器，讓單價便宜的穀物威士忌變成可以大量製造。將穀物威士忌與個性明顯的麥芽威士忌進行調和，因此深化了眾人更容易接受的威士忌製造技術。

接著，因為工業革命使技術傳播到到各國，並透過身為日不落國大英帝國的殖民地，讓蘇格蘭威士忌成為世界知名的蒸餾酒國王。現在，在蘇格蘭各地區有超過100多間的蒸餾廠，仍持續釀造著各自獨具魅力的麥芽威士忌。

＊穀物威士忌：採用連續式蒸餾器，以玉米、裸麥、小麥等穀物為原料所蒸餾出來的威士忌；與使用單式蒸餾器製作出來的麥芽威士忌相比，香氣、風味、特色較少。大多會將它與麥芽威士忌調和，然後做成調和威士忌來販售。羅曼德湖的單一穀物威士忌、三得利的知多威士忌、Nikka的柯菲穀物威士忌等都是這類的代表酒款。其中，Nikka的柯菲穀物威士忌其風味特別迷人，有機會的話請務必試試。

單一麥芽威士忌

　　蘇格蘭威士忌中的單一麥芽威士忌，指的是 100% 只以大麥麥芽為原料的威士忌。在單一的蘇格蘭威士忌蒸餾廠中，以單式蒸餾器進行二次蒸餾，很少部分則是三次蒸餾，接著裝進酒桶然後放在蘇格蘭國內熟成 3 年以上，不和穀物威士忌混合。這種威士忌原本一般都是做為製造調和威士忌的主要基酒，大多都是販售給持有瓶裝設備的廠商；但是後來格蘭菲迪最先透過獨自的製造、販售途徑，推出自家的單一麥芽威士忌，開啟了業界首例。上市之後，不但推翻了大眾認為「這不可能大賣」的預測，銷售至今仍大獲好評。而其他的蒸餾廠看到這情況也紛紛跟進，分別各自開發並製造出充滿特色的單一麥芽威士忌，進而讓原本屬於蘇格蘭地方酒的單一麥芽威士忌聞名於世界。

高價酒與美味這兩者間的關係

威士忌的美味程度與該酒款的價格並非成正比。對人們來說，知名品牌的酒款是不是就一定美味呢？這問題的答案絕對是否定的。所謂知名，可能只是因為廣告的知名度，還有針對量販店的營業上店頭商品的曝光率較高。順道一提，昂貴的酒款，像是 17 年、25 年等經過漫長時間的熟成，或是小批生產這種帶有稀有價值的酒款通常價格都會比較高。

味道的好壞，其實是由飲者根據自己的經驗與喜好所做出來的判斷。因此，本書中對於威士忌好喝或不好喝的認定，雖然說法有些傲慢，但這是和智英樹與高橋矩彥的主觀判斷。雖然這樣說有些太過露骨，但這確實是歷經 50 年將食道、胃、肝臟、腎臟作為抵押，從不斷喝酒的珍貴經驗結果中所得到的精華情報。一個人一個晚上可以喝的威士忌酒量是有限的。若是喝了 10 杯，那麼之前所喝過的威士忌滋味便不會記得，因此就會發生必須要再喝一次這種不好玩又浪費的事。為了正確記錄品飲感想，首先必須毫不鬆懈地每天鍛鍊、修行、累積經驗、記述。因此，在本書中所介紹的酒款，沒有因為價格而有貴賤之分。就是這樣，在整瓶酒都還沒灌滿整個胃之前，我們不急著下結論。

在某雜誌的威士忌特集裡，威士忌的評價是將熟成年份較少且價格較低者視為「初級」，中等程度價格的威士忌視為「中級」，熟成年份達 18 年以上的昂貴酒則視為「高級」，依這樣的方式來區分。但我們不作這種評價。價格便宜但是好喝，或者熟成年份年輕但令人滿意，像這樣的酒款也是有的。正因為如此，所以請不要用年份、品牌、價格來評斷某一款酒，好壞應該要親自品嘗後才能決定。若是這麼一想，為了熟成而在酒桶中沉睡好幾年的金黃色琥珀液體，便不可輕率地隨意品酩。不要加水稀釋，也不要加冰塊，僅將少量的純威士忌含於口中並仔細品嘗，相信就能看見該酒的本質。

玉米、麥芽的進口價格若以 2009 年為基準來看，價格上漲了 60 ～ 70%，此外威士忌的生產量全球都在擴張，且酒桶的調度價格也跟著高漲，因此三得利公司將日本國產、進口的威士忌價格調漲約兩成。當然，從 2017 年初就已經決定要漲價，若有事先多買一些放著就好了…。未掌握到狀況而置之不理的我，確實不對。連受歡迎的單一麥芽威士忌酒款或是有顯示年份的調和威士忌，目前也都悄悄地從市場上消失許久。而我那原本種類豐富的酒櫃裡的酒，也是一瓶、兩瓶地消失，到現在已經變成空虛寂寞的狀態。

酒廠業者連續不斷地推出昂貴又稀少的威士忌，讓人忍不住想問「到底是誰會買啊？」，

真的有人喝嗎？詢問批發商或販賣店的結果，似乎有海外的買家會整箱購買、收藏家

同好則是用比一般市場還要便宜的價格購買，接著再轉賣賺取利潤。這真的是，不管哪種行業都會出現網路上半職業的人賺取蠅頭小利。雖然很想生氣罵他們是「貪財的傢伙」，但若是一瓶酒可賺取數千、數萬日圓的話，確實有人會這麼做吧。而且因為是用網路兜售至世界各地，聽說還可以免課稅來獲取利益。我覺得，基本上酒是用來喝的。威士忌的廠商很多，種類更是族繁不及備載；不要硬去喝高價酒、頂級酒也能活，收藏家們若是想要，那就讓他們用高價去把那些酒給標下來。這世間上只是需求與供給的關係。想要的人因為強烈地想要，所以價格就會飆高。我們只要不跟著去競相購買即可。為了哄抬價格，酒廠通常會冠上高級這個字眼。還不確定怎樣的味道適合自己的飲者將它買下，即使用沒有經驗的舌頭去試飲看看，卻連那瓶威士忌是好是壞也無法分辨。說白一點，就只是浪費金錢罷了。連蘇格蘭威士忌與波本威士忌的味道都無法區分的狀況之下，不但沒有資格出手購買昂貴的酒款，可見每天的品飲方式也不足。回歸基本，建議首先將 8 年、10 年、12 年的基本款至少一瓶，不要加大量的水或蘇打水來稀釋，慢慢地仔細品嘗直到喝光見底。可以的話，買 2～3 瓶來自不同個性的酒廠所推出的酒，然後比較試飲看看，便能更了解威士忌的味道。若是覺得 40° 以上的酒難以入口，加入少量的水或蘇打水稀釋也無妨。總之，先從日常生活中慢慢熟悉威士忌。喜歡威士忌的人很少是味覺遲鈍的。只要好好地試飲看看，不管是誰都能漸漸分辨出威士忌的美味與不美味。不過必須注意的是，昂貴的威士忌也有不好喝的。反過來說，便宜的威士忌也有好喝的。我為了找出這樣的美酒而瘋狂不已。價格高的威士忌酒款好喝是理所當然的，但是如果在便宜的威士忌中能發現到好喝的酒款，那真的會非常開心且不由自主地綻放笑顏。

酒廠參觀行程

　　現在不管規模大小，幾乎所有的蒸餾廠都有推出名為「酒廠參觀行程」的宣傳活動。那麼，「酒廠參觀行程」是什麼呢？這不僅是持有蒸餾廠的威士忌、燒酒、琴酒，從啤酒、葡萄酒、清酒等的釀造廠開始，至於汽車、機車就更不用說了，甚至連魚板、巧克力、煎餅等，幾乎所有的廠商都會實施這樣的工廠參訪活動。讓參觀者看見廠商製造商品的工廠設備，讓使用者安心、理解進而購買，這也是把單純的消費者轉變成狂熱愛好者的一種手段，在現在的日常生活上經常被拿來使用。無論海外或日本，除了聖誕節與新年之外，幾乎全年無休地開放參觀，每次只要有觀光巴士停在停車場，就會有一個接著一個的酒鬼湊成一團不斷地蜂擁而至。如果要具體說明一下究竟會做些甚麼，那麼通常大約就是以 10～20 人為單位編成一組，然後會有一位蒸餾廠派來的解說員跟在旁邊。一開始會用錄影帶簡單地介紹一下蒸餾廠，之後會讓參觀者看看自家的威士忌是如何遵循古法，並在大家都能認同的涼爽環境下來進行製造。接著是說明原料（大麥麥芽）、糖化、發酵、蒸餾等作業情形，並且讓參觀者理解裝進酒桶後的熟成作業，到此為止大約是 1 小時左右的行程。最後則會有品飲的活動，也就是開始會讓大家喝喝看酒廠所生產出來的威士忌。在這裡若是有遇到喜歡的酒款便可直接在商店裡購買，並以此做為結束，整個行程大致如此。裡頭的商店多半都會有一般酒類販賣商店所沒有、充滿魅力的蒸餾廠限定酒款。因此，消費者雖然知道價格比較高，但還是會忍不住地購買那些限定的獨特酒款。除此之外，商店裡還會有印製品牌或業者名稱等非常獨具魅力的原創酒杯以及周邊商品。

　　不但買了威士忌、周邊商品，還會成為該酒廠的粉絲，像這種一石二鳥的「酒廠參觀行程」，對蒸餾廠而言非常具有吸引力。不管怎麼說，看到以往對於公開製造過程採取秘密主義且封閉態度的威士忌業者現在卻積極地對外開放，應該是嗅到有利可圖的商機吧。在日本也是，除了三得利、日果、麒麟三大廠牌，連新興酒廠也是「事不宜遲地」以公開設備與產地直銷為目的，推廣參觀行程並收得不少成效。

購買威士忌

　　包括我在內的一般民眾去附近的商店、酒類量販店，或是在網路上購買威士忌時，都是如何挑選的呢？首先，針對自己喜歡的酒款可以投入多少資金，這是第一道關卡。在這個時間點上，依據預算的多寡，將不得不放棄的昂貴酒款從選項裡面剔除。接著，從眾多種類中該如何選擇成為第二關卡。在酒類當中，有清酒、燒酎、琴酒、伏特加、紅酒、啤酒等眾多豪強存在；不過在此我們不可以對於酒的種類感到迷惘，因為我們今天已經決定要買的是好喝的威士忌。那麼，讓我們想想看自己要買甚麼樣的威士忌，然後，要如何購買。首先，可以先把能舒服地喝醉、適合自己口味的酒款放入購物車裡。這是常識。接著，計算一下剩下的預算還可以再買多少瓶自己有興趣的酒款。如果光買所謂的高級威士忌，那麼能買的瓶數就會不足；而瓶數不足代表能享受的時間就會變少。因為想要有更多的時間來享受喝酒的樂趣，所以決定增加幾瓶不太喜歡但價格便宜的威士忌。這就是酒徒的煩惱之所在，是要少量好喝的酒就好，還是要增加幾瓶可以讓自我滿足的便宜酒款。至於這個分界點在哪，可就要看看自己的口袋多深了。因此，關於大量購買高價酒款，既然從自己平時可支配的所得中所攢出來的金額有限，必須在哪裡付多少錢與可購買的威士忌之間做出妥協，這是世界上大部分醉漢的實態。從近年來全球威士忌的消費量大增，價格隨之上漲的狀況來看，使人不得不在意價格。果然還是要在乎價錢啊。而這本書，就是為了在這質與量之間煩惱的諸兄，由買酒錢占家庭消費支出比例極為異常的和智英樹與高橋矩彥賭上自己的胃與肝臟，努力喝了 200 瓶蘇格蘭威士忌、20 瓶愛爾蘭威士忌、80 瓶波本威士忌、40 瓶日本的威士忌、以及其他無數的威士忌之後，將這些結果彙整集結成書出版。

「CP值」與「千醉」

我非常討厭 cost-performance（性價比），也就是所謂的「CP值」這個詞彙。

我認為品飲威士忌這個興趣跟這個詞彙是不搭配的。在 CP 值這個字裡，希望所得到的滿足感能夠比付出的金錢還要多，這種想法多少總讓人覺得有些貪婪跟小氣。一年到頭都過著追求 CP 值的生活，不只是身體，感覺連心靈上都會變得寒酸而非只是貧窮。如果是我，在情緒上，就算忍耐喝 3 次便宜的酒，那麼還是會希望能有 1 次可以品嘗看看人家說很好喝的酒。一邊了解其味，一邊多少喜歡上便宜酒，這是一種情趣，也可說是一種處之泰然的態度。不僅是威士忌，所有的東西都存在著 Top of the world。在音樂、文學、電影、繪畫、雕刻、汽車、摩托車、相機等所有的領域裡，都存在著一流、二流、三流的東西。確實地品嘗過真正的好東西，然後泰然自若地喜歡仿造品，這也是人生當中的一點小樂趣。在甚麼都不知道的情況之下就沉入假威士忌的大海裡，這對人來說是很可悲的事。同樣的，「千醉（花一千日圓就能喝到醉醺醺的店家）」這個詞也很寒酸。我覺得，酒不是只要能喝醉就好。與誰喝、哪時候、喝什麼、在哪裡喝都很重要的。就算經常喝不醉也可以，一直清醒著也無妨。若是能夠體驗到一邊飲酒一邊心情舒暢的時刻，那麼人就是幸福的。

總之，繁雜的講解到此告一段落。這回在本書當中，我們打算在使用重要的金錢所能買到的威士忌當中，真心地挑選並推薦出能夠非常令人滿意的酒款給各位讀者們。身為愛酒人雖然還有許多地方要再學習，但是我們秉持公正的立場，追求真正好喝的美酒，不喝人家送的酒，而是自掏腰包購買並全部喝光見底，接著才將這些品飲的感想寫成文字。結果，這讓我們再次體認到威士忌的「美味」與「價格昂貴」果然不一定相符；同樣地，「有年份」與「美味」也不一定能畫上等號，而「不美味」與「便宜」也同樣不能用刮弧圈在一起。因此，這本書的目的是發現並選擇能夠以合理的價格買到使人十分滿意的威士忌，而非只是極力稱讚與飲者預算相差甚遠的高價威士忌。畢竟，我們的試飲重點都是擺放在飲者這邊，這才是最基本的，而不是站在釀造者、販售者這邊。

飲酒的目的

聽起來像是理所當然，不過飲酒的目的就是為了可以快樂地喝醉。雖然是自己的事，不過為什麼會每天、每天如此地飲酒呢？在結束一天的工作之後，感謝今天也能順利地迎接夜晚的同時，然後今天也同樣地打開酒的瓶蓋。飲酒能讓心情舒暢，使人感謝身體健康，消除緊張，為明天養精蓄銳等，也就是具有使人充滿感恩的效果。此外，有時也會為了能忘卻極為惱人的記憶，或是能在今天放縱整日而喝酒。在出現美麗的月色下飲酒。在花開時飲酒。在降雪時飲酒。為了忘記失戀的悲傷而飲酒。與許久不見從西班牙回國的友人一起飲酒。在獨生女出嫁的夜晚飲酒。在仍未和解的父親的 7 年忌事法會上飲酒。在愛犬逝世的日子飲酒。啊，各種為了飲酒而找的理由，最終只是為了享受酩酊大醉時的漂浮感與脫離日常的心情。從瑣碎的日常中游離出來的感覺真的很棒。能夠身為人，一邊感謝發明了酒這種酒精飲料的不知名前輩，每天晚上一杯接一杯地啜飲著，飲酒者是無法控制的。有時喝得太醉造成飲酒過量而搞壞身體，但又會未吸取教訓地再度開始喝酒。這正是我們飲酒人士的日常寫照。像我一樣的大部分飲酒人士，即使關心注意著周遭的事物，只要夜幕一降臨就會急忙地備酒，計畫著為這一天畫下句點。在遺忘只要喝下一杯酒便會判定異常的體檢 TGTP 值的國度裡，不害怕上周開始的胃痛，剩下的工作全都明天再繼續，感覺人生也沒有這麼差，一杯兩杯，接著三杯四杯黃湯下肚，夜又變得更深了。情緒達到最高潮，不知不覺間到達自己所決定的一天飲酒量的界線。口齒不清地呼喊著什麼，最後一班電車已經開走，癱倒在好不容易招到的計程車上，告知司機下一個喝酒場所的住址與名稱後便倒頭呼呼大睡。被叫醒後，連走向下一個喝酒場所，腳步遲遲無法向前邁進。啊，照這樣下去明天的工作又會無法如預期般順利進行，不得不結束今天的飲酒會，想要再一次地搭乘計程車時，其他乘客已搶先搭乘告知目的地了 ...。沒有飲酒目的之類的東西，漫無計畫的人生都是同樣的，後悔與懺悔持續發生著。雖然會自我反省，但無法長時間遵守禁酒的誓言，當黃昏來臨，興奮的心情又會開始騷動。天生就是個酒鬼，這樣真的好嗎 ...。

麥芽威士忌的枯竭

近年來，從蘇格蘭進口的單一麥芽威士忌中，有很多酒款在出貨時都沒有標示熟成年份。究竟這個情況是什麼原因造成的呢？全球對於單一麥芽威士忌的需求量增加，特別是歐洲、美國、中國、印尼、印度、韓國等地對於知名品牌的威士忌需求急速增加，結果導致需求量遠遠超越十幾年前蒸餾廠所預估的生產量，所謂的「出乎意料」指的就是這種事。受到此特別需求的影響，威士忌業界突然進入到凌駕於 1970 年代熱潮的缺貨狀況及價格高漲的黃金時期。

現在，沒有標熟成年份的酒款有「Macallan Amber」、「Talisker storm」、「Glenrothes Select Reserve」、「Scapa Skiren」、「Ardbeg Uigeadail」、「Glenfiddich Select Cask」、「Tomatin Legacy」、「Deanston Virgin Oak」、「Glen Scotia Double Cask」、「Laphroaig Select Cask」、「Auchentoshan American Oak」、「Bowmore Small Batch」、「Glenturret Sherry」、「Highland Park Dark Origins」等等，有數不清的蒸餾廠在推出新酒款時，都不再標示年份。

雖然擁有一套自我獨特性的美味酒款隨處可見；但是無法忍受 10 ～ 16 年的煎熬就推出來賣，結果確實也導致有很多酒款無法否定其熟成感不足。我知道有「不拘泥年份，開創新威士忌」這樣的說法，但是畢竟蘇格蘭單一麥芽威士忌以前都會在瓶子上標示熟成年數與裝瓶年份，一想到今後要如何繼續維持住這份信賴，總讓人不免感到擔憂。更何況，這些酒款在推出時，售價還比同等級的酒款要再高出 20 ～ 30%。

當然，由於威士忌的製造與販賣是一門生意，威士忌酒廠所想的是「趁還有需求時，賣得好的東西就多取些利潤吧」或者是「因為有多人想買，所以就把價格提高吧」，像這樣的心情雖然可以充分理解，但是連好幾年以前就放入酒桶裡進行熟成的單一麥芽威士忌酒款也以原物料上漲為理由而決定調漲價格，這對持續喝了好幾年的市井酒徒來說，不禁會產生「是這樣嗎？」的疑惑。

而此回出版企畫的契機，正是領悟到這樣的世態裡，「找出價格合理的美味酒款」對於愛酒人士來說是必要且重要的事。

此外，世界各地現在都紛紛蓋起新的蒸餾廠。業界規模最大的帝亞吉歐公司在2001 年興建了 Roseisle 蒸餾廠；保樂力加與愛丁頓集團也馬不停蹄地加緊投入建設，讓 Wolfburn 蒸餾廠、Strathearn 蒸餾廠、Ardnamurchan 蒸餾廠開始運轉。當然在日本也是，三得利增設單式蒸餾器以加速生產。另外，新興勢力也陸續誕生，Venture Whisky在北海道秩父、Gaiaflow 在靜岡、木內酒造在茨城、監展實業在北海道釧路厚岸等，各

別獨自展開蒸餾作業。聽說連印度、中國也正陸續建造新的蒸餾廠中。

　　現在，有標示熟成年份的日本單一麥芽威士忌的評價最好，據說一推出就會立刻銷售一空。除此之外，與 10 年前相比，來日本的觀光客人數增加 3 倍的集客效果，再加上

NHK 小說連續劇「阿政與愛莉」的推波助瀾讓酒廠參觀行程的預約一票難求，真的是非常厲害。後來，甚至還造成三得利在 2017 年 4 月通知要調漲價格約 2 成左右的事情發生。不過儘管如此，有標示熟成年份的昂貴酒款依舊持續地熱賣當中。

讓人驚艷的老酒

　　所謂的「老酒（Old Bottle）」，指的是日本在修改酒稅法之前，於 1950 ～ 70 年代蒸餾、熟成、裝瓶的威士忌，瓶身貼著「特級」的貼紙，每瓶容量約 750ml 左右的酒款。這指的不是在近年裝瓶、熟成年份為 18 年、20 年、25 年、30 年這種熟成年數較多的酒款，請注意不要搞錯了。那麼，那個時代的酒款為何如今還保有價值呢？我猜這應該是在各個蒸餾廠獨立營運、由各家蒸餾廠依照自己的製造方式來生產威士忌的時代，其蒸餾方式對彼此來說都是秘密，他們頑固地堅守著從私釀酒時代就流傳下來的獨特製法，而這些酒款就是依照這些方式製造出來的。之後，隨著時代的轉變，在需求急速增長的同時，各個蒸餾廠被大資本收購在一起並重新審視生產方式，另外也開始追求更高效率。簡單來說，例如將味道較好的大麥種變更成生產量較多的新種，停止在威士忌製造中最耗人事成本的地板式發芽，改成指定所希望的酚值，然後向波特艾倫（Port Ellen）等麥芽廠購買、委託製造麥芽。接著，變更可以縮短糖化、發酵等時間且對溫度變化適應力較強的酵母等等，追求以利益為優先考量的作業效率，將稱為改革的變更如家常便飯般地上演。另外，經濟逐漸發展的新興國家其需求也跟著暴增，而消費者的喜好改變則加速了這些情形。於是只好換掉進口價格較高且供給量較少的雪莉桶，改成使用供給較為穩定的波本桶。而這些原因，應該也就是造成雖然都是同一個蒸餾廠，但是以前的酒款

和現在的酒款在味道上卻變得南轅北轍的理由吧。

　　那麼，我很幸運能夠有機會品酩到一些 Old Bottle，而以下則是我的品飲心得。這些雖然全部都是在 1950 ～ 70 年代所蒸餾出來的酒款，但熟成年份則各有差異，從 10 年～ 40 年都有。

波摩 21 年：深沉、濃郁、好喝！　這滋味只能這樣形容。

波摩 40 年：完全無刺激感、極致熟成，絕佳的高貴香氣。

拉佛格 10 年：可感受到現在的刺激感但也帶有熟成風味，令人感動。

麥卡倫 12 年：深沉、濃郁、好喝！　與現代的酒款完全不同。

麥卡倫 15 年：帶有少許藥品的氣味。極致複雜，好喝！

高原騎士 12 年：讓人驚艷的熟成感。20 年以上的濃度，十分厲害。

格蘭利威 20 年：殘留著清爽的濃郁熟成感，好喝！

皇家御用 30 年（1985 年）：熟成感無話可說！與相同品牌現在所販售的 30 年酒款相比，熟成感無法比擬。

　　以整體的感想來說，在大致品嘗過從 1950 年代到 1970 年代所蒸餾出來的威士忌之後，我發現「味道」上與現在的威士忌相比，簡直是大相逕庭。不知道是不是因為用雪莉桶的關係，即使是 10 款，色調上也比近年來的酒款還要再更濃。香氣則是充滿熟成感，且

散發出深沉的果香。味道嘗起來香氣四溢，滋味濃郁到令人相當感動。此外，熟成度極高，甚至讓人懷疑這真的只是 10 年款嗎。完全沒有刺痛喉嚨般的刺激感，只有感覺到溫暖。普遍來說，那個時代的酒款其箇中滋味，是種讓人直呼感動的美味。

　　30 年前裝瓶的酒與現在的味道雖然迥然不同，但是其生產方式與酒桶的供給也很值得我們留意。此外，雖然很難一概而論，但是熟成 10 ～ 12 年的 Old Bottle 喝起來，其濃郁又複雜的熟成感竟然能夠與現在的 25 年酒款匹敵，實在是令人相當驚訝。這或許是因為當時麥芽的質量、酒桶的品質和現在不同的關係吧。現在這些 Old Bottle 的價格被過度炒高，甚至可說那樣的價格根本不可能在平時飲用。若是有品酩的機會而喝到這些酒，那真是非常幸運，另外若是為了自我成長而可以稍微淺嘗到幾口，這也能讓酒徒們增加一些經驗值吧。至於沒喝過 Old Bottle 且覺得今後也無緣品嘗到的人，不妨可以找機會嘗試看看「雅柏的漩渦（Corryvreckan」—（無熟成年份酒）！打開瓶蓋，將液體注入酒杯後靠近鼻腔享受它的香氣，接著含一口在嘴裡仔細玩味那充足的刺激感，就會感覺到昔日熟成感滿溢的 Old Bottle 酒魂彷彿復甦過來一樣，只有我有那樣的感受嗎？如果只啜飲一點點「雅柏漩渦」，則會感覺到濃郁、厚重的複雜滋味有如化身為密集的刺激在口中不斷地擴散開來。這款威士忌若是放在雪莉桶裡熟成，味道應該會再更上一層樓吧！

Craigellachie Malt Library

　　大麥品種的差異很重要。曾經是大麥原種的畢爾大麥（Bere），在 1970 年代改成適合寒冷氣候、較快成熟的黃金諾言大麥（Golden promise），直到 1980 年為止這款大麥一直擁有壓倒性的市占率。接著，又改成種植收穫較多的奧普提克（Optic），且為了再提高效率，繼續不眠不休地努力培育出改良品種。然而，由於近年來的需求量呈現爆炸性成長，這些大麥已無法滿足蘇格蘭蒸餾廠的實際需求，因此他們也開始從英格蘭或印度進口相當多的麥芽來使用。至於日本的現況也是如此，由於日本國內生產大麥的收成量很少且加工成本很高，因此用來蒸餾出威士忌的麥芽幾乎 100% 仰賴進口。

　　在目前最新的動態方面，布萊迪酒廠已推出用有機小麥的麥芽所做成的威士忌。至於在美國，同樣也有手工蒸餾廠會販賣用有機玉米所蒸餾出來波本威士忌。透過改變原料等方式讓味道不斷進化，吸引眾人的眼光。

在BAR時的緊張感

　　小時候如果聽到 BAR，感覺就是吧檯裡會有女生一邊勸酒一邊做些甚麼奇怪的事，然後要客人付很多錢的場所，當時只有具備這種程度的錯誤知識。雖然以現在來看會覺得當時很膚淺，但到了這個年紀，要推開厚重的大門進入昏暗的正統酒吧時也還是會緊張。特別是一個人的時候更是極度緊張，連已經坐到椅子上也沒發現。光是想像到底會是個性怎樣差勁的調酒師佇立在那裡就覺得很累，但令人意外地其實他們很多都是個性溫柔的人。思考著坐下前先該點些什麼酒類飲料而感到興奮緊張。「今天來杯不甜的馬丁尼（Dry Martini）」即使想要喝看看，終究還是過於害羞無法說出這饒舌的名稱，最後變成說出任誰都可容易理解的「Chivas Regal」「Jack Daniel's」。同樣地，中年男子在羞於進入的蛋糕店時，也會難為情地無法說出「該店人氣第一的聖誕樹幹蛋糕（bûche de Noël）」或「主廚推薦的熔岩巧克力蛋糕（fondant au chocolat）」，最後很沒用地還是買了以前就有的「起司蛋糕」或「蒙布朗」，這種任誰都可以容易理解的簡單發音的普通蛋糕。

　　以前，「radio bar」最初還位在工作場所附近的千駄谷與原宿之間時，因為很容易進去，所以我很常去。當時常點的酒類飲料我記得是會放顆圓球冰塊的「HARPER」或是「琴酒加萊姆」。這是因為我是個鄉下人，天生就不會裝腔作勢。

屬於我自己的調和威士忌

世上有一種職業叫做調和師（Blender）。在稱作威士忌的瓶裝酒裡，市面上所販賣的有 90% 都是由這些調和師所調配出來的「調和威士忌」，像約翰走路、起瓦士、順風、帝王等這些知名品牌都是屬於這種威士忌，這和各家蒸餾廠裝瓶並稱為「單一麥芽威士忌」，也就是所謂的以「地方酒」來販售的酒款完全不同。將一般認為難以入口的單一麥芽威士忌，用味道相對沉穩的穀物威士忌做調和，成為符合一般大眾比較容易接受的口味。像這樣的調和，我建議也可以在家裡自己試著做做看。由於威士忌的品飲方式基本上應該沒有甚麼特定規則，只要想成是在調雞尾酒就行了，自己也可以辦得到。通常我在家喝酒時都會嘗試各式各樣的喝法，而一般把酒混在一起喝則是種可以將原本沒甚麼特色的威士忌變得更迷人的方法。混酒的組合方式有很多種，我個人的做法則是「較無個性的威士忌：一般的便宜酒款」搭配「帶有強力主張的進口威士忌：一般還算貴的酒」，只要聚焦於適合自己所喜歡的口味，那麼就能讓酒喝起來感覺妙不可言。誠如各位所知，所謂味道沒甚麼特色、價格便宜的酒款在量販店有非常多，所以在選擇上不會有困難。至於所謂帶有強力主張的威士忌是什麼呢？每個人的看法可能都不一樣，而我則是以 Laphroaig10 年為中心，另外還有 Old Pulteney 12、Caol Ila 12、ARdbeg Uigeadail、Corryvreckan、Glenfarclas105 等蘇格蘭威士忌酒款與便宜的國產威士忌或穀物威士忌以

1 比 9、2 比 8、3 比 7、5 比 5 等適當的調和比例來好好享受一番。調和比例則會依當時的下酒菜而有所差異，如果是味道較纖細的下酒菜，我會比較喜歡把主張強烈的威士忌的調和比例降低。最後就算味道還是不太對，只要在喝這調和酒的當下做出適當的調整就不會有甚麼問題。回過神來看，（如攝影師和智英樹所說的）花錢買酒占家庭消費支出的比例確實正在下降，這真是件讓人極為開心的事。果然還是自己來當調和師最棒！除了這個以外的烈酒，像是波本威士忌、穀物威士忌、甲種燒酎等也都可以調。至於在其他調和的烈酒當中，我也曾嘗試過琴酒、伏特加等，不過因為有味道合不合、以及個人喜好等問題，總之建議可以自己多反覆嘗試調和看看以選擇出最適合自己的組合搭配。消費者在買了酒之後，想要將什麼與什麼混合飲用，這是他們的自由，業者與稅務署等是不容置喙的。基本上在買這些酒款時就已經付了酒稅，因此事後將它們混合並不違法。

我將此事與友人討論時，反而會被問「蘇格蘭威士忌與日本的威士忌可以這樣混合嗎？」。這不是「漂白劑」與「廁所用酸性清潔劑」的搭配，又不會產生有毒氣體。有甚麼地方不妥呢？

不管是葡萄酒還是威士忌，日本國內的酒廠自己也是調和後才來販售的，所以根本不會有甚麼問題。

總之，從今天起你也是調和師了。配合自己的喜好，更自由地享受威士忌吧！

冷硬派小說中的威士忌

冷硬派小說裡登場的人物都是私家偵探，其共通點則是說話帶刺、堅強不屈、喜歡喝酒、冷酷而好色；儘管如此，但是他們卻也都有自己所非常堅持的原則。在此想要介紹在好幾本冷硬派小說中，用威士忌來展開小說所出現的一些有趣的場景。

首先先介紹的是直接確中的主題。

原書名『A Drink before The War』（戰前酒）。

『將眼淚寄託在蘇格蘭威士忌（スコッチに を託して）』丹尼斯‧勒翰 Dennis Lehane

鎌田三平＝翻譯 東京創元社刊

「別開槍！一天內向兩位黑人開槍射擊會讓你的評價變差喔」Rich 說道。

他坐在我的桌子後方，將腳放在桌上，撥放著彼得蓋布瑞爾的錄音帶，GLENLIVET 的瓶裝酒放在桌上，手上拿著酒杯。我便開口詢問。

「這是我的酒嗎？」

他目光轉向那瓶酒。回答道「好像是吧」

「是這樣啊，不要隨便喝別人的酒」

「讓我喝吧」如此說道後，他在自己的酒杯內再倒入一杯酒。

「不可以加冰塊」我從自己的抽屜內拿出酒杯，也倒入雙份的酒。

我，LA 私家偵探 - 派崔克與在別人辦公室內擅自喝著酒的芝加哥論壇報黑人記者 Rich 的對話。在這個 1994 年的作品中，可以了解到美國偵探在平時也不是喝波本威士忌，而是指定喝很有人氣的蘇格蘭威士忌名酒 -GLENLIVET。

「紅色收穫（Red Harvest）」達許‧漢密特 Dashiell Hammett 田中西二郎＝翻譯

這是名著「馬爾他之鷹」的作者漢密特值得紀念的第一本著作。厄尼斯特海明威（Ernest Hemingway）說到「我很懷疑是不是可以寫出像漢密特那種簡潔且具效果的對話」讚賞著冷硬派文體的特色。然而，為了鮮活描繪出殘忍的戰鬥場面，漢密特之後的推理小說將海明威為始的構造文體視為必要的充足條件。

大陸偵探事務所分局人員 - 無名探員，就是此部小說的男主角。來自礦山社區 - 有毒村莊的妥託＝報社公司的社長背後身中 4 槍立即死亡。佈滿特權與貪污的惡黨村莊就由無名偵探我來掃蕩整頓。這是 1929 年的作品。黑澤明導演的電影「用心棒」劇本參考取材來自於此小說，是一部冷硬派小說的名作。

「這裡有剛才從杉木的山丘上撿來的，稱作 Dewar 的威士忌。包包裡也有 King George，你想要哪一種？」

＊King George IV 世是 1877 年 DCL 公司開始販售的一款調和威士忌。Dewar 應該是指 Dewars 威士忌。

她選擇了 **King George** 。兩人一口氣各喝光了一杯，我（無名偵探）就說話了。
「慢慢喝吧，我去換個衣服。」
「不用了。你又沒有想要買。我想這又不是不用錢。這不錯耶，蘇格蘭威士忌。在哪裡買的呢？」
「從舊金山自己帶來的。」
「像這樣你對於我帶來的情報直嚷嚷著不用、不需要，到底是什麼意思？你是想要再更便宜取得情報嗎？」

「打個盹起床已接近七點，洗把臉，換個衣服，口袋內塞入手槍與一瓶一品脫的蘇格蘭威士忌，就來到戴娜的家。」
偵探喜歡蘇格蘭威士忌。

「瘦人」達許・漢密特 **Dashiell Hammett**
砧 一郎＝翻譯　　早川書房 **1955 年發行**
在早川書房以「ダッシェル」之名發表漢密特最後的作品。原書名 The Thin Man。

「我的酒杯已經空了。向 **Dorothy** 一問之下才知道威士忌配蘇打水比較好喝，所以點了兩人份的威士忌加蘇打水。」

男主角 Nick 設定成是一位前偵探。

「我說的不是這種意思。但是 ...」
「但是 ... 我可沒有很閒喔。為了照顧你的財產，我忙到頭昏眼花的。無論如何我是為了這個財產才結婚的。」我一邊說著，一邊親下去。
「喝一杯的話不會想睡吧」
「我不用了」「我也是只要一喝就會想睡覺。」
將威士忌與蘇打水一拿到床邊，**Nora** 就蹙眉頭轉到一邊去。

「找 麻 煩 是 我 的 職 業」雷蒙 錢德勒 **Raymond Chandler** 葉明雄＝翻譯 東京創元社刊載
原書名 Trouble Is My Business

漢密特去世後建立起冷硬派小說作家的主流 - 錢德勒，創造出菲力普 · 馬羅（Philip Marlowe）是一名偵探。完全是將「如果不夠強大就無法生存，不溫柔體貼就沒有資格活著」實現出來的人物。此小說的台詞都很流行。在此介紹幾個，若是有興趣的話建議可以閱讀看看。

「**Mate** 不是浴室的腳踏墊。是一個可站立行走的人。」

他的反應比傑特兒子更好。我可以用手觸摸到下顎疼痛的地方，但這不是需記載到日記那般重要的事。我站了起來，咕嚕咕嚕地大口灌下蘇格蘭威士忌，並環顧四周。

再一次將手放在頭上，用手帕壓住黏糊的地方，意識到這不是大聲吵嚷的事後，再灌了一杯酒。
之後將威士忌的酒瓶放到膝蓋上，坐著不動，仔細聆聽可以聽到在某處遠方的喧鬧聲。

再喝下一杯，酒瓶中的酒漸漸減少了。因為口感順口，不知不覺間穿越我的喉嚨喝下肚。沒有出現我普通不得已喝的替代品那般，扁桃腺體一半就像要被帶走一樣的感覺。所以我喝更多了。頭上的疼痛感已經不痛了。

加州特有的太陽下山得很快，夜幕突然低垂了。是個漂亮的夜晚。高掛在西邊天空的金星，就像是街頭，就像是人生，就像是 **Huntress** 小姐的眼睛，就像是蘇格蘭威士忌的酒瓶，閃閃發光著。因此，回想起來了。拿出角瓶，慎重地就口喝幾口，蓋上瓶蓋，再收到口袋裡。到回家前的部分還充分保留著。在回家的路上闖了五個紅燈，很幸運地都沒有被撞到。將車子停在公寓前的人行道旁邊。打開電梯的門，總算與酒瓶一起來到走廊。將鑰匙插入自己房間的門，打開房門，進到室內後找到電燈的開關。想著趁還沒消耗太多體力時，再次喝下一點美酒。

接著，想要靜下心來好好喝一回，於是去廚

房拿冰塊與薑汁汽水。屋內飄散著一股奇妙的味道。一種類似藥品的味道。他們從鑲嵌在牆壁上床鋪旁的衣櫃肩並肩地走出來。朝著我的方向靠近。兩人都拿著手槍。

　　他來到我的身邊，用斜眼看著我，用大枝手槍撞著我的下顎。我躲開了。這種時候一般來說，受到這樣的對待都會甘心忍受是說得過去的吧。但是我比平時心情還更好。全世界感覺就像是我的。

　　「我剛喝了大約半瓶的上等蘇格蘭威士忌，所以準備好去各種地方，解決各種事件。希望你們可別浪費我太多時間。究竟找我有什麼事？」

你們看，很棒對吧！儘管被殺人犯痛毆頭部，還是面對手槍的威脅都能無所畏懼的精神力與體力。完全是男人中的男人啊。

　　同樣是錢德勒的作品。

「I'll be waiting」雷蒙　錢德勒 Raymond Chandler　同樣是 葉明雄＝翻譯

　　這個作品也是一樣。

　　「啊，若是有發生什麼事，趕緊通知那邊吧！要波本威士忌？還是裸麥威士忌？」

　　「別開玩笑了，是蘇格蘭威士忌。」麥吉這樣回答。

「高窗」雷蒙　錢德勒 Raymond Chandler　清水俊二＝翻譯

　　菲力普馬羅系列的其中之一作品。其實也有田中小實昌翻譯的版本，但我偏好清水俊二的文體抒寫方式，所以推薦此版本。此作品是清水先生享年 81 歲的遺作。最終章是由戶田奈津子翻譯的。兩人都是在電影字幕的歷史中很熟悉的名字，若是粉絲一定都聽過。馬羅，總是在開車時先喝一杯再出發，這是他的風格。這是那樣的時代。

從標準配備威士忌的瓶口喝下一口，才步出辦公室。三點前要到市中心，現在一分一秒都不得拖延。沙色的雙門房車還停在那裡，都沒有被人開走。我坐進我的車內，發動車子，開進車龍中。

「太陽照常升起」海明威　大久保康雄＝翻譯

我們驅車前往比亞里茨（**Biarritz**），在里茨相似的飯店前停下車子。來到酒吧內，坐在獨腳圓凳上，喝著威士忌蘇打。

「這杯，算我的。」麥克這麼說。

「先別說這個，用骰子決定吧！」

在皮革深模杯中玩著撲克骰子。剛開始是麥克贏了。後來麥克輸給我，遞了一百法郎的紙幣給酒吧服務生。威士忌一杯是十二法郎。再比賽一次，麥克還是輸了。每次一輸，他就會給服務生酒費。從最裡面的房間傳來了舒服好聽的爵士樂團的演奏。是一家感覺不錯的酒吧。

「三天大風（**The Three-Day Blow**）」海明威　高見浩＝翻譯

「喂，再喝一杯吧！」尼克說道。

「瓶蓋有開過的酒，我想櫃上應該有一瓶」

　　到角落的櫃子前跪下後，比爾拿出一瓶角瓶。

「這可是蘇格蘭威士忌耶」

「拿一些水過來吧」尼克再次走到廚房。他用勺子從水桶中舀了冰冷的清水倒入水壺中。奇怪的表情照映在水面上。對著水中扯起嘴角試著作出微笑，水中的人也以微笑回應了。再對水中的自己眨眼一下後就走出廚房。現在不是我一貫的表情，但這樣也很好。酒杯裡已注入威士忌。

　　在美國蘇格蘭威士忌比波本威士忌還要有價值的時代？

「雪山盟（The Snows of Kilimanjaro）」海明威 龍口直太郎＝翻譯

「海倫！」「有什麼事嗎，老公」「拿威士忌蘇打過來」「是的，老公」「就跟你說不可以了」她說道。「你的病一直好不了，就都是因為你這樣。你這樣不好，連字典裡都有寫吧。這樣不好，連我都知道的。」

「不是這樣的」他說道。「對我來說是好的」這樣全部就到此為止吧，他想。

像這樣，幫自己生命做個了結的機會再也不會有。也就是說，像這樣針對喝酒還是不喝酒問題鬥嘴的方式慢慢告終而逝。

　　於 1936 年君子雜誌上刊登，此小說與美麗的書名標題不同，內容是極度悲慘的故事。在狩獵中受傷，右腳得了壞疽，描述已感覺不到下半身的苦痛那般面臨著深切重大的狀況。一邊擔心害怕慢慢靠近的死亡，一邊回顧自己的人生。SUNTORY RESERVE 的廣告曾經使用過此場景，以吉力馬扎羅山為背景，一對男女朋友關係的映像畫面。背景撥放的旁白是開高健的創作吧，記憶中宛如詩歌般美麗。明明大部份的日本人都沒看過此書，但就像看過此書一般，將海明威的小說「雪山盟」作了「完美誤解詮釋」的廣告。

「地球繞著玻璃杯邊緣打轉（地球はグラスのふちを回る）」開高健　　新潮文庫

　　在此換個主題方向，攝影師和智英樹的老師－小說家 開高健的短篇小說其中的一篇。法國人將蘇格蘭威士忌形容為臭蟲的臭味。英國人將干邑白蘭地形容成肥皂般臭味。法國人將梅毒稱為英國病，英國人則稱為法國瘡。儘管如此，法國人大量進口蘇格蘭威士忌，而英國人也大量進口干邑白蘭地。因入超而困擾般各自進口敵對方的產品，大口大口地飲用著。因此，有英國人問到，為什麼法國人一邊說蘇格蘭威士忌的壞話一邊喝著蘇格蘭威士忌呢？　那個啊，一定是佛蘭西斯 莎崗（Françoise Sagan）的小說看太多了吧！

　　如大家所知，莎崗因為有重度的酒精成癮症而多次入院治療過。

買迷你酒桶來讓酒熟成！

工廠位在九州宮崎縣的有明產業是日本唯一獨立經營的洋酒桶製造公司，之前去採訪他們的時候，曾看到展示物當中有一個 10 公升的迷你酒桶。廠長說，迷你酒桶比一般酒桶更容易滲漏，所以在製作上很困難，良率不好，因此目前已經停止生產了。不過 2017 年 8 月在相隔一段時間之後上有明產業的官網看了一下，結果竟然發現有刊登販售迷你酒桶，這也太讓人開心了吧。馬上打電話去詢問，雖然是下單後才生產，但確實有在販售。於是我立刻下訂單，酒桶內部的炙燒程度則是要求中度烘烤。那麼，酒桶已經訂好了，接著必須決定 "酒桶裡要裝什麼"。由於我的伙伴和智英樹先生想起曾把烤過的橡木板放到燒酎裡的事，既然如此，那就決定來做真正的蘇格蘭威士忌調和看看吧。

第一個方案，購買我個人偏好的白馬 Fine Old 4 公升的寶特瓶裝 2 瓶（4,800 日圓 x 2 瓶 =9600 日圓），然後再加上一瓶有白馬的重要麥芽基酒—拉加維林也混在其中的 SMOKEY JOE（5,400 日圓），這樣如何呢？在首次裝桶的新酒桶裡倒入白馬與 SMOKEY JOE，將兩者互相調和，使它們彼此融為一體，我想應該能釀造出令人感動的好滋味。究竟會變成怎樣的味道？光是想像就覺得很興奮。第二個方案，將約翰走路黑牌 12 年 4,500ml 瓶裝酒（14,500 日圓 x2 瓶 =29,000 日圓）對上它的主要麥芽基酒的泰斯卡 10 年（3,000 日圓）或卡爾里拉 12 年（4,300 日

圓），將它們毫不吝惜地倒進去。第三個方案則是起瓦士 12 年 4,500ml（15,000 日圓 x2 瓶 =30,000 日圓）加上也是它的主要麥芽基酒的格蘭利威 12 年（2,800 日圓），做成這種豪華絢爛的高價調和酒。

儘管考慮了各式各樣的調和搭配，最後還是決定選擇價格適當且能夠想像出美味好喝的白馬 Fine Old + SMOKEY JOE。馬上將酒桶安放在自己的工作檯上，將在網路購買的白馬 4 公升 2 瓶全部咕嚕咕嚕地倒入酒桶內，接著再用漏斗小心翼翼地將 SMOKEY JOE 加進酒桶裡。想像著 10 公升的酒桶上方還有剩一些空間，於是將酒桶輕輕地搖晃看看。沉重的液體在桶內搖來晃去，滲入烘烤過的橡木裡，讓彼此互相交融。那麼，這個酒桶要在幾年，不，要在幾個月後開封才是最好的呢？要讓已裝瓶的酒變得再更好喝，究竟要花多少時間呢？要不要適時地打開蓋子試試看味道以確認一下熟成的狀況呢。總之，感覺自己簡直就像是個調和師，心情真好。

如果做出來的味道不錯，那麼我想要把它跟放在武藏野市 吉祥寺本町的酒吧 VISION 裡的吧檯上用正規橡木桶熟成的拉加維林一起試飲比較看看。以前曾在那裡試飲比較過用橡木桶熟成的拉加維林與拉加維林 16 年，雖然只有一點點，但是感覺 16 年的熟成感比較重。不過因為用橡木桶熟成的拉加維林沒有標示熟成年份，所以不知道是不是其實它比較年輕？不管怎樣，威士忌在酒桶內是會

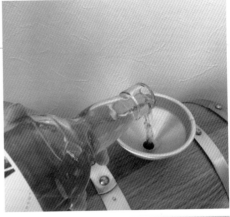

「關於威士忌接觸到橡木材表面面積的比例，如果把迷你酒桶與波本桶放在一起比較，因為迷你酒桶接觸的面積較多，所以熟成的速度會比較快，因此大概約 3～6 個月就可以讓味道變得不錯」有明產業的石田先生這樣表示。3 個月就是最佳的飲用時機！哇，真是令人無法悠閒地等候下去！此次是將調和酒「白馬 Fine Old 8 公升」與調和麥芽威士忌「SMOKEY JOE 700ml」這款充滿艾雷島煙燻味的奇特酒款混在一起。至於下次要放進去熟成的威士忌，我打算要用「約翰走路紅牌」搭配蘇格蘭高地區的酒款看看。

慢慢產生變化的。即使適當地進行試飲，也應該知道那只是在當下的那個時間點所呈現出來的味道。

　　關於有明產業的洋酒桶，在「蘇格蘭威士忌的奇幻迷宮」出版之際，曾經與他們有過一段非常愉快的採訪經驗。他們說烤桶的強度如果是 M，會感覺到香草、巧克力的香氣。天啊，越想讓人充滿期待。白橡木材非常結實，一般公認其強韌度可放 100 年。不

過最令人在意的，還是酒桶裡裝進調和酒與 SMOKEY JOE 究竟會產生甚麼樣的變化呢？我想我應該沒辦法等 3 年吧，總之，先大概 3 個月後試試看味道吧，好期待啊～

　　有明產業股份有限公司
　　〒 612-8355 京都市伏見 東菱屋町 428-2

《參考文獻》

双神酔水「スコッチ・ウィスキー雑学ノート」ダイヤモンド社

宮崎正勝「知っておきたい酒の世界史」角川ソフィア文庫

枝川公一「バーのある人生」中公新書

開高健「地球はグラスのふちを回る」新潮文庫

マイケル・ジャクソン「ウィスキー・エンサイクロペディア」小学館

マイケル・ジャクソン「モルトウィスキー・コンパニオン」小学館

土屋守「スコッチウィスキー紀行」東京書籍

土屋守「シングルモルト・ウィスキー大全」小学館

土屋守「ブレンデッド・スコッチ大全」小学館

古賀邦正「ウィスキーの科学」講談社

橋口孝司「ウィスキーの教科書」新星出版社

旅名人ブックス「スコッチウィスキー紀行」日経BP

旅名人ブックス「スコットランド」日経BP

オキ・シロー 「ヘミングウェイの酒」河出書房新社

盛岡スコッチハウス編「スコッチ・オデッセイ」盛岡文庫

中森保貴「旅するバーテンダー」双風舎

山田健「シングルモルト紀行」たる出版

平澤正夫「スコッチへの旅」新潮選書

太田和彦「今宵もウイスキー」新潮文庫

ゆめディア「Whisky World」全巻

ケビン・R・コザー 「ウィスキーの歴史」原書房

三鍋昌春「ウィスキー起源への旅」新潮選書

スチュアート・リヴァンス「ウィスキー・ドリーム」白水社

世界 **威士忌**

嚴選 **150** 款

WORLD WHISKY IMPRESSION 1

蘇格蘭威士忌的
奇幻迷宮

14.8x21cm　　384 頁
彩色印刷　　定價 600 元

對威士忌的滿腔熱愛，化成一本充滿熱情的品飲指南！
怎樣才稱得上是真正美味的威士忌？
「陷入威士忌迷宮的我們很清楚知道，除了品嚐，別無他法。」

很難想像，調酒師的一點微調、巧思，就能輕易扭轉口感平衡及風味表現，猶如行走於鋼索上，極度危險的平衡遊戲。這精準拿捏的終極平衡口感，正是調和威士忌自古即可媲美藝術品的當仁不讓之處。

「我們在與蘇格蘭單一麥芽威士忌相遇後，對於它的美味感到驚艷，對於它的深度著迷。因為實在太過喜愛，決定前往造訪蘇格蘭為數眾多的酒廠，親眼參觀，並在現場喝下在當地製造而成的美味威士忌。更同時觀察在地的自然、文化與人們，駕車行遍蘇格蘭……」

心想著蘇格蘭的100所酒廠，從喜愛的酒瓶中倒出威士忌，邊默念著今天也是美好的一天，邊拉高酒杯的傾斜角度。

對威士忌的滿腔熱愛，化成一場熱血的尋訪與暢飲的旅程。

書中品評名單裡的酒款種類不僅僅只有單一麥芽，更暢飲了調和威士忌及調和麥芽威士忌、穀類調和威士忌、單一穀物威士忌，甚至陳年威士忌也入列其中。

「一飲而下時，希望及勇氣彷彿便會自己油然而生。」蘇格蘭威士忌，就是有著這樣的魔幻魅力。

瑞昇文化　http://www.rising-books.com.tw
＊書籍定價以書本封底條碼為準＊
購書優惠服務請洽：TEL：02-29453191 或 e-order@rising-books.com.tw

TITLE

世界威士忌　嚴選150款

STAFF		ORIGINAL JAPANESE EDITION STAFF	
出版	三悅文化圖書事業有限公司	PUBLISHER	高橋矩彥
作者	和智英樹　高橋矩彥	EDITOR	行木　誠
譯者	謝逸傑	DESIGNER	小島進也
		ADVERTISING	久嶋優人
總編輯	郭湘齡	STAFF	
文字編輯	徐承義　蕭妤秦	撮影協力	十年（とおねん）
美術編輯	許菩真		ANKI（アンキ）
排版	菩薩蠻數位文化有限公司		呂仁（ロジン）
製版	印研科技有限公司		
印刷	桂林彩色印刷股份有限公司		

法律顧問　　立勤國際法律事務所　黃沛聲律師

戶名	瑞昇文化事業股份有限公司
劃撥帳號	19598343
地址	新北市中和區景平路464巷2弄1-4號
電話	(02)2945-3191
傳真	(02)2945-3190
網址	www.rising-books.com.tw
Mail	deepblue@rising-books.com.tw
初版日期	2020年2月
定價	600元

國家圖書館出版品預行編目資料

世界威士忌嚴選150款 / 和智英樹, 高橋
矩彥作；謝逸傑譯. -- 初版. -- 新北市：
三悅文化圖書, 2020.02
272面 ; 14.8 x 21公分
譯自：世界のウィスキー嚴選150本
ISBN 978-986-97905-9-8(平裝)
1.威士忌酒 2.品酒

463.834　　　　　　　　　　108023033

世界威士忌
嚴選150款

WORLD WHISKY IMPRESSION 150